高等职业教育系列教材

工业机器人三维建模
（SolidWorks）

主　编　郑贞平　张小红

副主编　刘摇摇　陈玲英

参　编　陈　平　于　多

主　审　胡俊平

机械工业出版社

本书以全新的编排方式、贴近读者的语言，由浅入深、循序渐进地介绍了 SolidWorks 软件的应用和工业机器人三维建模。本书共 7 章，包括工业机器人概述及典型结构、SolidWorks 基础应用、工业机器人本体建模、工业机器人装配、工业机器人末端执行器建模、创建二维工程图和工业机器人运动仿真。

本书突出应用主线，以单元讲解形式安排章节。各章结合实例、讲练结合，使读者易于接受和掌握，并提供练习题以供读者实战练习。

本书可作为职业院校工业机器人技术及相关专业的教学用书，也可供相关工程技术人员参考。

本书配有教学视频，可扫描书中二维码直接观看，还配有授课电子课件、源文件等资源，需要的教师可登录机械工业出版社教育服务网 www.cmpedu.com 免费注册后下载，或联系编辑索取（微信：13261377872，电话：010-88379739）。

图书在版编目（CIP）数据

工业机器人三维建模：SolidWorks / 郑贞平，张小红主编 . —北京：机械工业出版社，2023.5（2024.8 重印）
高等职业教育系列教材
ISBN 978-7-111-72720-0

Ⅰ.①工⋯　Ⅱ.①郑⋯　②张⋯　Ⅲ.①工业机器人-程序设计-高等职业教育-教材　Ⅳ.①TP242.2

中国国家版本馆 CIP 数据核字（2023）第 037285 号

机械工业出版社（北京市百万庄大街 22 号　邮政编码 100037）
策划编辑：曹帅鹏　　　　责任编辑：曹帅鹏
责任校对：张亚楠　王明欣　责任印制：单爱军

北京虎彩文化传播有限公司印刷

2024 年 8 月第 1 版第 3 次印刷
184mm×260mm・14.75 印张・374 千字
标准书号：ISBN 978-7-111-72720-0
定价：59.80 元

电话服务　　　　　　　　网络服务
客服电话：010-88361066　机　工　官　网：www.cmpbook.com
　　　　　010-88379833　机　工　官　博：weibo.com/cmp1952
　　　　　010-68326294　金　书　网：www.golden-book.com
封底无防伪标均为盗版　机工教育服务网：www.cmpedu.com

Preface

前　言

党的二十大报告提出"加快建设制造强国"。实现制造强国，智能制造是必经之路。围绕工业机器人技术专业人才培养目标，为适应智能制造领域优化升级的需要，对接工业机器人产业数字化、网络化、智能化发展的新趋势，对接新产业、新业态、新模式下工业机器人应用系统集成、设计仿真、运行维护、安装调试等岗位（群）的新要求，编写了本书。

本书适用 48~64 学时，少学时的教学内容可根据需要进行删减。本书可以作为高等职业院校设计软件课程教材，CAD/CAM 爱好者和企业工程师学习用书。书中的案例及练习题取材于企业用工业机器人零部件及辅助件。本书具有以下特点。

（1）以生产一线工业机器人系统典型机械结构和工业机器人实训系统为载体，注重将软件操作与工业机器人三维设计紧密结合，突出实践环节的基本操作能力。

（2）依据高等职业教育专科工业机器人技术专业教学标准，参照其中的专业核心课程"工业机器人离线编程与仿真""数字孪生与虚拟调试技术应用"中的相关内容（如工业机器人应用系统建模和仿真、工业机器人应用数字孪生系统设计和建模）编写。

（3）体现了以职业能力为本位，以应用为核心，以"需用、够用"为原则的职业教育特征。以生产实际为依据，突出实用性；以技能培养为主线，突出实践性。

本书的编者长期从事 SolidWorks 和工业机器人三维设计等课程的教学，参与 SolidWorks 的教学和培训工作，参与过多个工业机器人应用项目和工业机器人实训设备的设计，积累了丰富的实践经验。本书就像一位工业机器人结构三维设计师，针对使用 SolidWorks 中文版的广大初、中级用户，将设计项目时的思路、流程、方法、技巧和操作步骤面对面地与学员交流，是广大读者快速掌握 SolidWorks 和工业机器人三维设计的实用指导书。

全书共 7 章，主要包括工业机器人概述及典型结构、SolidWorks 基础应用、工业机器人本体建模、工业机器人装配、工业机器人末端执行器建模、创建二维工程图和工业机器人运动仿真等内容，系统讲解了应用 SolidWorks 设计软件实现工业机器人三维建模、工业机器人末端执行器的三维设计和工业机器人运动仿真。

本书的实例和练习题安排本着"由浅入深，循序渐进"的原则，使读者能够学以致用，举一反三，从而快速掌握 SolidWorks 的使用和工业机器人三维建模。本书将专业设计元素和理念多方位融入设计范例，使全书更加实用和专业。

本书由郑贞平（无锡职业技术学院）、张小红（无锡职业技术学院）主编，刘摇摇（无锡雪浪环境科技股份有限公司）和陈玲英（企业退休工程师）任副主编，由胡俊平（无锡职业技术学院）主审。第 1 章由张小红编写，第 2 章由刘摇摇编写，第 3 章和第 7 章由郑贞平编写，第 4 章由陈玲英编写，第 5 章由陈平（无锡职业技术学院）编写，第 6 章由于多（无锡职业技术学院）编写。

由于编写人员水平有限，书中难免有不足之处，望广大读者不吝赐教，编写人员在此深表谢意。

编　者

目　录　Contents

前言

第1章 工业机器人概述及典型结构

根据国际机器人联合会（International Federation of Robotics，IFR）的定义，机器人分为工业机器人（Industrial Robot）及服务型机器人（Service Robot）。其中，工业机器人占全球机器人市场的 80%，远高于服务型机器人。根据机械结构的不同，工业机器人可分为单轴机器人、坐标机器人、水平多关节机器人（SCARA）、垂直多关节机器人以及并联式机器人（DELTA）等。

1.1 工业机器人概述

工业机器人在出厂的时候一般由机器人本体、机器人控制柜和机器人示教器组成。机器人本体又称为机械臂，是机器人各种动作实现的操纵机构；机器人本体在出厂的时候一般不安装手爪，手爪是用户根据实际应用需要进行设计并安装使用的。机器人控制柜用来驱动机器人各个关节的动作及控制其工作流程。机器人示教器也称为示教盒，用来手动操纵机器人，配置机器人参数，在线编辑、调试和运行机器人程序。

工业机器人的机械系统一般由一系列连杆、关节或其他形式的运动副所组成，如图 1-1 所示。机械系统通常包括基座、立柱、腰关节、臂关节、腕关节和手爪等，构成一个多自由度的机械系统。工业机器人是面向工业领域的多关节机械手或多自由度的机器装置，它能自动执行工作，是靠自身动力和控制能力来实现各种功能的一种机器。它可以接受人类指挥，也可以按照预先编排的程序运行。

ABB IRB 1410   KUKA KR5 Arc   STEP SA1400   FANUC R-0iB

图 1-1　工业机器人

1.1.1 工业机器人技术指标

1. 自由度

自由度是指机器人机构能够独立运动的关节数目，是衡量机器人动作灵活性的重要指标，可用轴的直线移动、摆动或旋转动作的数目来表示。

工业机器人的多自由度最终用于改变末端在三维空间中的位姿。以通用的 6 自由度工业机器人为例，由第 1～3 轴驱动的 3 个自由度用于调整末端执行器的空间定位，由第 4～6 轴驱动的 3 个自由度用于调整末端执行器的空间姿态，如图 1-2 所示。

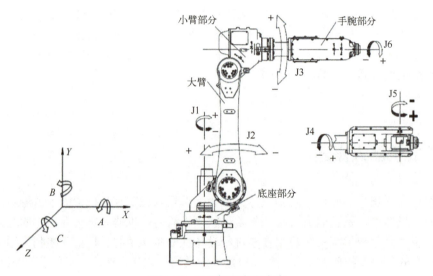

图 1-2　工业机器人自由度

2. 工作范围

工作范围是指机器人在未安装末端执行器时，其手腕参考点所能到达的空间。工作范围是衡量机器人作业能力的重要指标，工作范围越大，机器人的作业区域也就越大。

工作范围的大小取决于各关节运动的极限范围，不仅与机器人各构件尺寸有关，还与它的总体构形有关。在工作空间内不仅要考虑各构件自身的干涉，还要防止构件与作业环境发生碰撞。因此，工作范围的定义应剔除机器人在运动过程中可能产生自身碰撞的干涉区，实际工作范围还应剔除末端执行器碰撞的干涉区。

如图 1-3 所示，蓝线内部为机器人的工作空间，展示了工业机器人的最高、最低、最远和最近工作范围。

3. 最大工作速度

最大工作速度是指机器人在空载、稳态运动时所能够达到的最大稳定速度，或者末端最大的合成速度。运动速度决定了机器人的工作效率，它是反映机器人性能水平的重要参数。

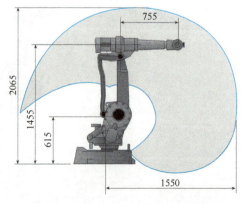

图 1-3　工业机器人工作范围

4．定位精度

机器人的定位精度是指机器人定位时，末端执行器实际到达的位置和目标位置间的误差值，它是衡量机器人作业性能的重要技术指标。机器人样本和说明书中所提供的定位精度一般是各坐标轴的重复定位精度（Position Repeatability），在部分产品上还提供了轨迹重复精度（Path Repeatability）。

5．承载能力

承载能力（Payload）是指机器人在工作范围内任意位姿所能承受的最大质量，其不仅取决于负载的质量，还与机器人在运行时的速度与加速度有关。它一般用质量、搬运、装配、转矩等技术参数表示。对专用机械手来说，其承载能力主要根据被抓取物体的质量来定，其安全系数一般可在 1.5～3.0 之间选取。

为了能够准确反映负载重心的变化情况，机器人承载能力有时也可用允许转矩（Allowable Moment）的形式表示，或者通过机器人承载能力随负载重心位置变化图来详细表示承载能力参数。

1.1.2　工业机器人应用行业

工业机器人与自动化成套装备是生产过程的关键设备，可用于制造、安装、检测、物流等生产环节，并广泛应用于汽车整车及汽车零部件、工程机械、轨道交通、低压电器、电力、IC 装备、军工、烟草、金融、医药、冶金及印刷出版等众多行业，应用领域非常广泛。

1．汽车行业

在我国，50%的工业机器人应用于汽车制造业，其中 50%以上为焊接机器人；在发达国家，汽车工业机器人占机器人总保有量的 53%以上。

中国正由制造大国向制造强国迈进，需要提升加工手段，提高产品质量，增加企业竞争力，这一切都预示机器人的发展前景巨大。

2．电子电气行业

工业机器人在电子电气行业的应用较普遍。例如，在手机生产领域，分拣装箱、撕膜系统、激光塑料焊接、高速四轴码垛机器人等，适用于触摸屏检测、擦洗、贴膜等一系列流程的自动化系统的应用。

电子行业机器人由国内生产商根据电子生产行业需求所特制，小型化、简单化的特性实现了电子组装高精度、高效的生产，满足了电子组装加工设备日益精细化的需求，而自动化加工更是大大提升了生产效益。

3．橡胶及塑料工业

塑料工业合作紧密而且专业化程度高，塑料的生产、加工和机械制造紧密相连。要跻身塑料工业需符合极为严格的标准，对机器人来说，它不仅是净室环境标准下的最佳生产工具，而且可在注塑机旁完成高强度作业。即使在高标准的生产环境下，它也能可靠地提高各种工艺的经济效益。因为机器人掌握了一系列操作、拾放和精加工作业。

4．铸造行业

在极端的工作环境下进行多班作业——铸造领域的作业使工人和机器承受沉重负担。机器人以其模块化的结构设计、灵活的控制系统、专用的应用软件能够满足铸造行业整个自动化应用领域的最高要求。它不仅防水，而且耐脏、抗热，甚至可以直接在注塑机旁、内部和上方用于取出工件。此外，它还可以可靠地将工艺单元和生产单元连接起来。另外，在去毛边、磨削或钻孔等精加工作业以及进行质量检测方面，机器人也表现非凡。

5．食品行业

目前人们已经开发出的食品工业机器人有包装罐头机器人、自动午餐机器人和切割牛肉机器人等。

切割牛肉机器人将要加工的牛的肢体与数据库中存储的牛肢体的切割信息进行比较来加工每一头牛，这样就可以顺着每次切割所定的初始路线方向来确定刀的起点和终点，然后用机器人驱动刀切入牛的身体里面。传感器系统监视切割时所用力的大小，来确定刀是否是在切割骨头，同时把信息反馈给机器人控制系统，以控制刀片只顺着骨头的轮廓移动，从而避免损坏刀片。

6．化工行业

目前应用于化工行业的洁净机器人及其自动化设备主要有大气机械手、真空机械手、洁净镀膜机械手、洁净 AGV/RGV 及洁净物流自动传输系统等。很多现代化工业品生产要求精密化、微型化，高纯度、高质量和高可靠性，在产品的生产中要求有一个洁净的环境，洁净度的高低直接影响产品的合格率，洁净技术就是随着产品生产对洁净生产环境污染物的控制要求、控制方法以及控制设施的日益严格而不断发展的。

7．家电行业

使用机器人可以更经济有效地完成白色家电生产、加工、搬运、测量和检验工作。因其具有较高的生产率、重复性的高精确度、很高的可靠性以及光学和触觉性能，机器人几乎可以运用到家用电器生产工艺流程的所有方面。

1.2　工业机器人典型结构

工业机器人按机身是否固定分为移动式和固定式两种。在制造业中，固定式机器人应用极为广泛，但随着核能工业、宇宙空间探索等方向的需要，移动式机器人和自主机器人的应用也越来越多。

1.2.1　工业机器人的组成

工业机器人是一种功能完整、可独立运行的典型机电一体化设备。它有自身的控制器、驱动系统和操作界面，可进行手动、自动操作及编程，能依靠自身的控制能力来实现所需要的功能。广义上的工业机器人是由图 1-4 所示的机器人及相关附加设备组成的完整系统，总体可分为机械部件和电气控制系统两大部分。

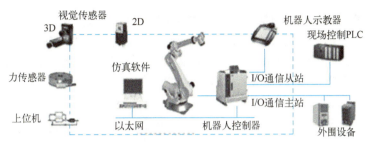

图 1-4　工业机器人组成

工业机器人（以下简称机器人）系统的机械部件包括机器人本体、末端执行器、变位器等；电气控制系统主要包括控制器、驱动器、操作单元、上级控制器等。其中，机器人本体、末端执行器以及控制器、驱动器、操作单元是机器人的基本组成部件，所有机器人都必须配备。

1. 机器人本体

机器人本体又称操作机，是用来完成各种作业的执行机构，包括机械部件及安装在机械部件上的驱动电动机、传感器等。

机器人本体的形态各异，但绝大多数都是由若干关节和连杆连接而成的。以常用的六轴垂直关节型工业机器人为例，其运动主要包括整体回转（腰关节）、下臂摆动（肩关节）、腕回转和弯曲（腕关节）等。本体的典型结构如图 1-5 所示，其主要组成包括手部、腕部、臂部、腰部、基座等。

机器人机械结构包括机器人的本体机械结构、驱动机构、传动系统等。机器人本体机械结构由机身（含基座）、臂部（含手腕）和手部三部分组成；机器人的驱动机构多采用交流伺服电动机来实现；机器人的传动系统与驱动机构连接，将驱动机构中伺服电动机输出的高转速、低转矩的动力转换为低转速、高转矩的动力，来驱动机械本体动作。常用的传动机构有齿轮、同步带、减速器等。

2. 变位器

变位器是用于机器人或工件整体移动，进行协同作业的附加装置，它既可选配机器人生产厂家的标准部件，也可由用户根据需要设计、制作。回转变位器如图 1-6 所示，通过选配变位器，可增加机器人的自由度和作业空间。此外，变位器还可实现作业对象或其他机器人的协同运动，增强机器人的功能和作业能力。简单机器人系统的变位器一般由机器人控制器直接控制，而多机器人复杂系统的变位器需要由上级控制器进行集中控制。

图 1-5　工业机器人本体的典型结构

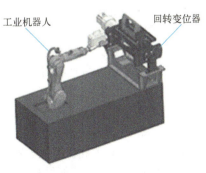

图 1-6　回转变位器

通用型回转变位器与数控机床的回转工作台类似，常用的有如图 1-7 所示的单轴和双轴两类。单轴变位器可用于机器人或作业对象的垂直（立式）或水平（卧式）360°回转，配置单轴变位器后，机器人可以增加 1 个自由度。双轴变位器可实现一个方向的 360°回转和另一方向的局部摆动；配置双轴变位器后，机器人可以增加 2 个自由度。

a)   b)

图 1-7　变位器

a) 单轴　b) 双轴

通用型直线变位器与数控机床的移动工作台类似，它多用于机器人本体的大范围直线运动。图 1-8 所示为常用的水平移动直线变位器，但也可以根据实际需要，选择垂直方向移动的变位器或双轴十字运动、三轴空间运动的变位器。

3. 电气控制系统

在机器人电气控制系统中，上级控制器仅用于复杂系统各种机电一体化设备的协同控制、运行管理和调试编程，它通常以网络通信的形式与机器人控制器进行信息交换，因此，实际上属于机器人电气控制系统的外部设备；而机器人控制器、操作单元、伺服驱动器及辅助控制电路则是机器人电气控制系统必不可少的系统部件。

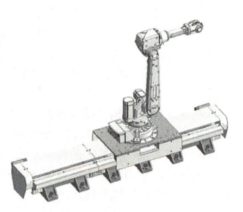

图 1-8　水平移动直线变位器

1.2.2　工业机器人腰部关节结构

机器人腰部主要包括底座、基座两个结构件和减速部件。底座一般用地脚螺栓固定在地面上或用螺栓固定在其他的工作平台上，底座的尺寸要尽量大一点，使其能够承受较大的倾覆力矩，底座结构上为中空的圆台，以利于各种电缆等从中经过；基座为支撑连接大臂的结构件，既是机器人的安装和固定部分，也是机器人电线、电缆、气管、油管输入连接部分，如图 1-9 所示。减速部件为电动机后面的减速器，将电动机的高速低转矩转为低速高转矩。

腰部是连接臂部和基座，并安装驱动装置及其他装置的部件。腰部结构在满足结构强度的前提下应尽量减小尺寸，降低质量，同时考虑外观要求。典型 6 轴串联式工业机器人的腰部结构如图 1-10 所示。工业机器人腰部要承担机器人本体的小臂、腕部和末端负载，所受力及力矩最大，要求其具有较高的结构强度。

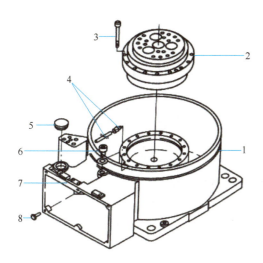

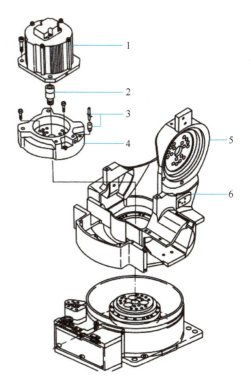

图 1-9　工业机器人基座结构

1—基座体　2—RV 减速器　3、6、8—螺钉　4—润滑管

5—盖　7—管线连接盒

图 1-10　腰部（S 轴）传动系统结构

1—伺服电动机　2—RV 减速器输入轴　3—润滑管

4—电动机座　5—下臂安装端面　6—腰部

1.2.3　工业机器人臂部结构

　　臂部是工业机器人用来支撑腕部和手部，实现较大运动范围的部件。它不仅承受被抓取工件的质量，而且承受末端操作器、手腕和手臂自身质量。臂部的结构、工作范围、灵活性、臂力和定位精度都会直接影响机器人的工作性能。工业机器人的臂部由下臂和上臂组成，一般具有 2～3 个自由度，即伸缩、回转或者俯仰。典型 6 轴串联式工业机器人的下臂部结构如图 1-11 所示，典型 6 轴串联式工业机器人的上臂部结构如图 1-12 所示。

　　臂部的总质量较大，受力较复杂，直接承受腕部、手部和工具的静、动载荷，在高速运动时将产生较大的惯性力。手臂的驱动方式主要有液压驱动、气压驱动和电驱动几种形式，其中电驱动最为通用。

1.2.4　工业机器人的腕部和手部结构

　　工业机器人的腕部起到支撑手部的作用，机器人一般具有 6 个自由度才能使手部（末端执行器）达到目标位置和处于期望的姿态。作为一种通用性较强的自动化作业设备，工业机器人的末端执行器（手部）是直接执行作业任务的装置，大多数手部的结构和尺寸都是根据其不同的作业任务要求来设计的，从而形成了多种多样的结构形式。

　　手腕是连接末端执行器和手臂的部件，通过手腕可以调整或改变工件的方位，它具有独立的自由度，以便机器人末端执行器适应复杂的动作要求。手腕一般需要 3 个自由度，由 3 个回转关节组合而成，组合的方式多种多样。手腕回转关节的组合形式，各回转方向的定义分别如图 1-13 所示。

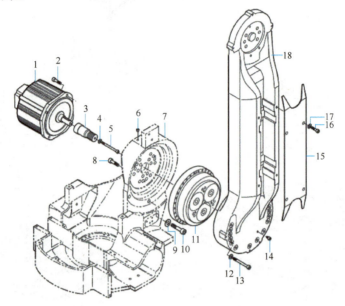

图 1-11　下臂（L 轴）传动系统结构

1—伺服电动机　2、5、8、10、13、14、16—螺钉　3—减速器输入轴　4—弹簧垫圈　6—堵塞

7—下臂安装端面　9—垫圈　11—RV 减速器　12—弹簧垫圈　15—盖板　17—垫圈　18—下臂体

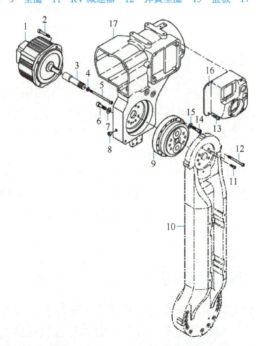

图 1-12　上臂（U 轴）传动系统结构

1—伺服电动机　2、5、6、11、12、13、14—螺钉　3—减速器输入轴　4—弹簧垫圈

7—垫圈　8—堵塞　9—RV 减速器　10—下臂体　15—垫圈　16—盖板　17—上臂体

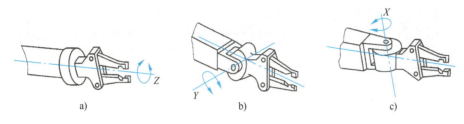

图 1-13 腕部运动

a) 手腕的翻转 b) 手腕的俯仰 c) 手腕的偏转

为了使手部能处于空间任意方向，一般需要 3 个自由度，即翻转、俯仰和偏转。通常把手腕的翻转称作 Roll，用 R 表示；把手腕的俯仰称作 Pitch，用 P 表示；把手腕的偏转称作 Yaw，用 Y 表示。手腕结构多为上述三种回转方式的组合，组合的方式可以有多种形式。图 1-14 所示为典型的 3 自由度手腕。

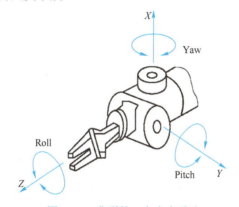

图 1-14 典型的 3 自由度手腕

1.3 练习题

1. 工业机器人由哪几部分组成？
2. 工业机器人本体主要由哪几部分组成？
3. 简述变位器的工作原理及作用。
4. 简述工业机器人的腕部和手部结构。
5. 工业机器人技术指标主要有哪些？

第2章　SolidWorks 基础应用

2.1　SolidWorks 简介

SolidWorks 零件的特征分为基本特征和构造特征两类，最先建立的特征是基本特征，通常是零件最重要的特征。

建立基本特征后，才能创建其他各种特征，即构造特征。按照特征生成方法的不同分为草图特征和应用特征。

零件实体的建模一般过程如下。

（1）根据工程图，分析零件特征，确定特征创建顺序。

（2）选择绘图面，绘制基本特征的截面草图。

（3）在草图的基础上创建和修改基本特征。

（4）选择绘图面，绘制构造特征草图。

（5）创建和修改构造特征。

2.1.1　SolidWorks 界面介绍

SolidWorks 2020 的操作界面是用户创建文件进行操作的基础。图 2-1 所示为一个零件文件的操作界面，包括菜单栏、工具栏、特征管理区、绘图区及状态栏等。装配体文件和工程图文件与零件文件的操作界面类似，本节以零件文件操作界面为例，介绍 SolidWorks 2020 的操作界面。

在 SolidWorks 2020 的操作界面中，菜单栏包括了所有的操作命令，工具栏一般显示常用的命令按钮，可以根据用户需要进行相应的设置。

Command Manager（命令管理器）可以将工具栏命令按钮集中起来使用，从而为绘图窗口节省空间。Feature Manager（特征管理器）设计树记录文件的创建环境以及每一步骤的操作，对于不同类型的文件，其特征管理区有所差别。

绘图区是用户绘图的区域，文件的所有草图及特征生成都在该区域中完成，Feature Manager 设计树和绘图窗口为动态链接，可在任一窗格中选择特征、草图、工程视图和构造几何体。

状态栏显示编辑文件目前的操作状态。特征管理器中的注解、材质和基准面是系统默认的，可根据实际情况对其进行修改。

SolidWorks 中最著名的技术就是特征管理器（Feature Manager），该技术已经成为 Windows 平台三维 CAD 软件的标准。此项技术一经推出，便震撼了整个 CAD 界，SolidWorks 也一跃成为企业的主流设计工具。设计树就是这项技术最直接的体现，对于不同的操作类型（零件设计、工程图、装配图）其内容是不同的，但基本上都真实地记录了用户所做的每一步操作（如添加一个特征、加入一个视图或插入一个零件等）。通过对设计树的管理，可以方便地对三维模型进行修改和设计。

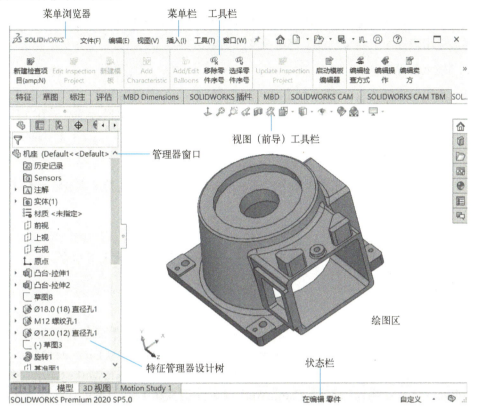

图 2-1　SolidWorks 2020 操作界面

2.1.2　菜单栏

　　系统默认情况下，SolidWorks 2020 的菜单栏是隐藏的，将鼠标指针移动到 SolidWorks 徽标上或者单击它，菜单栏就会出现，将菜单栏中的图标 ⊁ 改为打开状态 ⊀，菜单栏就可以保持可见，如图 2-2 所示。SolidWorks 2020 包括
【文件】、【编辑】、【视图】、【插入】、【工具】、
【窗口】和【帮助】等菜单，单击某个菜单可以
将其打开并执行相应的命令。

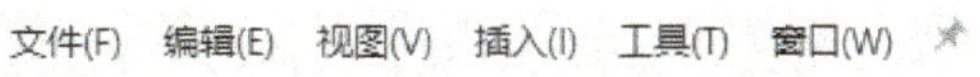

文件(F)　编辑(E)　视图(V)　插入(I)　工具(T)　窗口(W)　⊁

图 2-2　菜单栏

　　下面对 SolidWorks 2020 中的各菜单分别进行介绍。

1.【文件】菜单

　　【文件】菜单包括【新建】、【打开】、【保存】、【另存为】、【关闭】、【从零件制作工程图】、【从零件制作装配体】、【打印预览】、【属性】、【打印】和【退出】等命令。

2.【编辑】菜单

　　【编辑】菜单包括【剪切】、【复制】、【粘贴】、【删除】、【压缩】、【退回】、【草图】、【解除压缩】、【对象】、【定义】、【外观】和【自定义菜单】等命令。

3. 【视图】菜单

【视图】菜单包括【重画】、【显示】、【修改】、【光源与相机】、【隐藏/显示】、【工具栏】、【工作区】、【用户界面】和【全屏】等命令及子菜单。

4. 【插入】菜单

【插入】菜单包括【凸台/基体】、【切除】、【特征】、【阵列/镜向】、【扣合特征】、【曲面】、【参考几何体】、【钣金】和【焊件】等命令及子菜单。这些命令也可通过【特征】工具栏中相应的功能按钮来实现。

5. 【工具】菜单

【工具】菜单包括多种命令，如【草图工具】、【几何关系】、【测量】、【质量特性】、【检查】、【自定义】和【选项】等。

6. 【窗口】菜单

【窗口】菜单包括【视口】、【新建窗口】、【层叠】和【关闭所有】等命令。

2.1.3 管理器窗格

管理器窗格包括🞔【Feature Manager（特征管理器）设计树】、🞔【Property Manager（属性管理器）】、🞔【Configuration Manager（配置管理器）】、🞔【DimXpertManager（公差分析管理器）】、🞔【DisplayManager（外观管理器）】、🞔【SolidWorks CAM 特征树】、🞔【SolidWorks CAM 操作树】、🞔【SolidWorks CAM 刀具树】和🞔【SolidWorks Inspection】9 个选项卡，其中【Feature Manager 设计树】和【属性管理器】使用比较普遍，下面将进行详细介绍。

1. 【Feature Manager 设计树】

特征管理器设计树提供激活的零件、装配体或者工程图的大纲视图，可以方便地查看模型或装配体是如何构造的，或者查看工程图中的不同图纸和视图。

特征管理器设计树通过单击图形区域左侧窗格中的特征管理器设计树标签🞔展开，特征管理器设计树和图形区域为动态链接，可在任一窗格中选择特征、草图、工程视图和构造几何体。特征管理器设计树是按照零件和装配体建模的先后顺序，以树状形式记录特征，可以通过该设计树了解零件建模和装配体装配的顺序，以及其他特征数据。在特征管理器设计树包含 3 个基准面，分别是前视基准面、上视基准面和右视基准面。这 3 个基准面是系统自带的，用户可以直接在其上绘制草图。

2. 属性管理器

当用户在创建或者编辑特征时，会出现相应的属性管理器，可显示草图、零件或特征的属性。

在属性管理器中一般包含✔【确定】、✘【取消】、❓【帮助】、👁【细节预览】等命令按钮。【信息】选项组用于引导用户下一步的操作，常列举出实施下一步操作的各种方法。选项组内包含一组相关参数的设置，带有选项组标题（如【方向 1】等），单击︿或者﹀箭头图标，可以扩展或者折叠选项组。选择框处于活动状态时，显示为蓝色。在其中选择任一项目时，所选项目在绘图窗口中高亮显示。若要删除所选项目，用鼠标右键单击该项目，在弹出的快捷菜单中选择【删除】命令（针对某一项目）或者选择【消除选择】命令（针对所有项目）。分隔条可控制属性管理器窗格的显示，将属性管理器与绘图窗口分开。如果将其来回拖动，则分隔条在属性管理器显示的最佳宽度处捕捉到位。当用户生成新文件时，分隔条在最佳宽度处打开。用户可以拖动分隔条以调整属性管理器的宽度。

2.1.4　SolidWorks 的按键操作

鼠标按键的方式和键盘快捷键的定义方式，在学习每套 CAD/CAM 软件前都必须先弄清楚。

1. 基本鼠标按键操作

三键鼠标各按键的作用如图 2-3 所示。

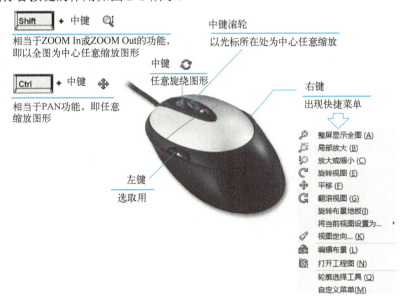

图 2-3　SolidWorks 中三键鼠标各按键的作用

左键：可以选择功能选项或者操作对象。

右键：显示快捷菜单。

中键：只能在绘图区使用，一般用于旋转、平移和缩放。在零件图和装配体的环境下，按住鼠标中键不放，移动鼠标就可以实现旋转；在零件图和装配体的环境下，先按住〈Ctrl〉键，然后按住鼠标中键不放，移动鼠标就可以实现平移；在工程图的环境下，按住鼠标中键，就可以实现平移；先按住〈Shift〉键，然后按住鼠标中键移动鼠标就可以实现缩放，如果是带滚轮的鼠标，直接转动滚轮就可以实现缩放。

2. 快捷键功能

键盘快捷键为组合键，出现在菜单命令右边，这些键可自定义。

用户可以从【自定义】对话框的【键盘】选项卡中打印或复制快捷键列表。一些常用的快捷键，见表 2-1。

表 2-1　常用的快捷键

操　作	快　捷　键
放大	〈Shift+Z〉
缩小	〈Z〉
整屏显示全图	〈F〉
视图定向菜单	〈Space（空格）〉
重复上一命令	〈Enter〉
重建模型	〈Ctrl+B〉
绘屏幕	〈Ctrl+R〉
撤销	〈Ctrl+Z〉

2.1.5　视图操作

1. 视图定向

可旋转并缩放模型或为工程图预定视图。从【标准视图】（对于模型有正视于、前视、后视、等轴测等，对于工程图有全图纸）工具栏中选择或将用户命名的视图添加到清单中。【标准视图】工具栏如图 2-4 所示；【方向】对话框如图 2-5 所示。

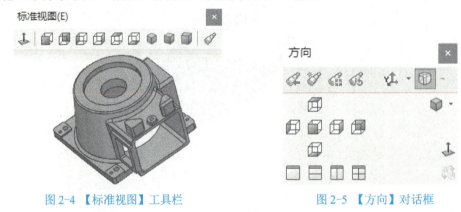

图 2-4　【标准视图】工具栏　　　　　　　图 2-5　【方向】对话框

2. 上一视图

当一次或多次切换模型视图之后，可以将模型或工程图恢复到先前的视图。可以撤销最近 10 次的视图更改。通过单击【视图】工具栏中的【上一视图】按钮 ✍，即可完成操作。

3. 透视图

显示模型的透视图。透视图是眼睛正常看到的视图，平行线在远处的消失点交汇，可以在一个模型透视图的工程图中生成【命名视图】。

4. 局部放大

局部放大操作是指通过拖动边界框对选择的区域进行放大。

5. 整屏显示全图

调整放大/缩小的范围，可看到整个模型、装配体或工程图样。

6．放大选取范围

放大所选择的模型、装配体或工程图中的一部分。

7．平移视图

在文件窗口中平移零件、装配体或工程图。

8．旋转视图

在零件和装配体文档中旋转模型视图。

2.2 SolidWorks 参考几何体

参考几何体是 SolidWorks 中的重要概念，又被称为基准特征，是创建模型的参考基准。参考几何体工具按钮集中在【参考几何体】工具栏中，主要有 【点】、 【基准轴】、 【基准面】、 【坐标系】4 种基本参考几何体类型。

2.2.1 参考基准面

在【Feature Manager 设计树】中默认提供前视、上视以及右视基准面，除了默认的基准面外，还可以生成参考基准面。参考基准面用来绘制草图和为特征生成几何体。

1．参考基准面的属性设置

单击【参考几何体】工具栏中的【基准面】按钮 ，或者选择【插入】|【参考几何体】|【基准面】菜单命令，系统弹出如图 2-6 所示的【基准面】属性管理器。

在【第一参考】选项组中，选择需要生成的基准面类型及项目。

 【平行】：通过模型的表面生成一个基准面。

 【垂直】：可生成垂直于一条边线、轴线或者平面的基准面。

 【重合】：通过一个点、线和面生成基准面。

 【两面夹角】：通过一条边线（或者轴线、草图线等）与一个面（或者基准面）成一定夹角生成基准面。

 【偏移距离】：在平行于一个面（或基准面）指定距离处生成等距基准面。首先选择一个平面（或基准面），然后设置距离数值。

【反转法线】：选中此复选框，在相反的方向生成基准面。

2．修改参考基准面

双击基准面，显示等距距离或角度。双击尺寸或角度数值，在弹出的【修改】对话框中输入新的数值；也可在【Feature Manager 设计树】中选取需要编辑的基准面，单击鼠标右键，在弹出的快捷菜单中选择【编辑特征】命令，系统弹出如图 2-6 所示的【基准面】

图 2-6 【基准面】属性管理器

属性管理器。在【基准面】属性管理器中的相关的选项组中输入新数值以定义基准面，然后单击【确定】按钮✓。

利用基准面控标和边线，可以进行以下操作。

（1）拖动边角或者边线控标可以调整基准面的大小。

（2）拖动基准面的边线可以移动基准面。

（3）在绘图窗口中选择基准面可以复制基准面，然后按住键盘上的〈Ctrl〉键并使用边线将基准面拖动至新的位置，生成一个等距基准面。

2.2.2 参考基准轴

参考基准轴是参考几何体中的重要组成部分。在生成草图几何体或圆周阵列时常使用参考基准轴。参考基准轴的用途较多，概括起来有以下三项。

（1）参考基准轴作为中心线。基准轴可作为圆柱体、圆孔、回转体的中心线。通常情况下，拉伸一个草图绘制的圆得到一个圆柱体，或通过旋转得到一个回转体时，SolidWorks 会自动生成一个临时轴，但生成圆角特征时系统不会自动生成临时轴。

（2）作为参考轴，辅助生成圆周阵列等特征。

（3）基准轴作为同轴度特征的参考轴。当两个均包含基准轴的零件需要生成同轴度特征时，可选择各个零件的基准轴作为几何约束条件，使两个基准轴在同一轴上。

1. 临时轴

每一个圆柱面和圆锥面都有一条轴线。临时轴是由模型中的圆锥和圆柱隐含生成的，临时轴常被设置为基准轴。

可以设置隐藏或显示所有临时轴。选择【视图】|【隐藏/显示】|【临时轴】菜单命令，如图 2-7 所示，表示临时轴可见，绘图窗口显示如图 2-8 所示。

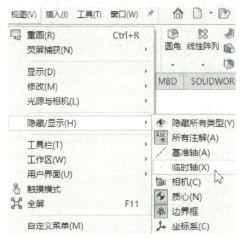

图 2-7　选择【临时轴】菜单命令

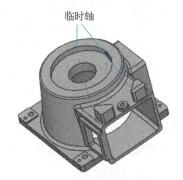

图 2-8　显示临时轴

2. 参考基准轴的属性设置

单击【参考几何体】工具栏中的【基准轴】按钮 ✐ ，或者选择【插入】|【参考几何体】|【基准轴】菜单命令，系统弹出如图 2-9 所示的【基准轴】属性管理器。

在【选择】选项组中可以选择生成基准轴的不同方式。

（1）✎【一直线/边线/轴】：选择一条草图直线或边线生成基准轴，或双击并选择临时轴生成基准轴。

（2）✎【两平面】：选择两个平面，利用两个面的交线生成基准轴。

（3）✎【两点/顶点】：选择两个顶点、点或者中点之间的连线生成基准轴。

（4）✎【圆柱/圆锥面】：选择一个圆柱面或者圆锥面，利用其轴线生成基准轴。

（5）✎【点和面/基准面】：选择一个平面（或者基准面），然后选择一个顶点（或者点、中点等），由此所生成的轴通过所选择的顶点（或者点、中点等）并垂直于所选的平面（或者基准面）。

属性设置完成后，检查【参考实体】✎列表框中列出的项目是否正确。

图 2-9　【基准轴】属性管理器

3. 显示参考基准轴

选择【视图】|【隐藏/显示】|【基准轴】菜单命令，可以看到菜单命令左侧的图标下沉，如图 2-7 所示，表示基准轴可见（再次选择该命令，该图标恢复，即关闭基准轴的显示）。

2.2.3　参考坐标系

SolidWorks 使用带原点的坐标系，零件文件包含原有原点。当用户选择基准面或者打开一个草图并选择某一面时，将生成一个新的原点，与基准面或者所选面对齐。原点可用作草图实体的定位点，有助于定向轴心透视图。三维视图引导可使用户快速定向到零件和装配体文件中的 X、Y、Z 轴方向。

1. 原点

零件原点显示为蓝色，代表零件的（0，0，0）坐标。当草图处于激活状态时，草图原点显示为红色，代表草图的（0，0，0）坐标。可以将尺寸标注和几何关系添加到零件原点中，但不能添加到草图原点中。

（1）✎：蓝色，表示零件原点，每个零件文件中均有一个零件原点。

（2）✎：红色，表示草图原点，每个新草图中均有一个草图原点。

（3）✎：表示装配体原点。

（4）✎：表示零件和装配体文件中的视图引导。

2. 参考坐标系的属性设置

可定义零件或装配体的坐标系，并将此坐标系与测量和质量特性工具一起使用，也可将 SolidWorks 文件导出为 IGES、STL、ACIS、STEP、Parasolid、VDA 等格式。

单击【参考几何体】工具栏中的【坐标系】按钮✎，或选择【插入】|【参考几何体】|【坐标系】菜单命令，系统弹出如图 2-10 所示的【坐标系】属性管理器。

（1）✎【原点】：定义原点。单击其列表框，在绘图窗口中选择零件或者装配体中的 1

个顶点、点、中点或者默认的原点。

（2）【X 轴】、【Y 轴】、【Z 轴】（此处为与软件界面统一，使用英文大写正体，下同）：定义各轴。单击其列表框，在绘图窗口中按照以下方法之一定义所选轴的方向。单击顶点、点或者中点，则轴与所选点对齐；单击线性边线或者草图直线，则轴与所选的边线或者直线平行；单击非线性边线或者草图实体，则轴与所选实体上选择的位置对齐；单击平面，则轴与所选面的垂直方向对齐。

（3）　【反转 X/Y 轴方向】按钮：反转轴的方向。坐标系定义完成之后，单击【确定】按钮 。

3. 修改和显示参考坐标系

（1）将参考坐标系平移到新的位置。在【Feature Manager 设计树】中，用鼠标右键单击已生成的坐标系的图标，在弹出的快捷菜单中选择【编辑特征】命令，系统弹出如图 2-10 所示的【坐标系】属性管理器。在【选择】选项组中，单击【原点】列表框 ，在绘图窗口中单击想将原点平移到的点或者顶点处，单击【确定】按钮 ，原点被移动到指定的位置上。

（2）切换参考坐标系的显示。要切换坐标系的显示，可以选择【视图】|【隐藏/显示】|【基准轴】菜单命令（菜单命令左侧的图标下沉，表示坐标系可见）。

2.2.4 参考点

SolidWorks 可生成多种类型的参考点用于构造对象，还可在彼此间已指定距离分割的曲线上生成指定数量的参考点。通过选择【视图】|【点】菜单命令，切换参考点的显示。

单击【参考几何体】工具栏中的【点】按钮 ，或者选择【插入】|【参考几何体】|【点】菜单命令，系统弹出如图 2-11 所示的【点】属性管理器。

图 2-10　【坐标系】属性管理器

图 2-11　【点】属性管理器

在【选择】选项组中，单击【参考实体】 列表框，在绘图窗口中选择用以生成点的实体。选择要生成的点的类型，可单击【圆弧中心】 、【面中心】 、【交叉点】 、【投影】

、【在点上】等按钮。

单击【沿曲线距离或多个参考点】按钮，可沿边线、曲线或草图线段生成一组参考点，然后输入距离或百分比数值（如果数值对于生成所指定的参考点太大，会出现信息提示要求设置较小的数值）。

（1）【距离】：按照设置的距离生成参考点数。

（2）【百分比】：按照设置的百分比生成参考点数。

（3）【均匀分布】：在实体上均匀分布参考点数。

（4）　【参考点数】：设置沿所选实体生成的参考点数。

属性设置完成后，单击【确定】按钮，生成参考点。

2.3　SolidWorks 二维草图绘制

在使用草图绘制命令前，首先要了解草图绘制的基本概念，以便更好地掌握草图绘制和草图编辑的方法。本节主要介绍草图的基本操作、认识草图绘制工具栏、熟悉绘制草图时鼠标指针的显示状态。

2.3.1　草图基本概念

草图有 2D 草图和 3D 草图之分。2D 草图是在一个平面上进行绘制的，在绘制 2D 草图时必须确定一个绘图平面；而 3D 草图是位于空间上的点、线的组合。3D 草图一般用于特定的工作场合，本书中除非特别注明，"草图"一词均指 2D 草图。

1. 草图基准面

2D 草图必须绘制在一个平面上，绘制平面可以使用以下几种方法。

（1）三个默认的基准面（前视基准面、右视基准面或上视基准面），如图 2-12a 所示。

（2）用户建立的参考基准面，如图 2-12b 所示。

（3）模型中的平面表面，如图 2-12c 所示。

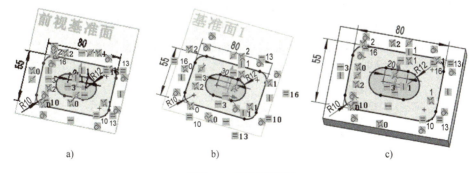

a)　　　　　　　　b)　　　　　　　　c)

图 2-12　草图基准面

a) 默认基准面　b) 自建基准面　c) 模型表面

2. 草图的构成

在草图中一般包含以下几类信息。

（1）草图实体：由线条构成的基本形状。草图中的线段、圆弧等元素均可以称为草图实体。

（2）几何关系：表明草图实体或草图实体之间的关系，例如，两条直线水平、两条直线竖直、圆心和矩形中心与原点重合。

（3）尺寸：标注草图实体大小或位置的数值，如矩形长 120、宽 80 和圆直径 56。草图构成的示意如图 2-13 所示。

3. 草图的定义状态

一般而言，草图可以处于欠定义、完全定义或过定义状态。

（1）欠定义：草图中某些元素的尺寸或几何关系没有定义。欠定义的元素用蓝色表示。拖动欠定义的元素，可以改变它们的大小或位置。在【Feature Manager 设计树】中，欠定义草图名称的前面为【(-)】，如图 2-14 所示。

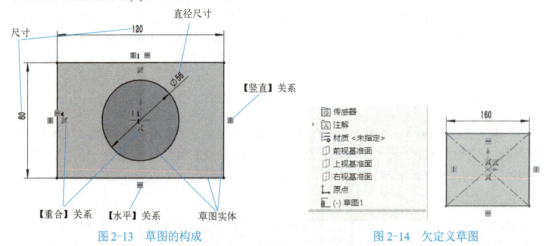

图 2-13　草图的构成　　　　　　　　　　图 2-14　欠定义草图

（2）完全定义：草图中所有元素均已通过尺寸或几何关系进行了约束。完全定义草图中的所有元素均用黑色表示，用户不能拖动完全定义草图实体来改变大小。在【Feature Manager 设计树】中，完全定义草图名称前面无符号标识，如图 2-15 所示。

（3）过定义：草图中的某些元素的尺寸或几何关系过多，从而导致一个元素有多种冲突的约束，过定义的草图元素使用红色表示。在【Feature Manager 设计树】中，过定义草图名称的前面为【(+)】，如图 2-16 所示。

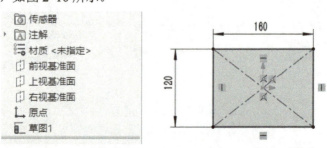

图 2-15　完全定义草图

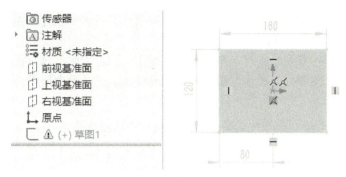

图 2-16　过定义草图

2.3.2　进入草图绘制状态

草图必须绘制在平面上，该平面既可以是基准面，也可以是三维模型上的平面。初始进入草图绘制状态时，系统默认有三个基准面：前视基准面、右视基准面和上视基准面，如图 2-17 所示。由于没有其他平面，因此零件的初始草图绘制是从系统默认的基准面开始的。

常用的【草图】工具栏如图 2-18 所示，工具栏中有绘制草图命令按钮、编辑草图命令按钮及其他草图命令按钮。

当草图处于激活状态时，在图形区域底部的状态栏中会显示出有关草图状态的帮助信息，状态栏如图 2-19 所示。

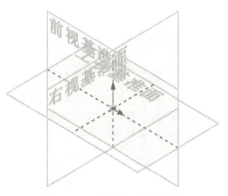

图 2-17　系统默认的基准面

图 2-18　【草图】工具栏

| -8.43mm | -56.18mm | 0mm 欠定义 | 在编辑 草图1 | 自定义 |

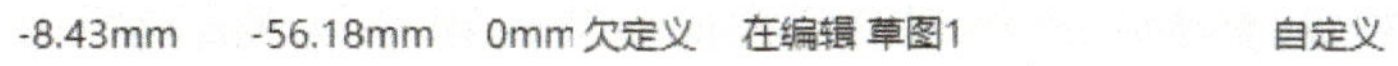

图 2-19　状态栏

在激活的草图中，草图原点显示为红色。使用草图原点，可以帮助了解所绘制的草图的坐标。零件中的每个草图都有自己的原点，所以在一个零件中通常有多个草图原点。当草图打开时，不能关闭其原点的显示。草图原点和零件原点（以灰色显示）并非同一点，也不是同一个概念。不能给草图原点标注尺寸，或者为草图原点添加几何关系，只能向零件原点添加尺寸和几何关系。绘制草图既可以先指定绘制草图所在的平面，也可以先选择草图绘制实体，具体根据实际情况灵活运用。

1. 以先指定草图所在平面方式进入草图绘制状态的操作方法

（1）在【Feature Manager 设计树】中选择要绘制草图的基准面，即前视基准面、右视基准面或上视基准面中的一个。

（2）单击【标准视图】工具栏中的【正视于】按钮⚓，使基准面旋转到正视于绘图者方向。

（3）单击【草图】工具栏中的【草图绘制】按钮，或者单击【草图】工具栏上要绘制的草图实体，进入草图绘制状态。

在新建零件的初始草图绘制时，基准面以正视于绘图者方向显示。在绘制过程中，基准面并不都以正视于绘图者方向显示，需要在【标准视图】工具栏中使用合适的命令按钮选择合适的基准面方向。

2. 以先选择草图绘制实体方式进入草图绘制状态的操作方法

（1）选择【插入】|【草图绘制】菜单命令，或者单击【草图】工具栏中的【草图绘制】按钮，或者直接单击【草图】工具栏上要绘制的草图实体命令按钮，然后单击【视图定向】工具栏中的【等轴测】按钮，以等轴测方向显示基准面，便于观察，确定选择哪个基准面作为草图平面。

（2）单击选择绘图区域中三个基准面之一作为合适的绘制图形的平面，进入草图绘制状态。

2.3.3 退出草图绘制状态

零件是由多个特征组成的，有些特征只需一个草图生成，有些需要多个草图生成，如扫描实体、放样实体等。因此草图绘制后，既可立即建立特征，也可以退出草图绘制状态再绘制其他草图，然后再建立特征。退出草图绘制状态的方法主要有以下几种，下面分别介绍，在实际使用中要灵活运用。

1. 菜单方式

草图绘制后，选择【插入】|【退出草图】菜单命令，退出草图绘制状态，或者单击【标准】工具栏中的【重建模型】按钮，退出草图绘制状态。

2. 工具栏命令按钮方式

单击【草图】工具栏中的【退出草图】按钮，退出草图绘制状态。

3. 右键快捷菜单方式

在绘图区域单击鼠标右键，系统弹出如图 2-20 所示的快捷菜单，在其中选择【退出草图】命令，即退出草图绘制状态。

4. 绘图区域退出图标方式

在进入草图绘制状态的过程中，在绘图区域右上角会出现如图 2-21 所示的草图提示图标。单击上面的图标，确认绘制的草图并退出草图绘制状态。如果单击下面的图标，则系统会提示是否丢弃对草图的所有的更改，系统提示框如图 2-22 所示，然后根据设计需要选择系统提示框中的选项，并退出草图绘制状态。

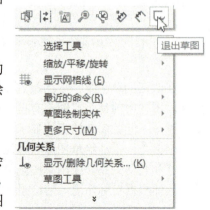

图 2-20 右键快捷菜单方式退出草图绘制状态

SOLIDWORKS   ×

⚠ 丢弃对草图所作的更改吗?

草图将恢复到您进行编辑之前的状态。

☐ 不要再显示(D)   丢弃更改并退出(E)   取消(C)

图 2-21 草图提示图标 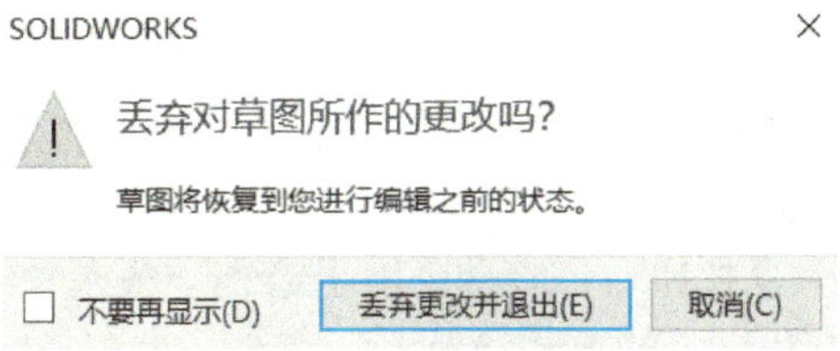   图 2-22 系统提示框

2.3.4 草图绘制工具

常用的草图绘制工具均显示在【草图】工具栏中。草图绘制工具栏主要包括：草图绘制命令按钮、实体绘制命令按钮、标注几何关系命令按钮和草图编辑命令按钮，下面分别介绍各自的概念。

1. 草图绘制命令按钮

【草图绘制】/【退出草图】按钮：选择进入或者退出草图绘制状态。

【移动实体】按钮：在草图和工程图中，选择一个或多个草图实体并将其移动。该操作不生成几何关系。

【旋转实体】按钮：在草图和工程图中，选择一个或多个草图实体并将其旋转。该操作不生成几何关系。

【缩放实体比例】按钮：在草图和工程图中，选择一个或多个草图实体并将其按比例缩放。该操作不生成几何关系。

【复制实体】按钮：在草图和工程图中，选择一个或多个草图实体并将其复制。该操作不生成几何关系。

2. 实体绘制命令按钮

【直线】按钮：以起点、终点方式绘制一条直线，绘制的直线可以作为构造线使用。

【边角矩形】按钮：绘制标准矩形草图，通常以对角线的起点和终点方式绘制一个矩形，其一边为水平或竖直。

【中心矩形】按钮：以指定中心点方式绘制矩形草图。

【3 点边角矩形】按钮：以所选的角度绘制矩形草图。

【3 点中心矩形】按钮：以所选的角度绘制带有中心点的矩形草图。

【平行四边形】按钮：可绘制一个标准的平行四边形，即生成边不为水平或竖直的平行四边形及矩形。

【多边形】按钮：绘制边数在 3～40 之间的等边多边形。

【圆】按钮：绘制中心圆。先指定圆心，然后拖动鼠标以确定距离为半径的方式绘制圆。

【周边圆】按钮：绘制周边圆，是指以指定圆周上点的方式绘制圆。

【圆心/起/终点画弧】按钮：以顺序指定圆心、起点以及终点的方式绘制一段圆弧。

【切线弧】按钮：绘制一条与草图实体相切的弧线，绘制的圆弧可以根据草图实体自动确认是法向相切还是径向相切。

【3 点圆弧】按钮：以顺序指定起点、终点及中点的方式绘制一段圆弧。

【椭圆】按钮：该命令用于绘制一个完整的椭圆，以先指定圆心，然后指定长短轴的方式绘制。

【部分椭圆】按钮⌒：该命令用于绘制一部分椭圆，以先指定中心点，然后指定起点及终点的方式绘制。

【抛物线】按钮∪：该命令用于绘制一条抛物线，以先指定焦点，然后拖动鼠标确定焦距，再指定起点和终点的方式绘制。

【样条曲线】按钮∿：该命令用于绘制一条样条曲线，以不同路径上的两点或者多点绘制，绘制的样条曲线可以在指定端点处相切。

【方程式驱动的曲线】按钮ƒₓ：该命令用于以数学方程式方式绘制一条样条曲线。

【点】按钮▫：该命令用于绘制一个点，该点可以绘制在草图或者工程图中。

【中心线】按钮⟋：该命令用于绘制一条中心线，中心线可以在草图或者工程图中绘制。

【文字】按钮𝔸：在任何连续曲线或边线组中，包括零件表面上由直线、圆弧或样条曲线组成的圆或轮廓之上绘制草图文字，然后拉伸或者切除生成文字实体。

3．标注几何关系命令按钮

【智能尺寸】按钮❮：自动识别尺寸类型并标注。

【水平尺寸】按钮↤↦：设定水平尺寸。

【竖直尺寸】按钮↥↧：设定竖直尺寸。

【尺寸链】按钮⟡：设定配套的尺寸链条。

【水平尺寸链】按钮⊔：设定配套的水平尺寸链条。

【竖直尺寸链】按钮⊏：设定配套的竖直尺寸链条。

4．草图编辑命令按钮

【绘制圆角】按钮╮：执行该命令将两个草图实体的交叉处剪裁掉角部，从而生成一个切线弧，即形成圆角。此命令在 2D 和 3D 草图中均可使用。

【绘制倒角】按钮╲：执行该命令将两个草图实体交叉处按照一定角度和距离剪裁，并用直线相连，即形成倒角。此命令在 2D 和 3D 草图中均可使用。

【等距实体】按钮⊏：按给定的距离和方向将一个或多个草图实体等距生成相同的草图实体。草图实体可以是线、弧、环等实体。

【转换实体引用】按钮▢：通过将边线、环、面、曲线、外部草图轮廓线、一组边线或一组草图曲线投影到草图基准面上生成草图实体。

【交叉曲线】按钮⬢：该命令将在基准面和曲面或模型面、两个曲面、曲面和模型面、基准面和整个零件、曲面和整个零件的相交处生成草图曲线。可以按照与使用任何草图曲线相同的方式使用生成的草图交叉曲线。

【剪裁实体】按钮✂：根据所选择的剪裁类型，剪裁或者延伸草图实体。该命令可为 2D 草图以及在 3D 基准面上的 2D 草图所使用。

【延伸实体】按钮⊤：执行该命令可以将草图实体中直线、中心线或者圆弧等的长度，延伸至与另一个草图实体相遇。

【镜向实体】按钮⊨⊨：将选择的草图实体以一条中心线为对称轴生成对称的草图实体。

【线性草图阵列】按钮⬚⬚：将选择的草图实体沿一个轴或同时沿两个轴生成线性草图排列，选择的草图可以是多个草图实体。

【圆周草图阵列】按钮✤：生成草图实体的圆周排列。

【修复草图】按钮 ：该命令用来移动、旋转或者按比例缩放整个草图实体。

2.3.5　设置草图绘制环境

1. 设置草图的系统选项

选择【工具】|【选项】菜单命令，系统弹出【系统选项】对话框。选择【草图】选项并进行设置，完成设置后单击【确定】按钮。

2. 【草图设置】菜单

选择【工具】|【草图设置】菜单命令，系统弹出如图 2-23 所示的【草图设置】子菜单，在此菜单中可以使用草图的各种设定。

【自动添加几何关系】：在添加草图实体时自动建立几何关系。

【自动求解】：在生成零件时自动计算求解草图几何体。

【激活捕捉】：可以激活快速捕捉功能。

图 2-23　【草图设置】子菜单

【移动时不求解】：可以在不解出尺寸或者几何关系的情况下，在草图中移动草图实体。

【独立拖动单一草图实体】：在拖动时可以从其他实体中独立拖动单一草图实体。

【尺寸随拖动/移动修改】：拖动草图实体或者在【移动】或【复制】的属性设置中移动草图以覆盖尺寸。

3. 草图网格线和捕捉

当草图或者工程图处于激活状态时，可以选择在当前的草图或者工程图上显示草图网格线。由于 SolidWorks 是参变量式设计，所以草图网格线和捕捉功能并不像 AutoCAD 那么重要，在大多数情况下不需要使用该功能。

2.3.6　草图几何关系

添加草图几何关系就是添加草图约束，约束的概念是指一个图形在某一点位置上被固定，使其不能运动。约束可分为几何约束和尺寸约束。

（1）几何约束也可称为位置约束，有了位置上的约束，就可以使草图上的图素与坐标轴或图素之间有相对的位置关系，如同心圆、两直线平行、直线与坐标轴平行等。

（2）尺寸约束就是设置图形的大小、长短，如圆的直径、直线的长度等。

在使用草图约束时，草图上会自动显示自由度和约束的符号，例如，线段等的端点处会出现一些互相垂直的黄色箭头，即表示这些线段的自由度没有被限制，而没有出现黄色箭头，则表示此对象已被约束。当草图对象全部被约束后，自由度的符号会完全消失。

几何关系可用来确定几何体的空间位置和相互之间的关系。在绘制草图时利用几何关系可以更容易控制草图的形状，以表达设计者的意图。几何关系和捕捉是相对应的，常用的几何关系及使用效果见表 2-2。

表 2-2　常用的几何关系及使用效果

添加几何关系	选　　择	结　　果
━ 水平	一条或多条直线，或两个或多个点	直线会变成水平，而点会水平对齐
┃ 竖直	一条或多条直线，或两个或多个点	直线会变成竖直，而点会竖直对齐
╱ 共线	两条或多条直线	直线位于同一条无限长的直线上
⊥ 垂直	两条直线	两条直线相互垂直
╲ 平行	两条或多条直线	直线会保持平行
= 相等	两条或多条直线，或两个或多个圆弧	直线长度或圆弧半径保持相等
⊘ 对称	一条中心线和两个点、直线、圆弧或椭圆	项目会保持与中心线等距离，并位于与中心线垂直的一条直线上
♂ 相切	一个圆弧、椭圆或样条曲线，及一直线或圆弧	两个项目保持相切
◎ 同心	两个或多个圆弧，或一个点和一个圆弧	圆或圆弧共用相同的圆心
↻ 全等	两个或多个圆弧	项目会共用相同的圆心和半径
╱ 重合	点和一条直线、圆弧或椭圆	点位于直线、圆弧或椭圆上
╱ 中点	一个点和一条直线	点保持位于线段的中点
✕ 交叉点	两条直线和一个点	点保持位于两条直线的交叉点处
⊠ 穿透	一个草图点和一个基准轴、边线、直线或样条曲线	草图点与基准轴、边线或直线在草图基准面上穿透的位置重合
☑ 固定	任何项目	固定项目的大小和位置。圆弧或椭圆线段的端点可以自由地移动。并且，圆弧或椭圆的端点可以随意沿着圆弧或椭圆弧移动

2.3.7　添加几何关系

【添加几何关系】命令用于为草图实体之间添加诸如平行或共线之类的几何关系。选择【工具】|【几何关系】|【添加】菜单命令，或者单击【草图】工具栏上的【添加几何关系】按钮 ┻，系统弹出如图 2-24 所示的【添加几何关系】属性管理器。所选取的实体会在【所选实体】列表框中显示；如果发现选错或者多选了实体，还可以移除，在【所选实体】列表框中单击鼠标右键，在弹出的快捷菜单中选取【取消选择】或者【删除】。【信息栏】ⓘ 显示所选实体的状态（完全定义或者欠定义等）。在【添加几何关系】选项组中单击要添加的几何关系类型，这时添加的几何关系类型就会显示在【现有的几何关系】列表框中；如果要删除已经添加的几何关系，可以在【现有的几何关系】列表框中选取已添加的几何关系，单击鼠标右键，在弹出的快捷菜单中选择【删除】命令即可。

图 2-24　【添加几何关系】
属性管理器

2.3.8　显示/删除几何关系

用户可通过以下两种方法显示/删除所选实体的几何关系。

第一种方法是单击需显示几何关系的实体，在其属性管理器中有【现有几何关系】列表，如图 2-25 所示，从中可看到实体对应的几何关系，如果需要删除几何关系，选取需要删除的几何关系，单击鼠标右键，在弹出的快捷菜单选择【删除】命令即可删除。

第二种方法是选择【工具】|【几何关系】|【显示/删除】菜单命令，或者单击【草图】工具栏上的【显示/删除几何关系】按钮↓，系统弹出如图 2-26 所示的【显示/删除几何关系】属性管理器。当草图中没有实体被选中时，管理器中【过滤器】下拉列表选中【全部在此草图中】，即显示草图中所有的几何关系，如图 2-26 所示。选择需显示/删除几何关系的实体，则在【现有几何关系】列表中会显示该实体的所有几何关系，单击各几何关系，图形区将以绿色显示对应关系的实体。如果需要删除几何关系，在【现有几何关系】列表中选取相应的几何关系，单击鼠标右键，在弹出的快捷菜单中选择【删除】命令即可删除；如果需删除所有的几何关系，选择快捷菜单中【删除所有】命令。

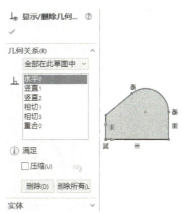

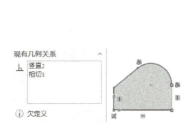

图 2-25 【现有几何关系】列表　　　图 2-26 【显示/删除几何关系】属性管理器

2.3.9　尺寸标注

选择【工具】|【标注尺寸】|【智能尺寸】菜单命令，或单击【草图】工具栏上的【智能尺寸】按钮，鼠标指针变为，可以进行尺寸标注，按〈Esc〉键或者再次单击【草图】工具栏上的【智能尺寸】按钮，退出尺寸标注。

1. 线性尺寸的标注

线性尺寸一般分为水平尺寸、垂直尺寸或平行尺寸三种。

（1）启动标注尺寸命令后，移动鼠标，到需标注尺寸的直线位置附近，当鼠标指针形状为时，表示系统捕捉到直线，如图 2-27a 所示，单击鼠标。

（2）移动鼠标，将拖出线性尺寸，当尺寸成为如图 2-27b 所示的水平尺寸时，在尺寸放置的合适位置单击鼠标，确定所标注尺寸的位置，同时出现【修改】对话框，图 2-27c 所示。

（3）在【修改】对话框中输入尺寸数值。

（4）单击【确定】按钮，完成该线性尺寸的标注，结果如图 2-27d 所示。

当需标注垂直尺寸或平行尺寸时，只需在选取直线后，移动鼠标拖出垂直或平行尺寸，如图 2-28 所示。

2. 角度尺寸的标注

角度尺寸分为两种：一种是两直线间的角度尺寸，另一种是直线与点间的角度尺寸。

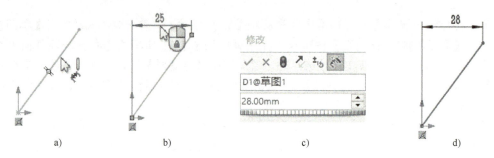

图 2-27 线性水平尺寸的标注

a) 选取直线 b) 单击后拖出水平尺寸 c) 单击确定尺寸位置，出现【修改】对话框 d) 标注水平尺寸

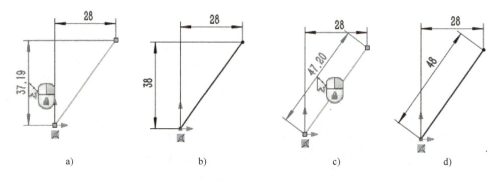

图 2-28 线性垂直和平行尺寸的标注

a) 拖出垂直尺寸 b) 标注垂直尺寸 c) 拖出平行尺寸 d) 标注平行尺寸

（1）启动标注尺寸命令后，移动鼠标，分别单击选取需标注角度尺寸的两条边。

（2）移动鼠标，拖出角度尺寸，鼠标位置的不同，将得到不同的标注形式，如图 2-29 所示。

（3）单击鼠标，确定角度尺寸的位置，同时出现【修改】尺寸对话框。

（4）在【修改】尺寸对话框中输入尺寸数值。

（5）单击【确定】按钮 ✓，完成该角度尺寸的标注，如图 2-29 所示。

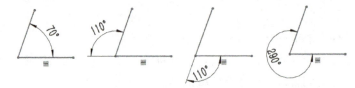

图 2-29 角度尺寸的标注

当需标注直线与点的角度时，不同的选取顺序，会导致尺寸标注形式的不同。一般的选取顺序是：直线→端点→直线另一个端点→圆心点，如图 2-30 所示。

3. 圆弧尺寸的标注

圆弧的标注分为标注圆弧半径、圆弧的弧长和圆弧对应弦长的线性尺寸。

（1）圆弧半径的标注。直接单击圆弧，如图 2-31a 所示，拖出半径尺寸后，在合适位置放置尺寸，如图 2-31b 所示。单击鼠标出现【修改】尺寸对话框，在【修改】尺寸对话框中输入尺寸数值，单击【确定】按钮 ✓，完成该圆弧半径尺寸的标注，如图 2-31c 所示。

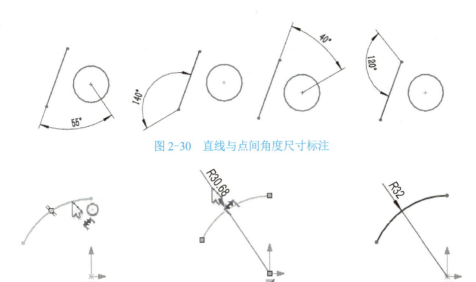

图 2-30　直线与点间角度尺寸标注

图 2-31　标注圆弧半径

a) 选取圆弧　b) 拖动尺寸，单击确定尺寸位置　c) 完成圆弧半径的标注

（2）圆弧弧长的标注。分别选取圆弧的两个端点，如图 2-32a 所示，再选取圆弧，如图 2-32b 所示。此时，拖出的尺寸即为圆弧弧长。在合适位置单击鼠标，确定尺寸的位置，如图 2-32c 所示。单击鼠标出现【修改】尺寸对话框，在【修改】尺寸对话框中输入尺寸数值，单击【确定】按钮✔，完成该圆弧弧长尺寸的标注，如图 2-32d 所示。

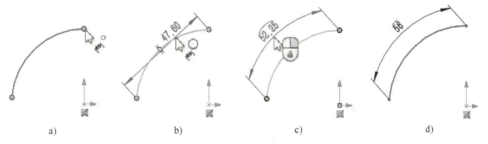

图 2-32　标注圆弧弧长

a) 分别选取两端点　b) 选取圆弧　c) 拖动尺寸，单击确定尺寸位置　d) 完成圆弧弧长的标注

（3）圆弧对应弦长的标注。分别选取圆弧的两个端点，拖出的尺寸即为圆弧对应弦长的线性尺寸。单击鼠标出现【修改】尺寸对话框，在【修改】尺寸对话框中输入尺寸数值，单击【确定】按钮✔，完成该圆弧对应弦长尺寸的标注，如图 2-33 所示。

4. 圆尺寸的标注

（1）启动标注尺寸命令后，移动鼠标，单击选取需标注直径尺寸的圆。

（2）移动鼠标，拖出直径尺寸，鼠标位置的不同，将得到不同

图 2-33　标注圆弧对应弦长

的标注形式。

（3）单击鼠标，确定直径尺寸的位置，同时出现【修改】尺寸对话框。

（4）在【修改】尺寸对话框中输入尺寸数值。

（5）单击【确定】按钮 ✓，完成该圆尺寸的标注，如图 2-34 所示。

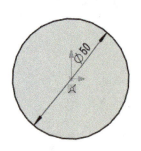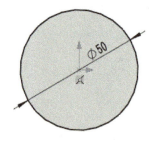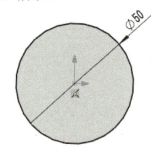

图 2-34　圆尺寸标注的三种形式

5．中心距尺寸标注

（1）启动标注尺寸命令后，移动鼠标，单击选取需标注中心距尺寸的圆，如图 2-35a 所示。

（2）移动鼠标，拖出中心距尺寸，如图 2-35b 所示。

（3）单击鼠标，确定角度尺寸的位置，同时出现【修改】尺寸对话框。

（4）在【修改】尺寸对话框中输入尺寸数值。

（5）单击【确定】按钮 ✓，完成该中心距尺寸的标注，如图 2-35c 所示。

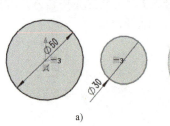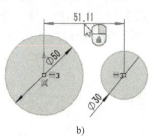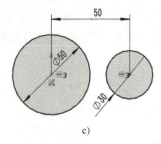

a)　　　　　　　　　　　b)　　　　　　　　　　　c)

图 2-35　中心距尺寸的标注

a) 依次选取两个圆　b) 移动鼠标，拖出中心距尺寸　c) 中心距尺寸的标注

6．同心圆之间标注尺寸并显示尺寸延伸线

（1）启动标注尺寸命令后，移动鼠标，单击一同心圆，然后单击第二个同心圆。

（2）若想显示尺寸延伸线，先单击鼠标右键，然后单击鼠标中间（滚轮）。

（3）单击以放置尺寸，如图 2-36 所示。

2.3.10　尺寸修改

在绘制草图过程中，为得到需要的图形常常需要修改尺寸。

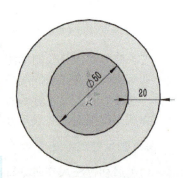

图 2-36　同心圆之间标注尺寸
并显示尺寸延伸线

1. 修改尺寸数值

在草图绘制状态下，移动鼠标至需修改数值的尺寸附近，当尺寸以高亮显示，且鼠标指针形状为 时，如图 2-37a 所示，双击鼠标左键，出现【修改】对话框。在【修改】对话框中输入尺寸数值，如图 2-37b 所示，单击【确定】按钮 ，完成尺寸的修改，如图 2-37c 所示。

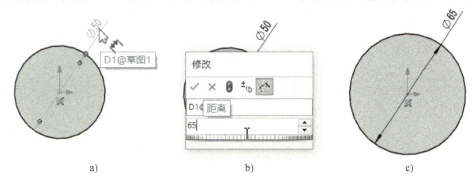

图 2-37　修改尺寸数值

a) 选取尺寸　b) 【修改】尺寸对话框　c) 完成尺寸的修改

2. 修改尺寸属性

（1）大半径尺寸可缩短其尺寸线，具体操作步骤为：选择标注好的尺寸，在【尺寸】属性管理器中单击【引线】选项卡，出现【尺寸】属性管理器，如图 2-38a 所示，单击【尺寸线打折】按钮 ，单击【确定】按钮 ，完成操作，如图 2-38b 所示。

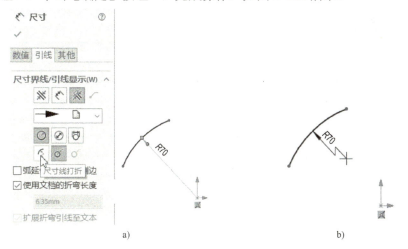

图 2-38　缩短尺寸线

a) 【尺寸】属性管理器　b) 半径尺寸线打折

（2）两圆标注，具体操作步骤为：选择两圆标注，如图 2-39a 所示，选择标注好的尺寸，在【尺寸】属性管理器中单击【引线】选项卡，【尺寸】属性管理器如图 2-39b 所示。【圆弧条件】选项组中的【第一圆弧条件】选择【最小】，【第二圆弧条件】也选择【最小】，如图 2-39b 所示，标注最小距离；【第一圆弧条件】选择【最大】，【第二圆弧条件】也选择【最大】，如图 2-39c 所示，标注最大距离。

a)

b)

c)

图 2-39　圆之间距离的标注方式

a) 标注中心矩　b) 最小距离　c) 最大距离

2.4　练习题

绘制如图 2-40～图 2-45 所示的草图，并标注尺寸。

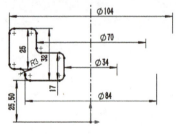

图 2-40　草图练习 1

草图练习 1

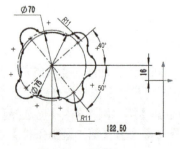

图 2-41　草图练习 2

草图练习 2

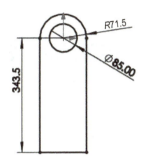

图 2-42　草图练习 3

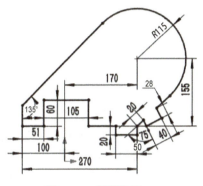

图 2-43　草图练习 4

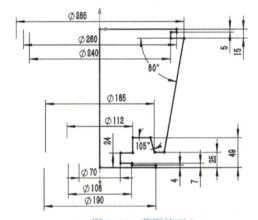

图 2-44　草图练习 5

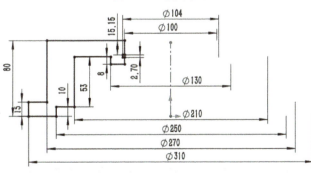

图 2-45　草图练习 6

第3章　工业机器人本体建模

目前，服务于生产制造一线的工业机器人多为关节型工业机器人，包括4自由度、5自由度、6自由度等。6自由度关节型工业机器人机械结构包括基座、大臂、小臂和手腕等，可实现手腕的偏转、翻转、俯仰，大臂、小臂、基座的转动。

3.1　基座设计

基座是整个工业机器人的支撑部分，它既是工业机器人的安装和固定部分，也是工业机器人电线电缆、气管、油管输入连接部分。基座位于工业机器人底部，通过螺栓安装于底面固定板或工作台面上，实现工业机器人本体定位，并通过J1轴的旋转运动带动机器人本体进行转动。

基座有固定式和移动式两种。其中，移动式机构是工业机器人用来扩大活动范围的机构，有的采用专门的行走装置，有的采用轨道、滚轮机构。

3.1.1　基座结构分析

基座三维模型如图3-1所示，是典型的箱体类零件。正确分析基座零件的结构特点，简化设计思路，利用草图绘制、拉伸、拉伸切除、旋转、旋转切除、倒角、倒圆、异型向导孔和阵列等功能，完成基座零件的三维设计。

图3-1　基座的三维模型

基座底部为长方体，采用拉伸功能完成；中间部分为圆台，是回转体，采用旋转和旋转切除功能完成，两侧的台阶为长方体，采用拉伸和拉伸切除功能完成；其他局部的台阶和槽，分别采用拉伸和拉伸切除功能完成；各种孔采用异型孔向导功能完成，最后利用倒圆和倒角功能完成零件上的倒圆和倒角。

3.1.2　基座三维设计方案及使用的功能

基座主要通过拉伸凸台、旋转凸台、异型向导孔、倒角、拉伸切除、旋转切除、倒圆和阵列等功能完成三维设计，基座的三维设计方案见表3-1。

表 3-1　基座的三维设计方案

步骤	1. 创建拉伸凸台 1	2. 创建拉伸凸台 2	3. 创建直径 18 的孔
图示		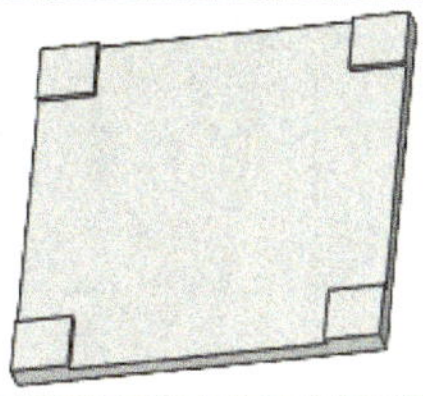	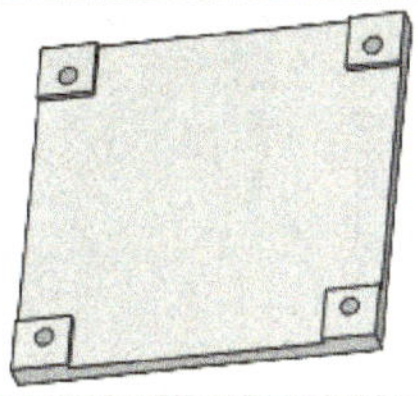
步骤	4. 创建 M10 螺纹孔	5. 创建直径 12 的孔	6. 创建旋转凸台
图示	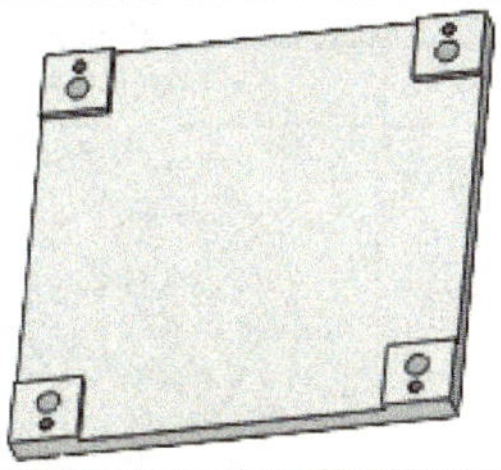	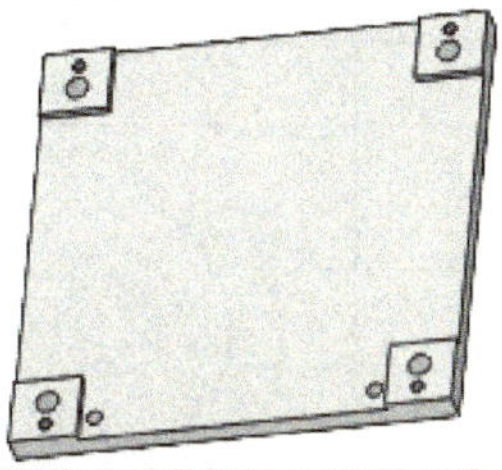	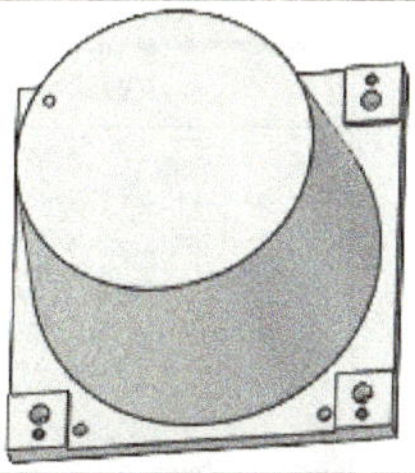
步骤	7. 创建拉伸凸台 3	8. 创建拉伸凸台 4	9. 创建旋转切除
图示	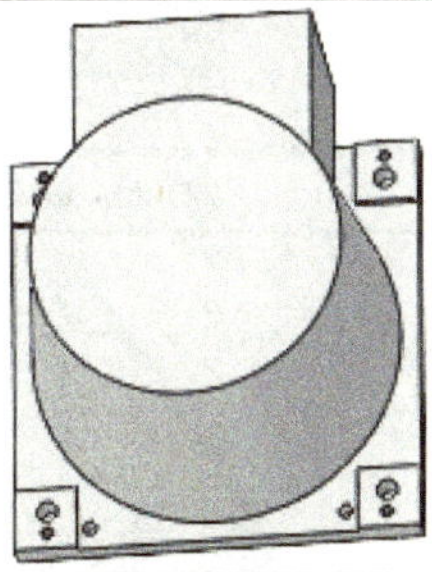	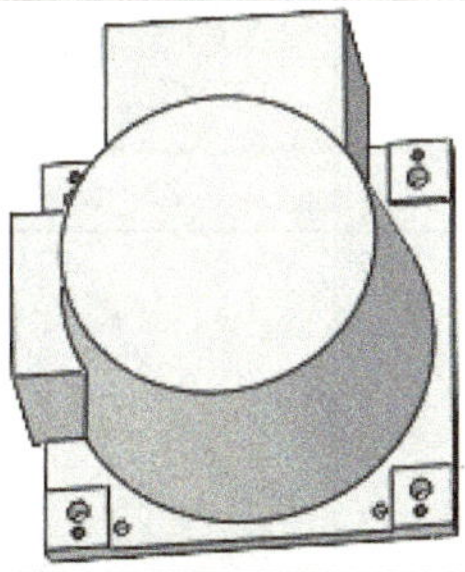	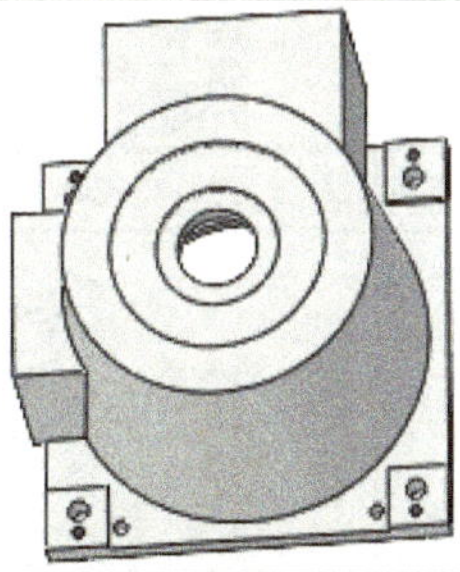
步骤	10. 拉伸切除 1	11. 拉伸切除 2	12. 拉伸切除 3
图示	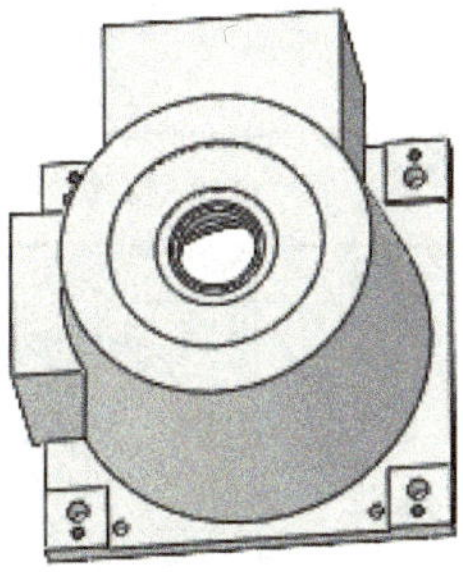	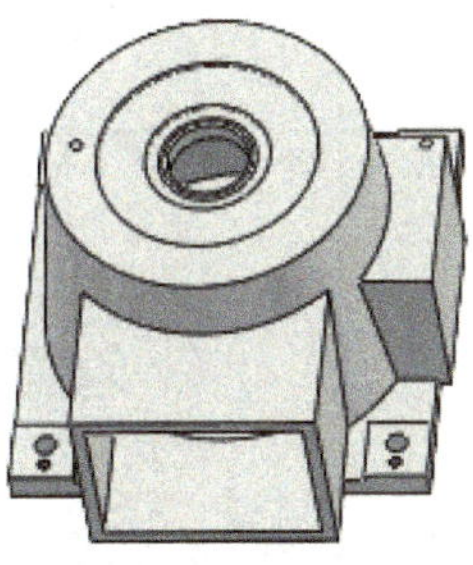	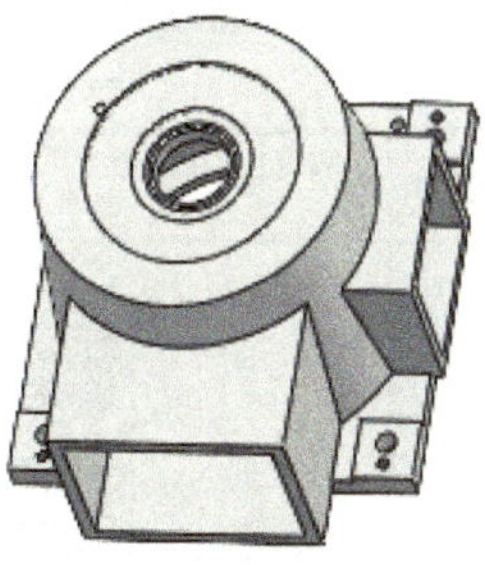
步骤	13. 创建倒角	14. 创建倒圆 1	15. 创建拉伸凸台 5
图示	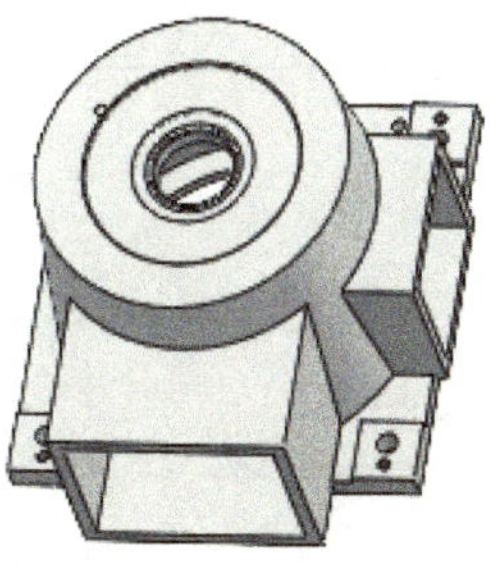	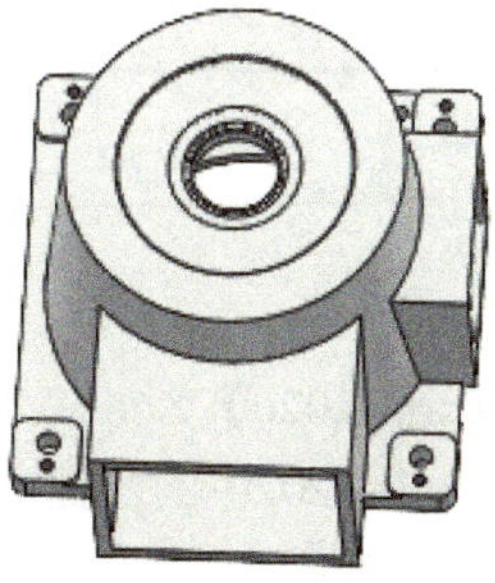	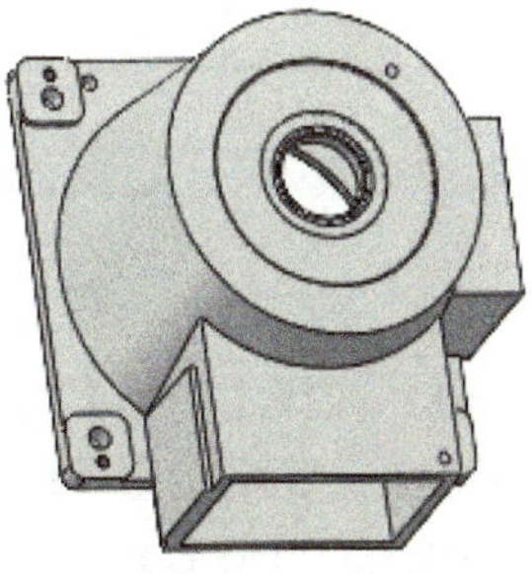

（续）

步骤	16．创建拉伸凸台 6	17．创建拉伸凸台 7	18．拉伸切除 4
图示			
步骤	19．拉伸切除 5	20．拉伸切除 6	21．创建倒圆 2
图示			
步骤	22．完成其他地方的倒圆	23．创建 M4 螺纹孔	24．M4 螺纹孔线性阵列
图示			
步骤	25．创建其他面上的 M4 螺纹孔并完成线性阵列	26．创建两个 M12 螺纹孔并完成圆周阵列	27．创建 M4 螺纹孔并完成圆周阵列
图示			

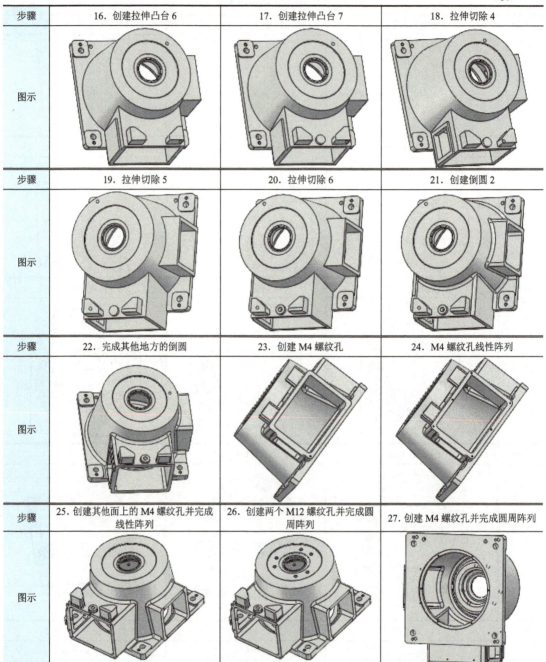

3.1.3　基座三维设计步骤

1．新建文件并保存

（1）选择【开始】|【SolidWorks 2020】|SolidWorks 2020 命令，或者双击计算机桌面上的 SolidWorks 2020 的快捷方式图标，启动 SolidWorks 2020 软件。

基座设计 1～8

（2）选择【文件】|【新建】命令，或单击【标准】工具栏上的【新建】按钮，系统弹出【新建 SOLIDWORKS 文件】对话框。选择【零件】选项，单击【确定】按钮，进入绘图界面。

（3）单击【标准】工具栏中的【保存】按钮，系统弹出【另存为】对话框，选择合适的保存位置，在【文件名】文本框中输入"基座"，即可单击【保存】按钮，进行保存。

2. 拉伸凸台 1

（1）选择【插入】|【凸台／基体】|【拉伸】菜单命令，或者单击【特征】工具栏中的【拉伸凸台／基体】按钮，系统弹出如图 3-2 所示的【凸台-拉伸】属性管理器，提示需要选择一个平面作为草图平面，在【Feature Manager 设计树】中选择【前视基准面】，或者在绘图区选择【前视基准面】，进入草图环境。

（2）单击【草图】工具栏中的【中心矩形】按钮，或选择【工具】|【草图绘制实体】|【中心矩形】菜单命令，系统弹出如图 3-3 所示的【矩形】属性管理器，绘制一个如图 3-4 所示的矩形。

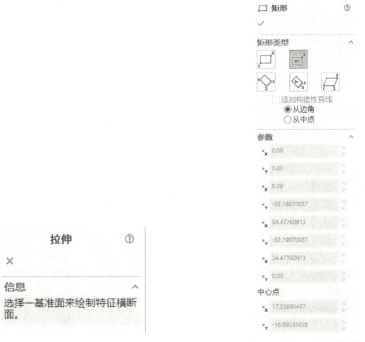

图 3-2　【凸台-拉伸】属性管理器 1　　　　　　图 3-3　【矩形】属性管理器

（3）单击【草图】工具栏中的【添加几何关系】按钮，系统弹出如图 3-5 所示的【添加几何关系】属性管理器。选取矩形横边和竖边，单击【添加几何关系】属性管理器中的【添加几何关系】选项组下的【相等】按钮＝。

（4）单击【草图】工具栏中的【智能尺寸】按钮，系统弹出如图 3-6 所示的【尺寸】属性管理器。选取矩形的任意边，在弹出的【修改】对话框中修改尺寸数值为"358"，结果如图 3-7 所示。

（5）单击 按钮，退出草图环境，系统返回到如图 3-8 所示的【凸台-拉伸】属性管理器。

（6）按照图 3-8 所示设置各选项，在【方向 1】选项组中的【终止条件】下拉列表中选择【给定深度】,【深度】文本框中输入"18"，单击【确定】按钮，结果如图 3-9 所示。

3. 拉伸凸台 2

（1）选择【插入】|【凸台／基体】|【拉伸】菜单命令，或者单击【特征】工具栏中的【拉伸凸台／基体】按钮，系统弹出【凸台-拉伸】属性管理器，选取如图 3-9 所示的模型上表面为草图平面，进入草图环境。单击【视图定向】下拉列表中的【正视于】按钮。

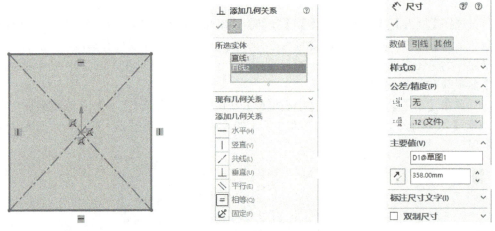

图 3-4　绘制的矩形 1　　图 3-5　【添加几何关系】属性管理器　图 3-6　【尺寸】属性管理器

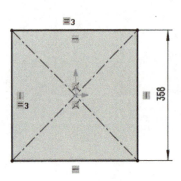　　

图 3-7　绘制的草图 1　　图 3-8　【凸台-拉伸】属性管理器 2　　图 3-9　拉伸后的模型 1

（2）单击【草图】工具栏中的【边角矩形】按钮，或选择【工具】|【草图绘制实体】|【边角矩形】菜单命令，系统弹出【矩形】属性管理器，绘制如图 3-10 所示的四个矩形。

（3）单击【草图】工具栏中的【添加几何关系】按钮，系统弹出【添加几何关系】属性管理器。分别选取四个矩形横边和竖边，单击【添加几何关系】属性管理器中的【添加几何关系】选项组下的【相等】按钮=。

（4）单击【草图】工具栏中的【智能尺寸】按钮，系统弹出【尺寸】属性管理器。选取其中一个矩形的一条边，在弹出的【修改】对话框中修改尺寸数值为"55"，结果如图 3-11 所示。

（5）单击按钮，退出草图环境，系统返回到【凸台-拉伸】属性管理器。

（6）在【方向 1】选项组中的【终止条件】下拉列表中选择【给定深度】，【深度】文本框中输入"6"，选中【合并结果】复选框，单击【确定】按钮，结果如图 3-12 所示。

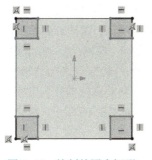

图 3-10　绘制的四个矩形

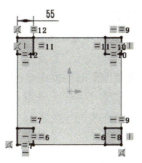

图 3-11　绘制的草图 2

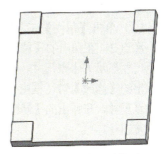

图 3-12　拉伸后的模型 2

4. 创建直径 18 的孔

（1）选择【插入】|【特征】|【孔】|【向导孔】菜单命令，或者单击【特征】工具栏中的【异型向导孔】按钮🕳️，系统弹出如图 3-13 所示的【孔规格】属性管理器，参照图 3-13 所示设置各个选项和参数。单击【孔类型】选项组中的【孔】按钮 🔲 ，【标准】选择【GB】选项，【类型】选择【钻孔大小】选项，【大小】选择【φ18.0】选项，【终止条件】选择【完全贯穿】选项。然后单击【位置】选项卡，再选取如图 3-14 所示的模型上表面，系统进入草图环境。单击鼠标左键，确定选取表面上四个不同的位置点，模型上显示孔的位置，如图 3-15 所示。

图 3-13　【孔规格】属性管理器

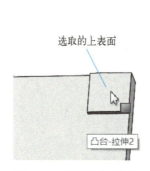

图 3-14　选取的上表面

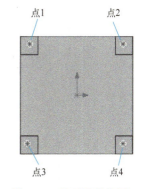

图 3-15　显示孔的位置

（2）单击【视图定向】下拉列表中的【正视于】按钮 ⊥ ，单击【草图】工具栏中的【添加几何关系】按钮 ⊥ ，系统弹出【添加几何关系】属性管理器。选取点 1 和点 2，单击【添加几何关系】属性管理器中的【添加几何关系】选项组下的【水平】按钮━；选取点 3 和点 4，单击【添加几何关系】属性管理器中的【添加几何关系】选项组下的【水平】按钮━；选取点 1 和点 3，单击【添加几何关系】属性管理器中的【添加几何关系】选项组下的【竖直】按钮┃；选取点 2

和点 4，单击【添加几何关系】属性管理器中的【添加几何关系】选项组下的【竖直】按钮｜。

（3）单击【草图】工具栏中的【智能尺寸】按钮，系统弹出【尺寸】属性管理器。选取点 1 和点 2，在弹出的【修改】对话框中修改尺寸数值为"300"；选取点 1 和原点，移动鼠标指针至尺寸显示为水平尺寸，在弹出的【修改】对话框中修改尺寸数值为"150"；选取点 1 和点 3，在弹出的【修改】对话框中修改尺寸数值为"290"；选取点 1 和原点，移动鼠标指针至尺寸显示为竖直尺寸，在弹出的【修改】对话框中修改尺寸数值为"145"；结果如图 3-16 所示，单击【确定】按钮。

5. 创建 M10 螺纹孔

（1）选择【插入】|【特征】|【孔】|【向导孔】菜单命令，或者单击【特征】工具栏中的【异型向导孔】按钮，系统弹出【孔规格】属性管理器。单击【孔类型】选项组中的【直螺纹孔】按钮，【标准】选择【GB】选项，【类型】选择【底部螺纹孔】选项，【大小】选择【M10】选项，【终止条件】选择【完全贯穿】选项，【螺纹线】选择【完全贯穿】选项。然后单击【位置】选项卡，再选取如图 3-14 所示的模型上表面，系统进入草图环境。选取表面上四个不同的位置，单击鼠标左键，模型上显示孔的位置，如图 3-17 所示。

（2）单击【视图定向】下拉列表中的【正视于】按钮，参照直径 18 的孔创建过程，以相同的方式添加几何关系。

（3）单击【草图】工具栏中的【智能尺寸】按钮，系统弹出【尺寸】属性管理器。参照直径 18 的孔创建过程，以相同的方式添加尺寸，结果如图 3-18 所示，单击【确定】按钮，结果如图 3-19 所示。

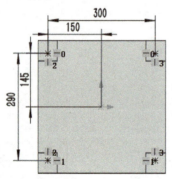

图 3-16　确定直径 18 孔的位置

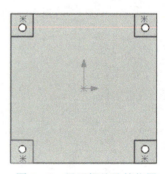

图 3-17　显示螺纹孔的位置

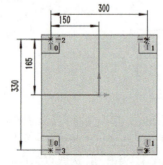

图 3-18　确定螺纹孔的位置

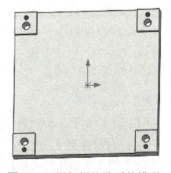

图 3-19　添加螺纹孔后的模型

6. 创建直径 12 的孔

参照直径 18 的孔的创建过程，创建直径 12 的孔，孔的位置如图 3-20 所示。

7. 旋转凸台

（1）选择【插入】|【凸台／基体】|【旋转】菜单命令，或者单击【特征】工具栏中的【旋转凸台／基体】按钮，系统弹出如图 3-21 所示的【旋转】属性管理器，提示需要选择一个平面作为草图平面，在【Feature Manager 设计树】中选择【上视基准面】，或者在绘图区选择【上视基准面】，进入草图环境。

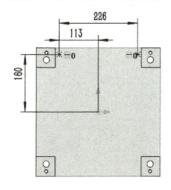

图 3-20　直径 12 孔的位置

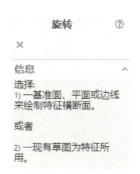

图 3-21　【旋转】属性管理器 1

（2）单击两次【视图定向】下拉列表中的【正视于】按钮，单击【草图】工具栏中的【中心线】按钮，在凸台中心绘制一段中心线，中心线的起点为坐标原点，如图 3-22 所示。

（3）单击【草图】工具栏中的【直线】按钮，绘制四段直线，四段直线组成一个封闭的轮廓，如图 3-23 所示。

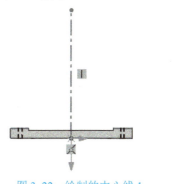

图 3-22　绘制的中心线 1

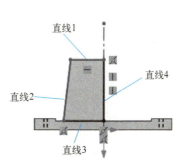

图 3-23　绘制的四段直线

（4）单击【草图】工具栏中的【智能尺寸】按钮，系统弹出【尺寸】属性管理器。选取直线 4，在弹出的【修改】对话框中修改尺寸数值为"210"；选取直线 1 的左端点和中心线，然后移动鼠标指针至直线 4 的右边，单击鼠标左键，在弹出的【修改】对话框中修改尺寸数值为"275"；选取直线 3 的左端点和中心线，然后移动鼠标指针至直线 4 的右边，单击鼠标左键，在弹出的【修改】对话框中修改尺寸数值为"325"；结果如图 3-24 所示。

（5）单击按钮，退出草图环境，系统返回到如图 3-25 所示的【旋转】属性管理器。

（6）【旋转】属性管理器的设置如图 3-25 所示。在【方向 1】选项组中的【旋转类型】

下拉列表中选择【给定深度】,【角度】文本框输入"360",选中【合并结果】复选框,单击【确定】按钮✓,完成基体旋转操作,结果如图3-26所示。

8. 拉伸凸台3

（1）单击【特征】工具栏中的【拉伸凸台／基体】按钮,系统弹出【凸台-拉伸】属性管理器,提示需要选择一个平面作为草图平面,在【Feature Manager 设计树】中选择【上视基准面】,或者在绘图区选择【上视基准面】,进入草图环境。

（2）单击两次【视图定向】下拉列表中的【正视于】按钮,单击【草图】工具栏中的【中心矩形】按钮,或选择【工具】|【草图绘制实体】|【中心矩形】菜单命令,系统弹出【矩形】属性管理器,绘制一个如图3-27所示的矩形。

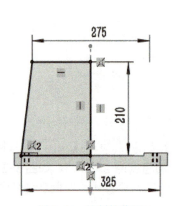

图3-24　绘制的草图3

图3-25　【旋转】属性管理器2

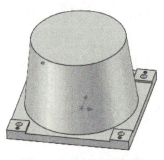

图3-26　旋转后的模型

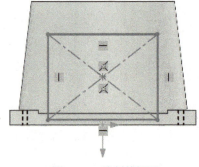

图3-27　绘制的矩形2

（3）单击【草图】工具栏中的【添加几何关系】按钮,系统弹出【添加几何关系】属性管理器。选取矩形中心点和原点,单击【添加几何关系】属性管理器中的【添加几何关系】选项组下的【竖直】按钮。

（4）单击【草图】工具栏中的【智能尺寸】按钮,系统弹出【尺寸】属性管理器。选取矩形的水平边,在弹出的【修改】对话框中修改尺寸数值为"210";选取矩形的竖直边,在弹出的【修改】对话框中修改尺寸数值为"160";选取矩形的下水平边和原点,在弹出的【修改】对话框中修改尺寸数值为"12";结果如图3-28所示。

（5）单击 按钮，退出草图环境，系统返回到【凸台-拉伸】属性管理器。

（6）在【方向 1】选项组中的【终止条件】下拉列表中选择【给定深度】，单击【反向】按钮 （用户需要观察拉伸方向，如果拉伸方向与所需要的方向相反，则需要单击该按钮），【深度】文本框中输入"236"，选中【合并结果】复选框，单击【确定】按钮 ，结果如图 3-29 所示。

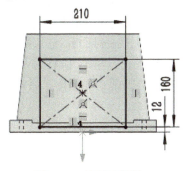

图 3-28　绘制的草图 4

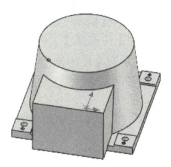

图 3-29　拉伸后的模型 3

9. 拉伸凸台 4

（1）单击【特征】工具栏中的【拉伸凸台 / 基体】按钮 ，系统弹出【凸台-拉伸】属性管理器，提示需要选择一个平面作为草图平面，在【Feature Manager 设计树】中选择【右视基准面】，或者在绘图区选择【右视基准面】，进入草图环境。

基座设计 9～21

（2）单击【视图定向】下拉列表中的【正视于】按钮 ，单击【草图】工具栏中的【中心矩形】按钮 ，或选择【工具】|【草图绘制实体】|【中心矩形】菜单命令，系统弹出【矩形】属性管理器，绘制如图 3-30 所示的矩形。

（3）单击【草图】工具栏中的【添加几何关系】按钮 ，系统弹出【添加几何关系】属性管理器。选取矩形中心点和原点，单击【添加几何关系】属性管理器中的【添加几何关系】选项组下的【水平】按钮 。

（4）单击【草图】工具栏中的【智能尺寸】按钮 ，系统弹出【尺寸】属性管理器。选取矩形的水平边，在弹出的【修改】对话框中修改尺寸数值为"140"；选取矩形的竖直边，在弹出的【修改】对话框中修改尺寸数值为"150"；选取矩形的右竖直边和原点，在弹出的【修改】对话框中修改尺寸数值为"12"；结果如图 3-31 所示。

图 3-30　绘制的矩形 3

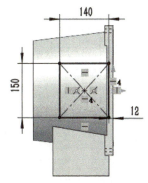

图 3-31　绘制的草图 5

（5）单击 按钮，退出草图环境，系统返回到【凸台-拉伸】属性管理器。

（6）在【方向1】选项组中的【终止条件】下拉列表中选择【给定深度】，【深度】文本框中输入"190"，选中【合并结果】复选框，单击【确定】按钮 ，结果如图3-32所示。

10. 旋转切除

（1）选择【插入】|【切除】|【旋转】菜单命令，或者单击【特征】工具栏中的【旋转切除】按钮 ，系统弹出【切除-旋转】属性管理器。提示需要选择一个平面作为草图平面，在【Feature Manager设计树】中选择【上视基准面】，或者在绘图区选择【上视基准面】，进入草图环境。

（2）单击两次【视图定向】下拉列表中的【正视于】按钮 ，单击【草图】工具栏中的【中心线】按钮 ，在所绘图形中心绘制一段中心线，中心线的起点为坐标原点，如图3-33所示。

（3）单击【草图】工具栏中的【直线】按钮 ，绘制多段直线组成一个封闭的轮廓，如图3-34所示。

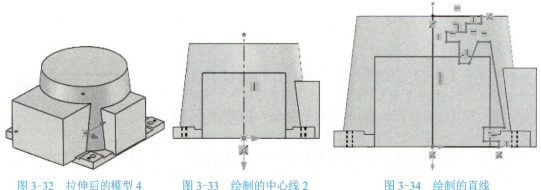

图3-32 拉伸后的模型4　　　图3-33 绘制的中心线2　　　图3-34 绘制的直线

（4）单击【草图】工具栏中的【智能尺寸】按钮 ，系统弹出【尺寸】属性管理器。选取矩形的水平边，按图3-35所示标注尺寸。

（5）单击 按钮，退出草图环境，系统返回到【切除-旋转】属性管理器。

（6）【切除-旋转】属性管理器的设置如图3-36所示，【角度】选项输入"360"，单击【确定】按钮 ，结果如图3-37所示。

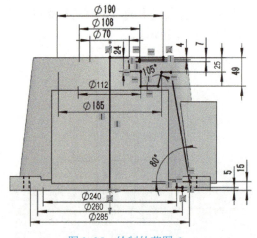

图3-35 绘制的草图6

图3-36 【切除-旋转】属性管理器

11. 拉伸切除 1

（1）选取如图 3-38 所示的表面，选择【插入】|【切除】|【拉伸】菜单命令，或者单击【特征】工具栏中的【拉伸切除】按钮⚞，系统进入草图环境。

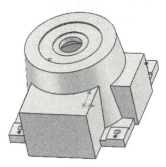

图 3-37　旋转切除后的模型

图 3-38　选取的表面 1

（2）单击【视图定向】下拉列表中的【正视于】按钮⬆，单击【草图】工具栏中的【圆】按钮⊙，或选择【工具】|【草图绘制实体】|【圆】菜单命令；绘制如图 3-39 所示的两个圆。

（3）单击【草图】工具栏中的【智能尺寸】按钮🔍，系统弹出【尺寸】属性管理器。选取其中一个圆，在弹出的【修改】对话框中修改尺寸数值为"85"；选取另一个圆，在弹出的【修改】对话框中修改尺寸数值为"78"。结果如图 3-40 所示。

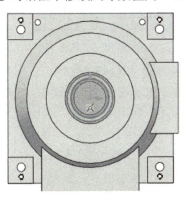

图 3-39　绘制的两个圆

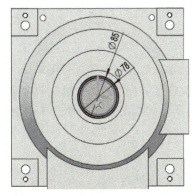

图 3-40　绘制的草图 7

（4）单击↩按钮，退出草图环境，系统弹出【切除-拉伸】属性管理器。

（5）在【方向 1】选项组中的【终止条件】下拉列表中选择【给定深度】，【深度】文本框中输入"2"，单击【确定】按钮✓，结果如图 3-41 所示。

12. 拉伸切除 2

（1）选取如图 3-42 所示的表面，选择【插入】|【切除】|【拉伸】菜单命令，或者单击【特征】工具栏中的【拉伸切除】按钮⚞，系统进入草图环境。

（2）选择【工具】|【草图工具】|【等距实体】菜单命令，或者单击【草图】工具栏中的【等距实体】按钮⬚，系统弹出如图 3-43 所示的【等距实体】属性管理器。系统自动捕捉到如图 3-42 所示表面的边缘，【等距距离】文本框中输入"12"，选中【反向】复选框，单击【确定】按钮✓，结果如图 3-44 所示。

图 3-41 拉伸切除后的模型 1

图 3-42 选取的表面 2

图 3-43 【等距实体】属性管理器

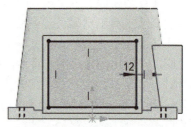

图 3-44 绘制的草图 8

（3）单击 ￪ 按钮，退出草图环境，系统弹出【切除-拉伸】属性管理器。

（4）在【方向 1】选项组中的【终止条件】下拉列表中选择【成形到一面】，然后选取如图 3-45 所示的内圆锥面，单击【确定】按钮 ✓，结果如图 3-46 所示。

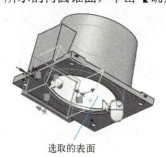

图 3-45 选取的表面 3

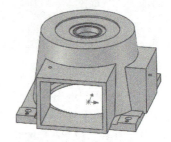

图 3-46 拉伸切除后的模型 2

13. 拉伸切除 3

（1）选取如图 3-47 所示的表面，单击【特征】工具栏中的【拉伸切除】按钮 ⬛，系统进入草图环境。

（2）选择【工具】|【草图工具】|【等距实体】菜单命令，或者单击【草图】工具栏中的【等距实体】按钮 ⬛，系统弹出【等距实体】属性管理器。系统自动捕捉到如图 3-47 所示表面的边缘，【等距距离】文本框中输入"12"，选中【反向】复选框，单击【确定】按钮 ✓，结果如图 3-48 所示。

（3）单击❑按钮，退出草图环境，系统弹出【切除-拉伸】属性管理器。

（4）在【方向 1】选项组中的【终止条件】下拉列表中选择【成形到一面】，然后选取如图 3-45 所示的内圆锥面，单击【确定】按钮✓，结果如图 3-49 所示。

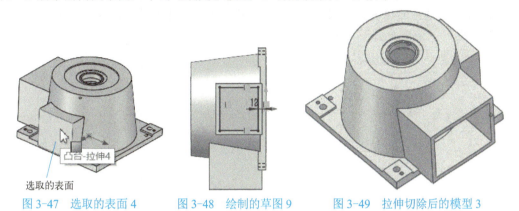

图 3-47　选取的表面 4　　　图 3-48　绘制的草图 9　　　图 3-49　拉伸切除后的模型 3

14. 倒角

选择【插入】|【特征】|【倒角】菜单命令，或者单击【特征】工具栏中的【倒角】按钮❤，系统弹出如图 3-50 所示的【倒角】属性管理器。【倒角类型】选择【距离】选项❤，选取如图 3-51 所示的实体边缘，【倒角参数】下拉列表中选择【对称】，【距离】文本框中输入"1.5"，单击【确定】按钮✓，完成倒角操作。

15. 倒圆 1

选择【插入】|【特征】|【圆角】菜单命令，或者单击【特征】工具栏中的【圆角】按钮❤，系统弹出如图 3-52 所示的【圆角】属性管理器。【圆角类型】选中【恒定大小圆角】❤，设置【半径】为"12"，选取如图 3-53 所示的实体边缘，单击【确定】按钮✓，完成圆角的创建，结果如图 3-54 所示。

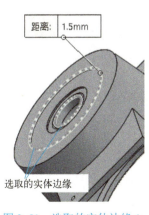

图 3-50　【倒角】属性管理器　　　图 3-51　选取的实体边缘 1　　　图 3-52　【圆角】属性管理器

16. 拉伸凸台 5

单击【特征】工具栏中的【拉伸凸台 / 基体】按钮❤，系统弹出【凸台-拉伸】属性管理器，提示需要选择一个平面作为草图平面，选取如图 3-55 所示的实体表面，进入草图环境。单击【视图定向】下拉列表中的【正视于】按钮 ⬆，绘制如图 3-56 所示的草图，单击 ↵ 按钮，退出草图环境，系统返回到【凸台-拉伸】属性管理器。在【方向 1】选项组中的【终止条件】下拉列表中选择【给定深度】，【深度】文本框中输入"6"，选中【合并结果】复选框，单击【确定】按钮 ✓，结果如图 3-57 所示。

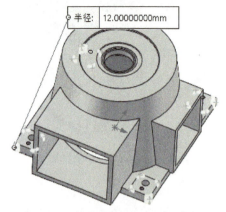

图 3-53　选取的实体边缘 2

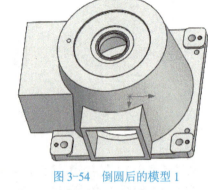

图 3-54　倒圆后的模型 1

图 3-55　选取的实体表面 1

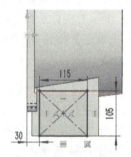

图 3-56　绘制的草图 10

17．拉伸凸台 6

（1）单击【特征】工具栏中的【拉伸凸台 / 基体】按钮 📦，系统弹出【凸台-拉伸】属性管理器，提示需要选择一个平面作为草图平面，选取如图 3-58 所示的实体表面，进入草图环境。

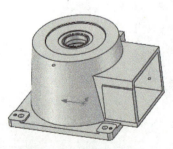

图 3-57　拉伸后的模型 5

图 3-58　选取的实体表面 2

（2）单击【视图定向】下拉列表中的【正视于】按钮 ⬆，单击【草图】工具栏中的【中心线】按钮 ⬚，在所绘图形中心绘制一段中心线，中心线的起点为坐标原点，如图 3-59 所示。

（3）单击【草图】工具栏中的【直线】按钮✐，绘制多段直线组成一个封闭的轮廓，并添加几何关系和标注尺寸，结果如图 3-60 所示。

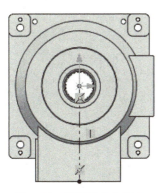

图 3-59　绘制的中心线 3

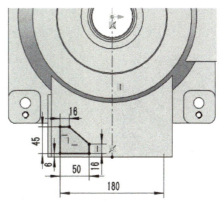

图 3-60　绘制的封闭轮廓

（4）选择【工具】|【草图工具】|【镜向】菜单命令，或者单击【草图】工具栏中的【镜向实体】按钮⬚，系统弹出如图 3-61 所示的【镜向】属性管理器。【要镜向的实体】选择封闭的轮廓，选中【复制】复选框，【镜向轴】选择中心线，单击【确定】按钮✓，结果如图 3-62 所示。

图 3-61　【镜向】属性管理器

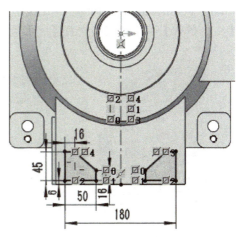

图 3-62　绘制的草图 11

（5）单击⬚按钮，退出草图环境，系统返回到【凸台-拉伸】属性管理器。在【方向 1】选项组中的【终止条件】下拉列表中选择【给定深度】，【深度】文本框中输入"38"，选中【合并结果】复选框，单击【确定】按钮✓，结果如图 3-63 所示。

18. 拉伸凸台 7

单击【特征】工具栏中的【拉伸凸台／基体】按钮⬚，系统弹出【凸台-拉伸】属性管理器，提示需要选择一个平面作为草图平

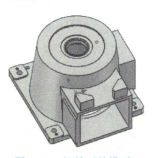

图 3-63　拉伸后的模型 6

面，选取如图 3-64 所示的实体表面，进入草图环境。单击【视图定向】下拉列表中的【正视于】按钮⬆，绘制如图 3-65 所示的草图，单击↩按钮，退出草图环境，系统返回到【凸台-拉伸】属性管理器。在【方向 1】选项组中的【终止条件】下拉列表中选择【给定深度】，【深度】文本框中输入"10"，选中【合并结果】复选框，单击【确定】按钮✔，结果如图 3-66 所示。

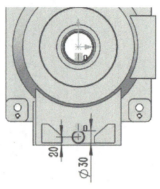
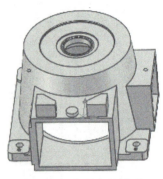

图 3-64　选取的实体表面 3　　　图 3-65　绘制的草图 12　　　图 3-66　拉伸后的模型 7

19. 拉伸切除 4

选取如图 3-67 所示的表面，单击【特征】工具栏中的【拉伸切除】按钮📷，系统进入草图环境。单击【视图定向】下拉列表中的【正视于】按钮⬆，绘制如图 3-68 所示的草图，单击↩按钮，退出草图环境，系统弹出【切除-拉伸】属性管理器。在【方向 1】选项组中的【终止条件】下拉列表中选择【成形到下一面】，单击【确定】按钮✔，结果如图 3-69 所示。

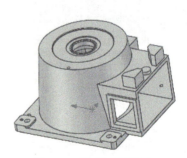

图 3-67　选取的实体表面 4　　　图 3-68　绘制的草图 13　　　图 3-69　拉伸后的模型 8

20. 拉伸切除 5

（1）选取如图 3-70 所示的表面，单击【特征】工具栏中的【拉伸切除】按钮📷，系统进入草图环境。

（2）单击【视图定向】下拉列表中的【正视于】按钮⬆，选择【工具】|【草图工具】|【转换实体引用】菜单命令，或者单击【草图】工具栏中的【转换实体引用】按钮🔘，系统弹出如图 3-71 所示的【转换实体引用】属性管理器。选取如图 3-72 所示的四条实体边缘，单击【确定】按钮✔，系统返回到草图环境。

选取的实体表面

图 3-70　选取的实体表面 5

图 3-71　【转换实体引用】属性管理器

（3）单击【草图】工具栏中的【等距实体】按钮📐，系统弹出【等距实体】属性管理器。选取如图 3-73 所示的边缘，【等距距离】文本框中输入"10"，选中【反向】复选框，单击【确定】按钮✓，系统返回到草图环境，结果如图 3-74 所示。

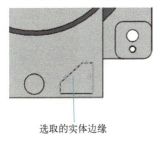

选取的实体边缘

图 3-72　选取的实体边缘 3

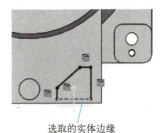

选取的实体边缘

图 3-73　选取的实体边缘 4

（4）选择【工具】|【草图工具】|【剪裁】菜单命令，或者单击【草图】工具栏中的【剪裁实体】按钮🔧，系统弹出如图 3-75 所示的【剪裁】属性管理器。鼠标指针在绘图区域，按住鼠标左键，然后移动鼠标指针，把两个竖直的直线下部分剪裁掉，单击【确定】按钮✓，完成剪裁草图实体，结果如图 3-76 所示。

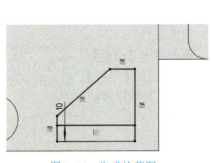

图 3-74　生成的草图

图 3-75　【剪裁】属性管理器

（5）单击🕨按钮，退出草图环境，系统弹出【切除-拉伸】属性管理器。

（6）在【方向 1】选项组中的【终止条件】下拉列表中选择【给定深度】，【深度】文本框中输入"2.5"，单击【确定】按钮✓，结果如图 3-77 所示。

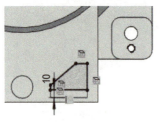

图 3-76　剪裁后的草图

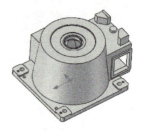

图 3-77　拉伸切除后的模型 4

21．拉伸切除 6

选取如图 3-78 所示的表面，单击【特征】工具栏中的【拉伸切除】按钮，系统进入草图环境。单击【视图定向】下拉列表中的【正视于】按钮，绘制如图 3-79 所示的草图，单击按钮，退出草图环境，系统弹出【切除-拉伸】属性管理器。在【方向 1】选项组中的【终止条件】下拉列表中选择【成形到一面】，然后选取如图 3-80 所示的实体表面，单击【确定】按钮，结果如图 3-81 所示。

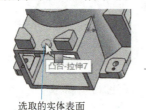

选取的实体表面

图 3-78　选取的实体表面 6

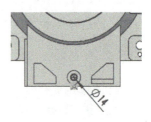

图 3-79　绘制的草图 14

选取的实体表面

图 3-80　选取的实体表面 7

图 3-81　拉伸切除后的模型 5

22．倒圆 2

单击【特征】工具栏中的【圆角】按钮，系统弹出【圆角】属性管理器。【圆角类型】选中【恒定大小圆角】，设置【半径】为"10"，选取如图 3-82 所示的实体边缘，单击【确定】按钮，完成圆角的创建，如图 3-83 所示。

基座设计 22～28

23．完成其他地方的倒圆

采用相同的方法完成其他地方的倒圆。选取如图 3-84 所示的实体边缘，倒圆半径为"10"；选取如图 3-85 所示的实体边缘，倒圆半径为"8"；选取如图 3-86 所示的实体边缘，倒圆半径为"5"；选取如图 3-87 所示的实体边缘，倒圆半径为"2"；倒圆后的模型如图 3-88 所示。

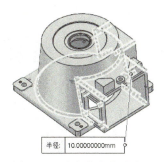

图 3-82　选取的实体边缘 5

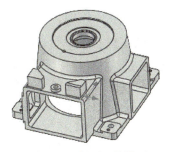

图 3-83　倒圆后的模型 2

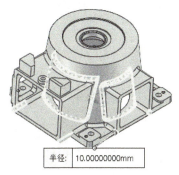

图 3-84　选取的实体边缘 6

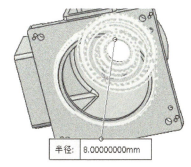

图 3-85　选取的实体边缘 7

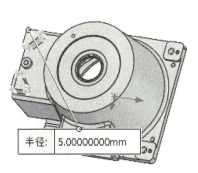

图 3-86　选取的实体边缘 8

图 3-87　选取的实体边缘 9

24. 创建 M4 螺纹孔

单击【特征】工具栏中的【异型向导孔】按钮，系统弹出
【孔规格】属性管理器。单击【孔类型】选项组中的【直螺纹孔】
按钮，【标准】选择【GB】选项，【类型】选择【底部螺纹孔】
选项，【大小】选择【M4】选项，【终止条件】选择【给定深度】
选项，【螺纹线深度】文本框中输入"10"。然后单击【位置】选
项卡，选取如图 3-89 所示的实体表面，系统进入草图环境。单击
【视图定向】下拉列表中的【正视于】按钮，按图 3-90 所示的
草图确定孔的位置，单击【确定】按钮。

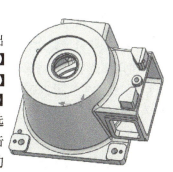

图 3-88　倒圆后的模型 3

25．M4 螺纹孔线性阵列

选择【插入】|【阵列/镜向】|【线性阵列】菜单命令，或者单击【特征】工具栏中的【线性阵列】按钮 ，系统弹出如图 3-91a 所示的【线性阵列】属性管理器。【方向 1】选取如图 3-91b 所示的实体边缘，【间距】文本框中输入"144"，【实例数】文本框中输入"2"；【方向 2】选取如图 3-91b 所示的实体边缘，【间距】文本框中输入"97"，【实例数】文本框中输入"3"；选择步骤 24 创建的 M4 螺纹孔，单击【确定】按钮 ✔，结果如图 3-91c 所示。

图 3-89　选取的实体表面 8

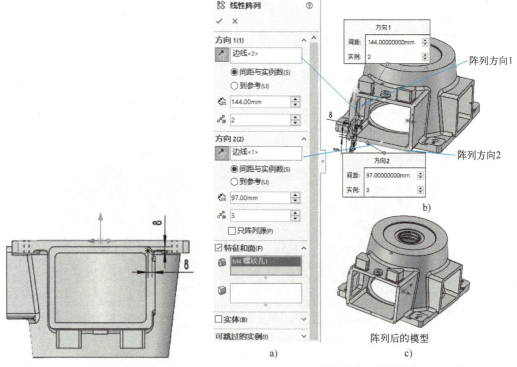

图 3-90　M4 螺纹孔的位置 1　　　　图 3-91　【线性阵列】属性管理器及结果

26．创建其他面上的 M4 螺纹孔并完成线性阵列

采用步骤 24 和 25 相同的方法创建另外两个面上的 M4 螺纹孔并完成线性阵列。面 1 上 M4 螺纹孔位置如图 3-92 所示，阵列方向和参数如图 3-93 所示；面 2 上的 M4 螺纹孔位置如图 3-94 所示，阵列方向和参数如图 3-95 所示。

27．创建两个 M12 螺纹孔并完成圆周阵列

（1）单击【特征】工具栏中的【异型向导孔】按钮 🔘，系统弹出【孔规格】属性管理器。单击【孔类型】选项组中的【直螺纹孔】按钮 🔲，【标准】选择【GB】选项，【类型】选择【底部螺纹孔】选项，【大小】选择【M12】选项，【终止条件】选择【给定深度】选项，【螺纹线深度】文本框中输入"30"。然后单击【位置】选项卡，选取如图 3-96 所示的实体表面，系

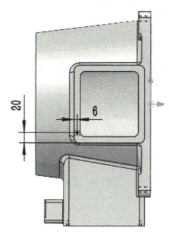

图 3-92　面 1 上 M4 螺纹孔的位置

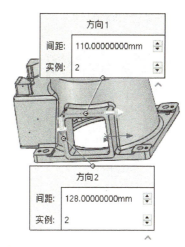

图 3-93　面 1 上 M4 螺纹孔阵列方向和参数

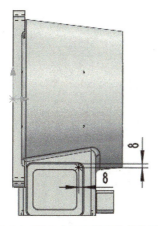

图 3-94　面 2 上 M4 螺纹孔的位置

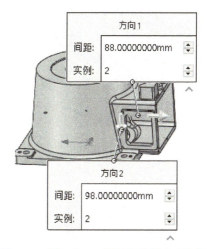

图 3-95　面 2 上 M4 螺纹孔阵列方向和参数

统进入草图环境。单击【视图定向】下拉列表中的【正视于】按钮 🔲，单击【草图】工具栏中的【中心线】按钮 🔲，绘制如图 3-97 所示的三条中心线，并按照图 3-97 所示标注尺寸；单击【草图】工具栏中的【点】按钮 ◦，选择中心线 1 和中心线 2 的上端点，确定这两个点为 M12 螺纹孔的位置，单击【确定】按钮 ✓，结果如图 3-98 所示。

（2）选择【插入】|【阵列/镜向】|【圆周阵列】菜单命令，或者单击【特征】工具栏中的【圆周阵列】按钮 🔁，系统弹出如图 3-99 所示的【阵列(圆周)】属性管理器。【阵列轴】 🔁 选取如图 3-100 所示的圆柱面，【角度】 🔂 文本框中输入"120"，【实例数】 🔂 文本框中输入"3"；单击【要阵列的特征】 🔂 列表框，选择 M12 螺纹孔，单击【确定】按钮 ✓，完成圆周阵列的创建，结果如图 3-101 所示。

28．创建 M4 螺纹孔并完成圆周阵列

采用步骤 24 和 26 相同的方法创建 M4 螺纹孔并完成圆周阵列。M4 螺纹孔深"8"，M4 螺纹孔位置如图 3-102 所示，圆周阵列方向和参数如图 3-103 所示，结果如图 3-104 所示。

图 3-96　选取的实体表面 9

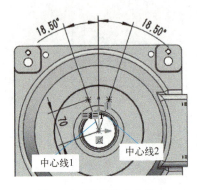

图 3-97　绘制的中心线 4

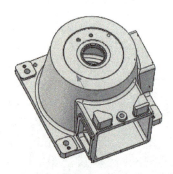

图 3-98　创建 M12 螺纹孔后的模型

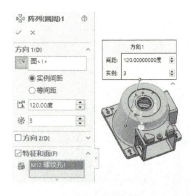

图 3-99　【阵列（圆周）】属性管理器

图 3-100　选取的实体表面 10

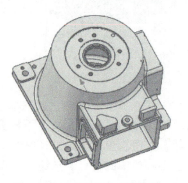

图 3-101　圆周阵列后的模型 1

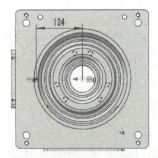

图 3-102　M4 螺纹孔位置 2

图 3-103　圆周阵列方向和参数

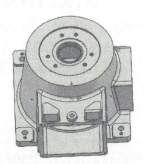

图 3-104　圆周阵列后的模型 2

3.2 大臂设计

机器人的臂部主要包括臂杆以及与其伸缩、屈伸或自转等运动有关的构件，如传动机构、驱动装置、导向定位装置、支撑联接和位置检测元件等。此外，还有与腕部或手臂的运动和联接支撑等有关的构件、配管、配线等。

工业机器人的臂部由大臂、小臂所组成，一般具有 2～3 个自由度，即伸缩、回转或者俯仰。臂部的总质量较大，受力较复杂，直接承受腕部、手部和工具的静、动载荷，在高速运动时将产生较大的惯性力。手臂的驱动方式主要有液压驱动、气压驱动和电驱动几种形式，其中电驱动最为通用。

3.2.1 大臂结构分析

臂部的结构形式必须根据工业机器人的运动形式、载荷质量、动作自由度、运动精度等因素进行设计。同时，设计时需要考虑手臂的受力情况、液压（气）缸及导向装置的布局、内部管路等因素，大臂三维模型如图 3-105 所示。

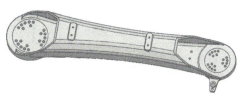

图 3-105 大臂的三维模型

大臂零件大致由中间部分、两端圆柱、局部凸台和安装孔等组成。中间部分可以采用拉伸、倒角、倒圆和抽壳功能完成，两端可以采用旋转和拉伸切除功能完成，局部凸台采用拉伸、倒圆和拉伸切除等功能完成，安装孔采用异型向导孔和阵列功能完成。

3.2.2 大臂三维设计方案及使用的功能

大臂主要采用拉伸凸台、倒角、倒圆、抽壳、旋转、异型向导孔、拉伸切除、旋转切除、线性阵列和圆周阵列等功能完成三维设计，大臂的三维设计方案见表 3-2。

表 3-2 大臂的三维设计方案

步骤	1. 创建拉伸凸台 1	2. 创建倒角	3. 创建倒圆 1
图示			

（续）

步骤	4．抽壳	5．创建旋转凸台 1	6．创建旋转凸台 2
图示	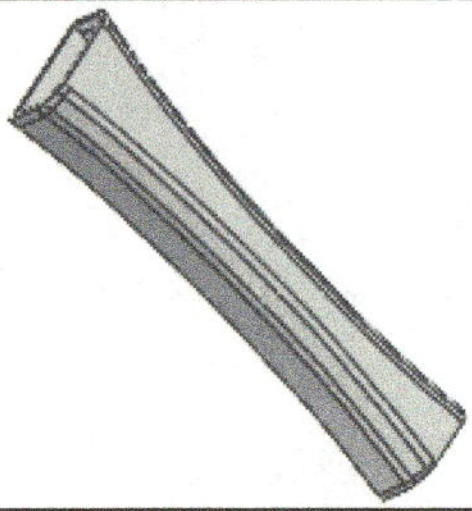	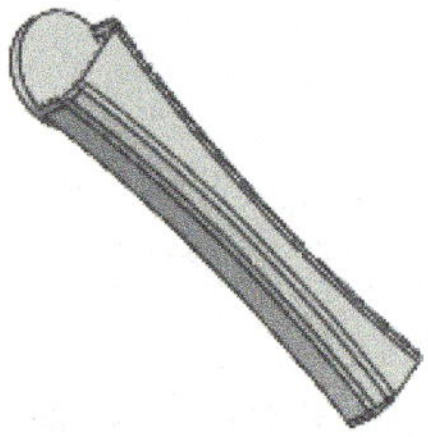	

步骤	7．创建旋转凸台 3	8．创建旋转凸台 4	9．拉伸切除 1
图示	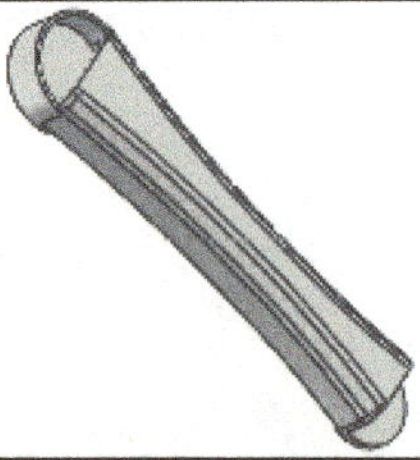	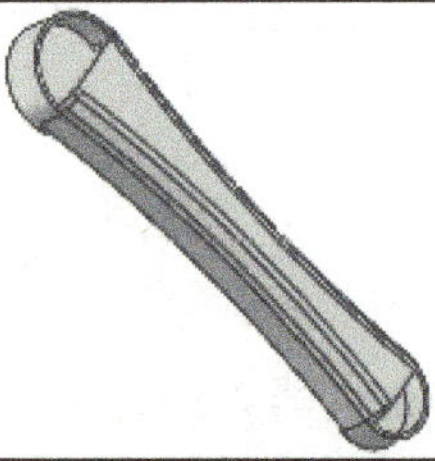	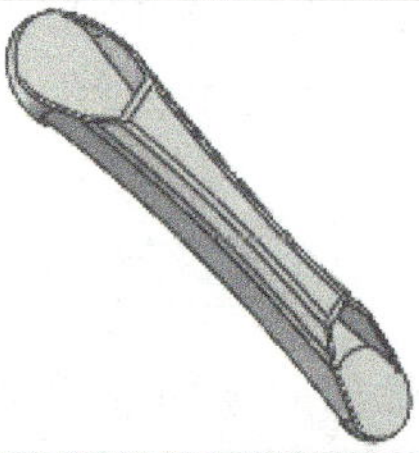

步骤	10．创建拉伸凸台 2	11．创建 M8 螺纹孔	12．创建倒圆 2
图示	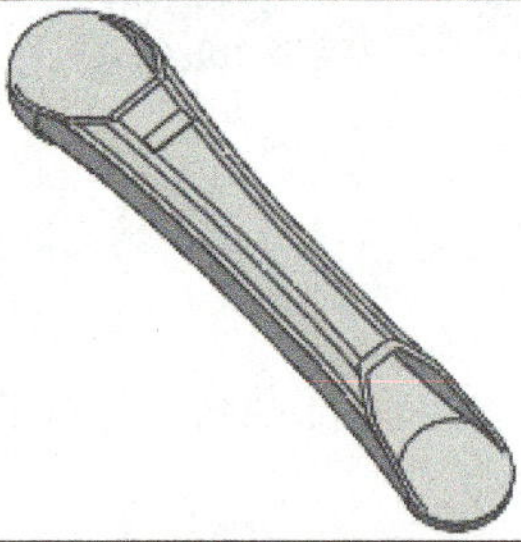	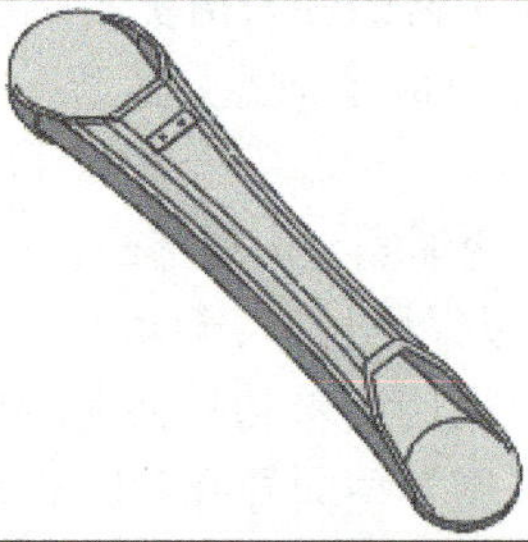	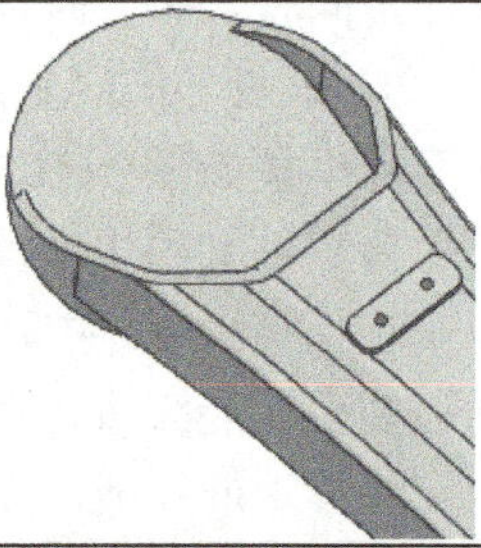

步骤	13．线性阵列	14．创建倒圆 3	15．创建拉伸凸台 3
图示	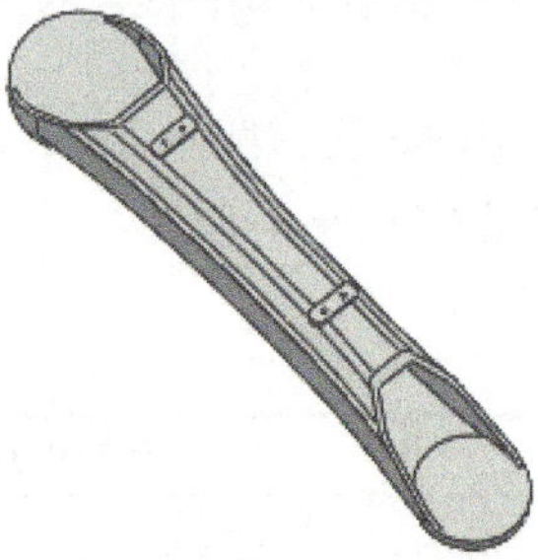	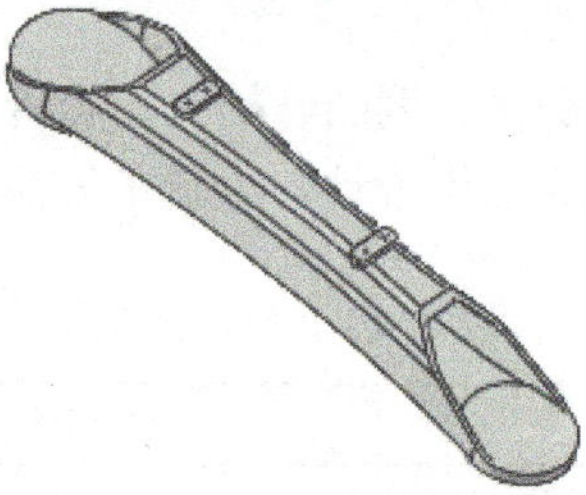	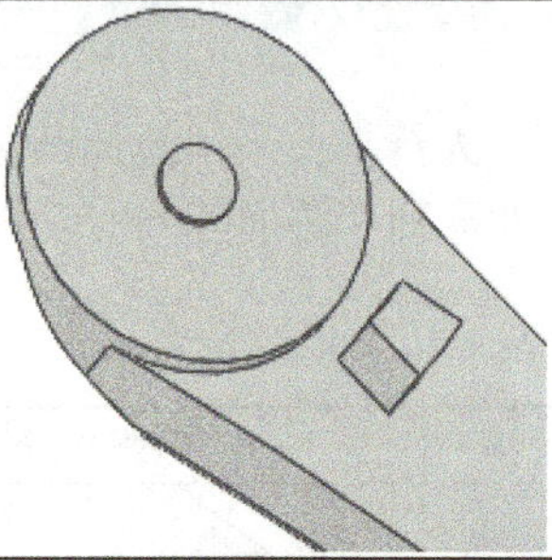

步骤	16．创建拉伸凸台 4	17．创建拉伸凸台 5	18．创建拉伸凸台 6
图示	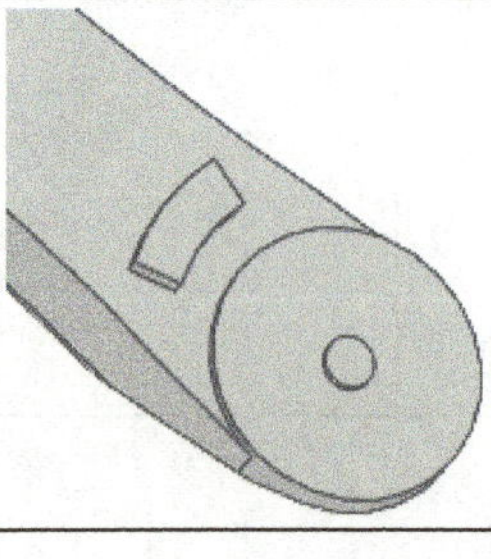	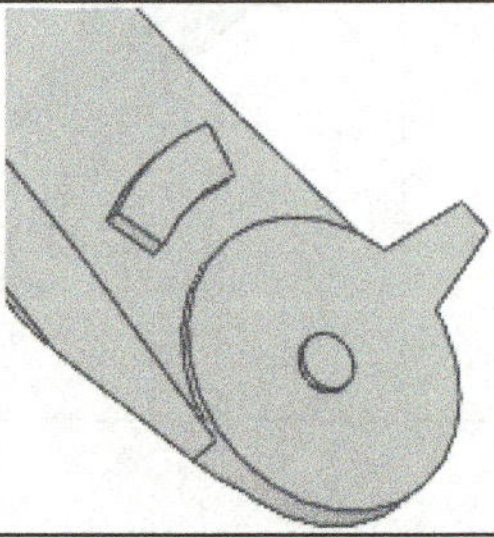	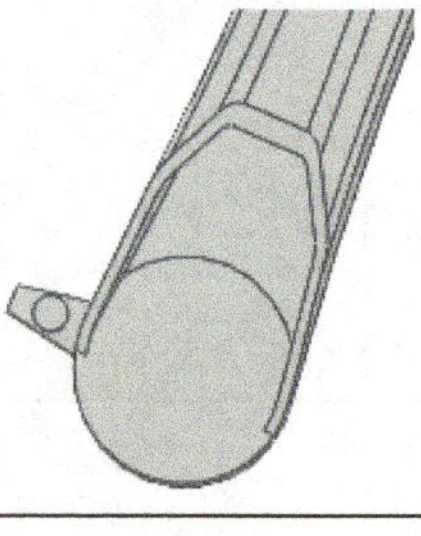

（续）

步骤	19．拉伸切除 2	20．拉伸切除 3	21．拉伸切除 4
图示	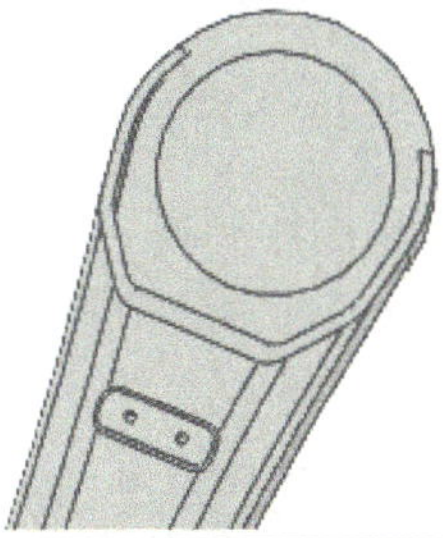	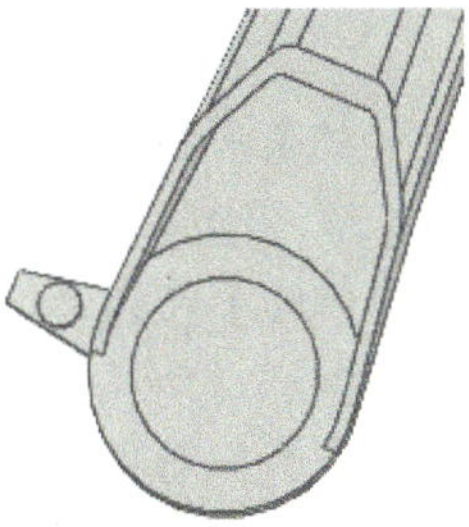	
步骤	22．拉伸切除 5	23．拉伸切除 6	24．创建直径 11 的孔并完成圆周阵列
图示	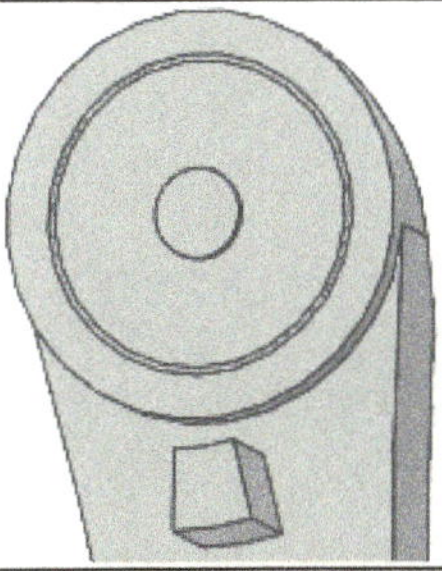	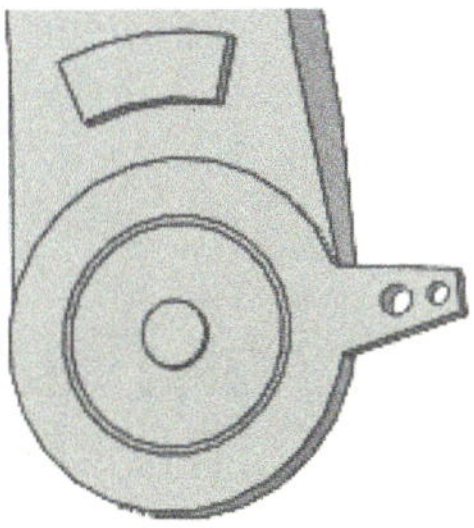	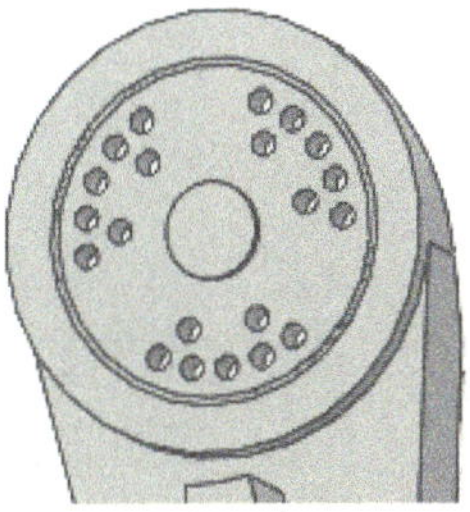
步骤	25．创建直径 9 的孔并完成圆周阵列	26．创建直径 10 的孔	27．创建 M10 螺纹孔
图示	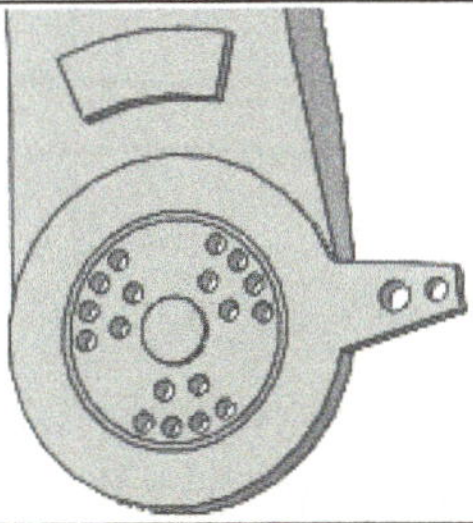	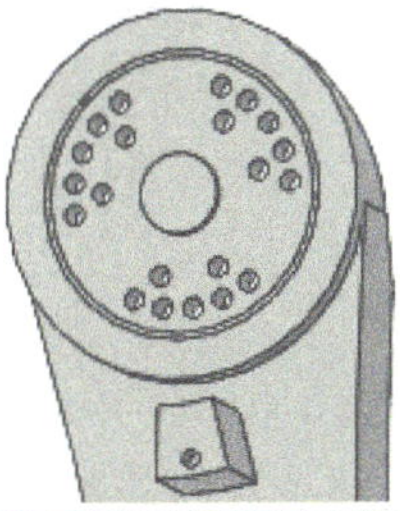	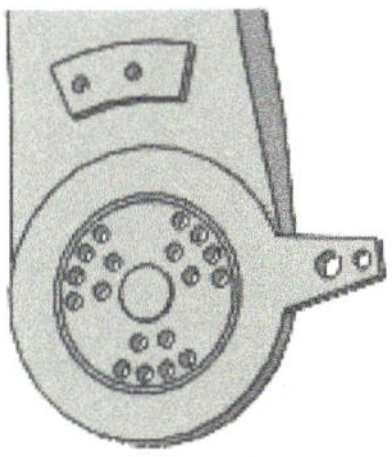
步骤	28．创建倒圆 4	29．完成其他地方的倒圆	
图示	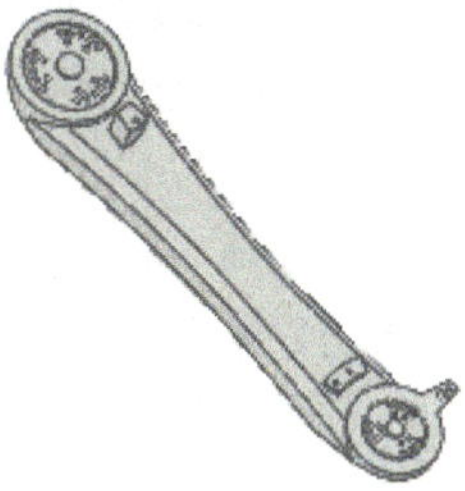	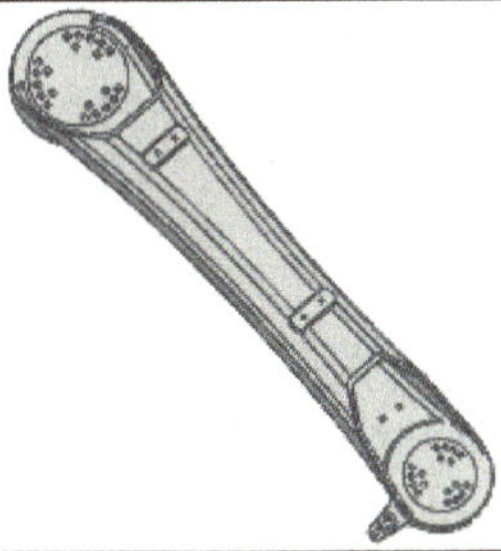	

3.2.3　大臂三维设计步骤

1.　新建文件并保存

（1）启动 SolidWorks 2020 软件，单击【标准】工具栏上的【新建】按钮，系统弹出【新建 SOLIDWORKS 文件】对话框。选择【零件】选项，单击【确定】按钮，进入绘图界面。

（2）单击【标准】工具栏中的【保存】按钮，系统弹出【另存为】对话框，选择合适的保存位置，在【文件名】文本框中输入"大臂"，即可单击【保存】按钮，进行保存。

大臂设计1～15

2. 拉伸凸台1

（1）选择【Feature Manager 设计树】中的【前视基准面】选项，然后单击【草图】工具栏中的【草图绘制】按钮，进入草图绘制模式。

（2）单击【草图】工具栏中的【直线】按钮，绘制如图3-106所示两条竖直的直线。

（3）单击【草图】工具栏中的【圆心/起/终点画弧】按钮，选取直线1的中点为圆弧的圆心，上端点为圆弧的起点、下端点为圆弧的终点绘制圆弧1；选取直线2的中点为圆弧的圆心，上端点为圆弧的起点、下端点为圆弧的终点绘制圆弧2。结果如图3-107所示。

图3-106　绘制的直线　　　　　　　　图3-107　绘制的圆弧1

（4）单击【草图】工具栏中的【3 点圆弧】按钮，然后选取圆弧1上的一个点和圆弧2上的一个点，在如图3-108所示的大致位置确定第三点绘制圆弧3；采用相同的方式绘制圆弧4，如图3-109所示。

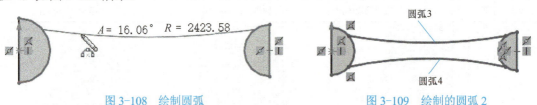

图3-108　绘制圆弧　　　　　　　　图3-109　绘制的圆弧2

（5）单击【草图】工具栏中的【添加几何关系】按钮，系统弹出【添加几何关系】属性管理器。选取直线1和原点，单击【添加几何关系】属性管理器中【添加几何关系】选项组下的【中点】按钮；选取原点和直线2的中点，单击【添加几何关系】属性管理器中【添加几何关系】选项组下的【水平】按钮；选取圆弧3和圆弧4，单击【添加几何关系】属性管理器中【添加几何关系】选项组下的【相等】按钮；选取圆弧1和圆弧3，单击【添加几何关系】属性管理器中【添加几何关系】选项组下的【相切】按钮；选取圆弧2和圆弧3，单击【添加几何关系】属性管理器中【添加几何关系】选项组下的【相切】按钮；选取圆弧1和圆弧4，单击【添加几何关系】属性管理器中【添加几何关系】选项组下的【相切】按钮；选取圆弧2和圆弧4，单击【添加几何关系】属性管理器中【添加几何关系】选项组下的【相切】按钮。

（6）单击【草图】工具栏中的【智能尺寸】按钮，系统弹出【尺寸】属性管理器。选取直线1，在弹出的【修改】对话框中修改尺寸数值为"200"；选取直线2，在弹出的【修改】对话框中修改尺寸数值为"160"；选取直线1和直线2，在弹出的【修改】对话框中修改尺寸数值为"800"；选取圆弧4，在弹出的【修改】对话框中修改尺寸数值为"2600"；结果如图3-110所示。

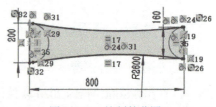

图3-110　绘制的草图1

（7）单击【草图】工具栏中的【剪裁实体】按钮，系统弹出【剪裁】属性管理器。把圆弧 3 和圆弧 4 之间的圆弧剪裁掉，单击【确定】按钮✓，完成剪裁草图实体，结果如图 3-111 所示。

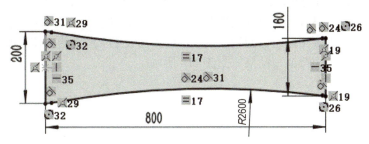

图 3-111　剪裁后的草图

（8）单击↳按钮，退出草图环境。

（9）选取绘制的草图，单击【特征】工具栏中的【拉伸凸台／基体】按钮🗔，系统弹出【凸台-拉伸】属性管理器。在【方向1】选项组中的【终止条件】下拉列表中选择【给定深度】，【深度】文本框中输入"105"，单击【确定】按钮✓，结果如图 3-112 所示。

3. 创建倒角

选择【插入】|【特征】|【倒角】菜单命令，或者单击【特征】工具栏中的【倒角】按钮🗔，系统弹出【倒角】属性管理器。【倒角类型】选择【距离】选项↗，选取如图 3-113 所示的实体边缘，在【倒角参数】下拉列表中选择【对称】，【距离】文本框中输入"30"，单击【确定】按钮✓，完成倒角操作。

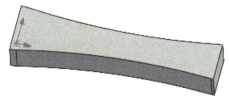

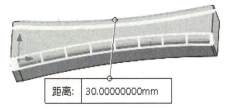

图 3-112　拉伸后的模型 1　　　　　图 3-113　选取的实体边缘 1

4. 创建倒圆 1

单击【特征】工具栏中的【圆角】按钮🗔，系统弹出【圆角】属性管理器。【圆角类型】选中【恒定大小圆角】🗔，设置【半径】为"20"，选取如图 3-114 所示的实体边缘，单击【确定】按钮✓，结果如图 3-115 所示。

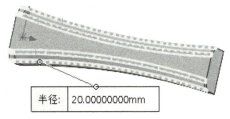

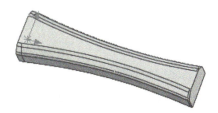

图 3-114　选取的实体边缘 2　　　　　图 3-115　倒圆后的模型

5. 抽壳

选择【插入】|【特征】|【抽壳】菜单命令，或者单击【特征】工具栏中的【抽壳】按钮，系统弹出如图 3-116 所示的【抽壳】属性管理器。在【参数】选项组中的【厚度】文本框中输入"8"，单击图标右侧的列表框，选取如图 3-117 所示的实体表面，单击【确定】按钮✓，生成等厚度抽壳特征，结果如图 3-118 所示。

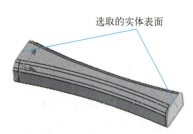
选取的实体表面

图 3-116 【抽壳】属性管理器　　　　图 3-117　选取的实体表面 1

6. 创建旋转凸台 1

单击【特征】工具栏中的【旋转凸台／基体】按钮，系统弹出【旋转】属性管理器。在【Feature Manager 设计树】中选择【上视基准面】，或者在绘图区选择【上视基准面】，进入草图环境。单击【视图定向】下拉列表中的【正视于】按钮，绘制如图 3-119 所示的草图，单击按钮，退出草图环境，系统返回到【旋转】属性管理器。在【方向 1】选项组中的【旋转类型】下拉列表中选择【给定深度】，【角度】选项输入"360"，选中【合并结果】复选框，单击【确定】按钮✓，完成基体旋转操作，结果如图 3-120 所示。

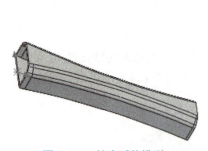

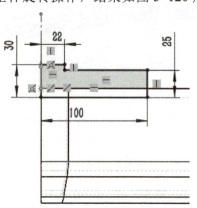

图 3-118　抽壳后的模型　　　　　　　图 3-119　绘制的草图 2

7. 创建旋转凸台 2

单击【特征】工具栏中的【旋转凸台／基体】按钮，系统弹出【旋转】属性管理器。在【Feature Manager 设计树】中选择【上视基准面】，进入草图环境。单击【视图定向】下拉列表中的【正视于】按钮，绘制如图 3-121 所示的草图，单击按钮，退出草图环境，系统返回到【旋转】属性管理器。在【方向 1】选项组中的【旋转类型】下拉列表中选择【给定深度】,【角度】选项输入"360",选中【合并结果】复选框,单击【确定】按钮✓,完成基体旋转操作,结果如图 3-122 所示。

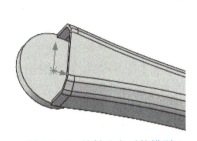

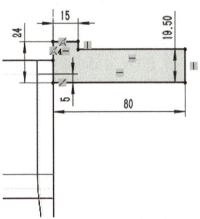

图 3-120　旋转凸台后的模型 1　　　　　图 3-121　绘制的草图 3

8．创建旋转凸台 3

单击【特征】工具栏中的【旋转凸台／基体】按钮🍥,系统弹出【旋转】属性管理器。选取如图 3-123 所示的实体表面,进入草图环境。单击【视图定向】下拉列表中的【正视于】按钮↧,绘制如图 3-124 所示的草图,单击↵按钮,退出草图环境,系统返回到【旋转】属性管理器。在【方向 1】选项组中的【旋转类型】下拉列表中选择【给定深度】,【角度】选项输入"180",选中【合并结果】复选框,单击【确定】按钮✓,完成基体旋转操作,结果如图 3-125 所示。

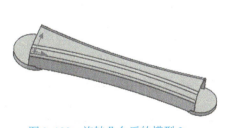

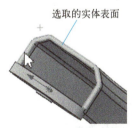

选取的实体表面

图 3-122　旋转凸台后的模型 2　　　　　图 3-123　选取的实体表面 2

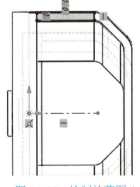

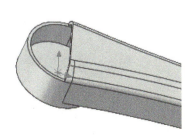

图 3-124　绘制的草图 4　　　　　图 3-125　旋转凸台后的模型 3

9. 创建旋转凸台 4

单击【特征】工具栏中的【旋转凸台 / 基体】按钮🥄，系统弹出【旋转】属性管理器。选取如图 3-126 所示的实体表面，进入草图环境。单击【视图定向】下拉列表中的【正视于】按钮⬆️，绘制如图 3-127 所示的草图，单击↩️按钮，退出草图环境，系统返回到【旋转】属性管理器。在【方向 1】选项组中的【旋转类型】下拉列表中选择【给定深度】，单击【反向】按钮↩️，【角度】选项输入"180"，选中【合并结果】复选框，单击【确定】按钮✔️，完成基体旋转操作，结果如图 3-128 所示。

10. 拉伸切除 1

单击【特征】工具栏中的【拉伸切除】按钮◎，系统弹出【切除-拉伸】属性管理器。在【Feature Manager 设计树】中选择【上视基准面】，系统进入草图环境。单击【视图定向】下拉列表中的【正视于】按钮⬆️，绘制如图 3-129 所示的草图，单击↩️按钮，退出草图环境，系统返回到【切除-拉伸】属性管理器。在【方向 1】选项组中的【终止条件】下拉列表中选择【完全贯穿】；选中【方向 2】复选框，在【方向 2】选项组中的【终止条件】下拉列表中选择【完全贯穿】；单击【确定】按钮✔️，结果如图 3-130 所示。

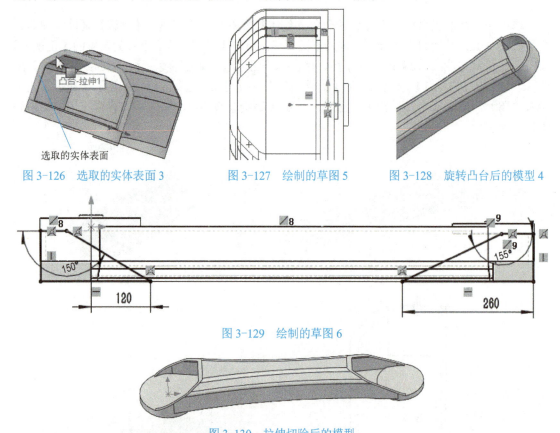

图 3-126　选取的实体表面 3　　　图 3-127　绘制的草图 5　　　图 3-128　旋转凸台后的模型 4

图 3-129　绘制的草图 6

图 3-130　拉伸切除后的模型

11. 拉伸凸台 2

单击【特征】工具栏中的【拉伸凸台 / 基体】按钮◻️，系统弹出【凸台-拉伸】属性管理器。在【Feature Manager 设计树】中选择【前视基准面】，系统进入草图环境。单击【视图定向】下拉列表中的【正视于】按钮⚓，绘制如图 3-131 所示的草图，单击✏按钮，退出草图环境，系统弹出【凸台-拉伸】属性管理器。【开始条件】下拉列表中选择【等距】选项，【等距值】文本框中输入 "110"；在【终止条件】下拉列表中选择【成形到一面】选项，单击【反向】按钮↗，选取如图 3-132 所示的实体表面，单击【确定】按钮✓。

12. 创建 M8 螺纹孔

单击【特征】工具栏中的【异型向导孔】按钮📇，系统弹出【孔规格】属性管理器。单击【孔类型】选项组中的【直螺纹孔】按钮🔲，【标准】选择【GB】选项，【类型】选择【底部螺纹孔】选项，【大小】选择【M8】选项，【终止条件】选择【成形到一面】选项，选取如图 3-132 所示的实体表面。然后单击【位置】选项卡，选取如图 3-133 所示的实体表面，系统进入草图环境。单击【视图定向】下拉列表中的【正视于】按钮⚓，按图 3-134 所示的草图确定孔的位置，单击【确定】按钮✓。

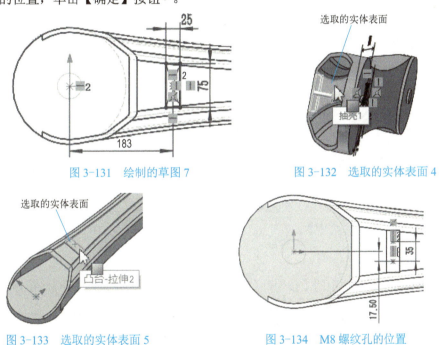

图 3-131　绘制的草图 7　　　　　　　图 3-132　选取的实体表面 4

图 3-133　选取的实体表面 5　　　　　　图 3-134　M8 螺纹孔的位置

13. 创建倒圆 2

单击【特征】工具栏中的【圆角】按钮🔘，系统弹出【圆角】属性管理器。【圆角类型】选中【恒定大小圆角】🔘，【半径】文本框中输入 "8"，选取如图 3-135 所示的实体边缘，单击【确定】按钮✓。

14. 线性阵列

选择【插入】|【阵列/镜向】|【线性阵列】菜单命令，或者单击【特征】工具栏中的【线性阵列】按钮🔢，系统弹出【线性阵列】属性管理器。【方向 1】选取如图 3-136 所示的实体边缘，单击【反向】按钮↗，【间距】文本框中输入 "325"，【实例数】文本框中输入 "2"；单击【要阵列的特征】📇选项，选择步骤 11 创建的拉伸凸台 2、步骤 12 创建的 M8 螺纹孔和

步骤 13 创建的倒圆 2，单击【确定】按钮 ✔，结果如图 3-137 所示。

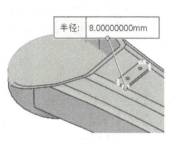

图 3-135 选取的实体边缘 3

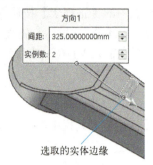

图 3-136 选取的实体边缘 4

15. 创建倒圆 3

单击【特征】工具栏中的【圆角】按钮 ⬚，系统弹出【圆角】属性管理器。【圆角类型】选中【恒定大小圆角】 ⬚，【半径】文本框中输入"3"，选取如图 3-138 所示的实体边缘，单击【确定】按钮 ✔。

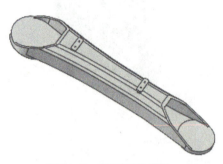

图 3-137 阵列后的模型

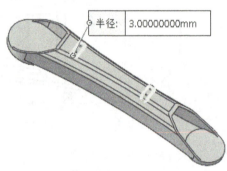

图 3-138 选取的实体边缘 5

16. 拉伸凸台 3

单击【特征】工具栏中的【拉伸凸台／基体】按钮 ⬚，系统弹出【凸台-拉伸】属性管理器。选取如图 3-139 所示的实体表面，进入草图环境。单击【视图定向】下拉列表中的【正视于】按钮 ⬚，绘制如图 3-140 所示的草图，单击 ⬚ 按钮，退出草图环境，系统返回到【凸台-拉伸】属性管理器。在【方向 1】选项组中的【终止条件】下拉列表中选择【给定深度】，【深度】文本框中输入"58"，选中【合并结果】复选框，单击【确定】按钮 ✔。

大臂设计 16～30

图 3-139 选取的实体表面 6

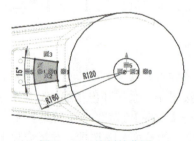

图 3-140 绘制的草图 8

17. 拉伸凸台 4

单击【特征】工具栏中的【拉伸凸台／基体】按钮，系统弹出【凸台-拉伸】属性管理器。选取如图 3-139 所示的实体表面，进入草图环境。单击【视图定向】下拉列表中的【正视于】按钮，绘制如图 3-141 所示的草图，单击按钮，退出草图环境，系统返回到【凸台-拉伸】属性管理器。在【方向1】选项组中的【终止条件】下拉列表中选择【给定深度】，【深度】文本框中输入"12"，选中【合并结果】复选框，单击【确定】按钮，结果如图 3-142 所示。

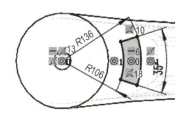

图 3-141 绘制的草图 9

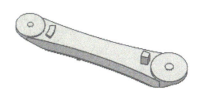

图 3-142 拉伸后的模型 2

18. 拉伸凸台 5

单击【特征】工具栏中的【拉伸凸台／基体】按钮，系统弹出【凸台-拉伸】属性管理器。选取如图 3-143 所示的实体表面，进入草图环境。单击【视图定向】下拉列表中的【正视于】按钮，绘制如图 3-144 所示的草图，单击按钮，退出草图环境，系统返回到【凸台-拉伸】属性管理器。在【方向1】选项组中的【终止条件】下拉列表中选择【给定深度】，单击【反向】按钮，【深度】文本框中输入"10"，选中【合并结果】复选框，单击【确定】按钮。

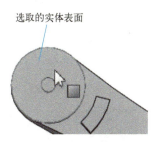

图 3-143 选取的实体表面 7

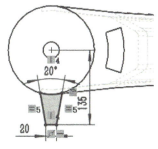

图 3-144 绘制的草图 10

19. 拉伸凸台 6

单击【特征】工具栏中的【拉伸凸台／基体】按钮，系统弹出【凸台-拉伸】属性管理器。选取如图 3-145 所示的实体表面，进入草图环境。单击【视图定向】下拉列表中的【正视于】按钮，绘制如图 3-146 所示的草图，单击按钮，退出草图环境，系统返回到【凸台-拉伸】属性管理器。在【方向 1】选项组中的【终止条件】下拉列表中选择【给定深度】，【深度】文本框中输入"7.5"，选中【合并结果】复选框，单击【确定】按钮，结果如图 3-147 所示。

20. 拉伸切除 2

单击【特征】工具栏中的【拉伸切除】按钮，系统弹出【切除-拉伸】属性管理器。选取如图 3-148 所示的实体表面，系统进入草图环境。单击【视图定向】下拉列表中的【正视于】按钮，绘制如图 3-149 所示的草图，单击按钮，退出草图环境，系统返回到【切除-拉伸】属性管理器。在【方向 1】选项组中的【终止条件】下拉列表中选择【给定深度】，【深度】文本框中输入"2"，单击【确定】按钮。

21. 拉伸切除 3

单击【特征】工具栏中的【拉伸切除】按钮，系统弹出【切除-拉伸】属性管理器。选取如图 3-150 所示的实体表面，系统进入草图环境。单击【视图定向】下拉列表中的【正视于】按钮，绘制如图 3-151 所示的草图，单击按钮，退出草图环境，系统返回到【切除-拉伸】属性管理器。在【方向 1】选项组中的【终止条件】下拉列表中选择【给定深度】，【深度】文本框中输入"2"，单击【确定】按钮。

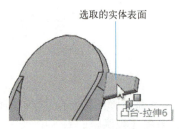

图 3-145　选取的实体表面 8

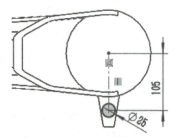

图 3-146　绘制的草图 11

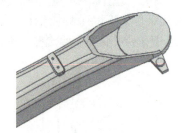

图 3-147　拉伸后的模型 3

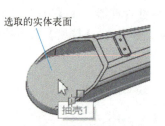

图 3-148　选取的实体表面 9

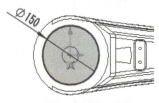

图 3-149　绘制的草图 12

图 3-150　选取的实体表面 10

22. 拉伸切除 4

单击【特征】工具栏中的【拉伸切除】按钮，系统弹出【切除-拉伸】属性管理器。选取如图 3-152 所示的实体表面，系统进入草图环境。单击【视图定向】下拉列表中的【正视于】按钮，绘制如图 3-153 所示的草图，单击按钮，退出草图环境，系统返回到【切除-拉伸】属性管理器。在【方向 1】选项组中的【终止条件】下拉列表中选择【给定深度】，【深度】文本框中输入"2"，单击【确定】按钮。

23．拉伸切除 5

单击【特征】工具栏中的【拉伸切除】按钮，系统弹出【切除-拉伸】属性管理器。选取如图 3-154 所示的实体表面，系统进入草图环境。单击【视图定向】下拉列表中的【正视于】按钮，绘制如图 3-155 所示的草图，单击按钮，退出草图环境，系统返回到【切除-拉伸】属性管理器。在【方向 1】选项组中的【终止条件】下拉列表中选择【给定深度】，【深度】文本框中输入"3"，单击【确定】按钮。

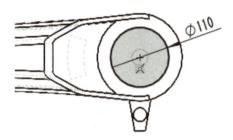

图 3-151　绘制的草图 13

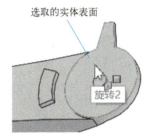

图 3-152　选取的实体表面 11

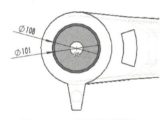

图 3-153　绘制的草图 14

图 3-154　选取的实体表面 12

24．拉伸切除 6

单击【特征】工具栏中的【拉伸切除】按钮，系统弹出【切除-拉伸】属性管理器。选取如图 3-152 所示的实体表面，系统进入草图环境。单击【视图定向】下拉列表中的【正视于】按钮，绘制如图 3-156 所示的草图，单击按钮，退出草图环境，系统返回到【切除-拉伸】属性管理器。在【方向 1】选项组中的【终止条件】下拉列表中选择【完全贯穿】，单击【确定】按钮。

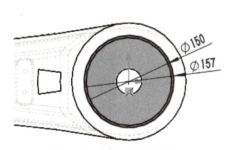

图 3-155　绘制的草图 15

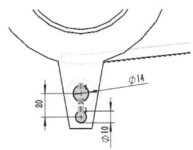

图 3-156　绘制的草图 16

25．创建直径 11 的孔并完成圆周阵列

（1）单击【特征】工具栏中的【异型向导孔】按钮，系统弹出【孔规格】属性管理器。单击【孔类型】选项组中的【孔】按钮，【标准】选择【GB】选项，【类型】选择【钻孔大

小】选项，【大小】选择【φ11.0】选项，【终止条件】选择【完全贯穿】选项。然后单击【位置】选项卡，选取如图 3-150 所示的实体表面，系统进入草图环境，孔位置如图 3-157 所示，单击【确定】按钮✓，结果如图 3-158 所示。

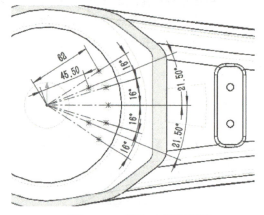

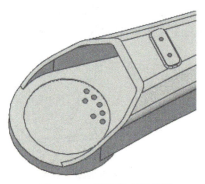

图 3-157　直径 11 孔的位置　　　　　　　　　图 3-158　创建孔后的模型 1

（2）单击【特征】工具栏中的【圆周阵列】按钮，系统弹出【阵列(圆周)】属性管理器。【阵列轴】选取如图 3-159 所示的圆柱面，【角度】文本框中输入"120"，【实例数】文本框中输入"3"；单击【要阵列的特征】列表框，选择上述创建的直径 11 的孔，单击【确定】按钮✓，结果如图 3-160 所示。

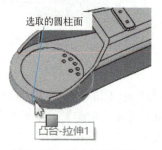

选取的圆柱面

凸台-拉伸1

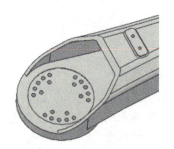

图 3-159　选取的圆柱面 1　　　　　　　　　图 3-160　圆周阵列后的模型 1

26. 创建直径 9 的孔并完成圆周阵列

（1）单击【特征】工具栏中的【异型向导孔】按钮，系统弹出【孔规格】属性管理器。单击【孔类型】选项组中的【孔】按钮，【标准】选择【GB】选项，【类型】选择【钻孔大小】选项，【大小】选择【φ9.0】选项，【终止条件】选择【完全贯穿】选项。然后单击【位置】选项卡，选取如图 3-150 所示的实体表面，系统进入草图环境，孔位置如图 3-161 所示，单击【确定】按钮✓，结果如图 3-162 所示。

（2）单击【特征】工具栏中的【圆周阵列】按钮，系统弹出【阵列(圆周)】属性管理器。【阵列轴】选取如图 3-163 所示的圆柱面，【角度】文本框中输入"120"，【实例数】文本框中输入"3"；单击【要阵列的特征】列表框，选择上述创建的直径 9 的孔，单击【确定】按钮✓，结果如图 3-164 所示。

27. 创建直径 10 的孔

单击【特征】工具栏中的【异型向导孔】按钮，系统弹出【孔规格】属性管理器。单击【孔类型】选项组中的【孔】按钮 ⬚，【标准】选择【GB】选项，【类型】选择【钻孔大小】选项，【大小】选择【φ10.0】选项，【终止条件】选择【给的深度】选项，【盲孔深度】文本框中输入"15"。然后单击【位置】选项卡，选取如图 3-165 所示的实体表面，系统进入草图环境，孔位置如图 3-166 所示，单击【确定】按钮 ✔。

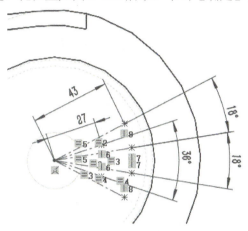

图 3-161　直径 9 孔的位置

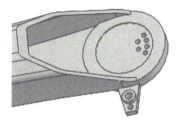

图 3-162　创建孔后的模型 2

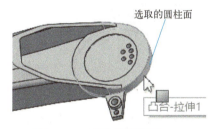

图 3-163　选取的圆柱面 2

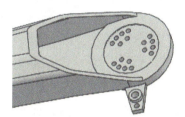

图 3-164　圆周阵列后的模型 2

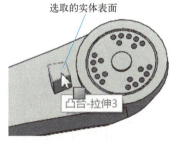

图 3-165　选取的实体表面 13

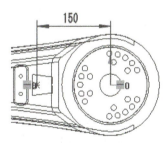

图 3-166　直径 10 孔的位置

28．创建 M10 螺纹孔

单击【特征】工具栏中的【异型向导孔】按钮 ⚙，系统弹出【孔规格】属性管理器。单击【孔类型】选项组中的【直螺纹孔】按钮 ⬚，【标准】选择【GB】选项，【类型】选择【底部螺纹孔】选项，【大小】选择【M10】选项，【终止条件】选择【完全贯穿】选项。然后单击【位置】选项卡，选取如图 3-167 所示的实体表面，系统进入草图环境。单击【视图定向】下拉列表中的【正视于】按钮 ⬚，螺纹孔位置如图 3-168 所示，单击【确定】按钮 ✔。

29. 创建倒圆 4

单击【特征】工具栏中的【圆角】按钮 ，系统弹出【圆角】属性管理器。【圆角类型】选中【恒定大小圆角】 ，设置【半径】为"20"，选取如图 3-169 所示的实体边缘，单击【确定】按钮 ✓ ，完成圆角的创建。

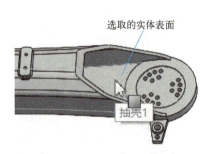

图 3-167　选取的实体表面 14

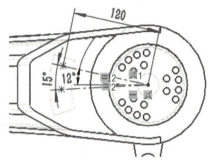

图 3-168　M10 螺纹孔的位置

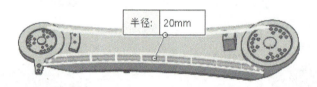

图 3-169　选取的实体边缘 6

30. 完成其他地方的倒圆

采用相同的方法完成其他地方的倒圆。选取如图 3-170 所示的实体边缘，倒圆半径为"5"；选取如图 3-171 所示的实体边缘，倒圆半径为"15"；选取如图 3-172 所示的实体边缘，倒圆半径为"10"；选取如图 3-173 所示的实体边缘，倒圆半径为"5"；选取如图 3-174 所示的实体边缘，倒圆半径为"2"。倒圆后的模型如图 3-105 所示。

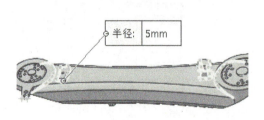

图 3-170　选取的实体边缘 7

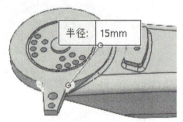

图 3-171　选取的实体边缘 8

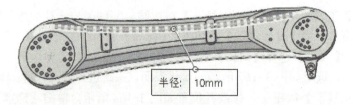

图 3-172　选取的实体边缘 9

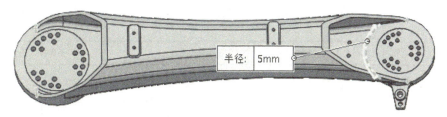

图 3-173　选取的实体边缘 10

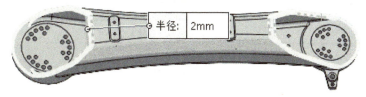

图 3-174　选取的实体边缘 11

3.3　腰体设计

机器人腰部包括基座和腰关节，机座承受机器人的全部质量，要有足够的强度和刚度，一般用铸铁或铸铝制造，机座要有一定的尺寸以保证机器人的稳定，并满足驱动装置及电缆的安装。

3.3.1　腰体结构分析

腰体三维模型如图 3-175 所示。正确分析腰体零件的结构特点，建立正确的设计思路，采用拉伸和旋转等功能完成腰体三维模型的设计。

腰体零件大致分为底部、两个支撑板、上部回转体、局部凸台和安装孔等部分。底部采用旋转、拉伸和倒圆等功能完成，两个支撑板采用拉伸和倒圆等功能完成，上部回转体采用旋转、拉伸、旋转切除和倒圆等功能完成，局部凸台采用拉伸和倒圆完成，安装孔采用异型向导孔、线性阵列和圆周阵列完成。

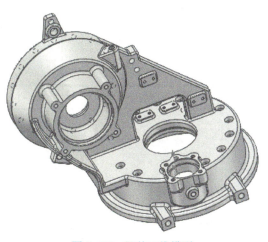

图 3-175　腰体三维模型

3.3.2　腰体三维设计流程及使用的功能

腰体主要采用拉伸、旋转、拉伸切除、倒圆、异型向导孔、旋转切除、线性阵列和圆周阵列等功能完成三维设计，腰体的三维设计方案见表 3-3。

表 3-3　腰体的三维设计方案

步骤	1. 创建旋转凸台 1	2. 创建拉伸凸台 1	3. 创建拉伸凸台 2
图示	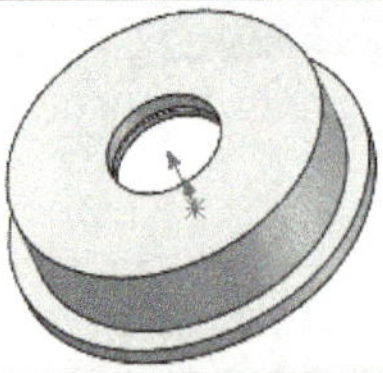	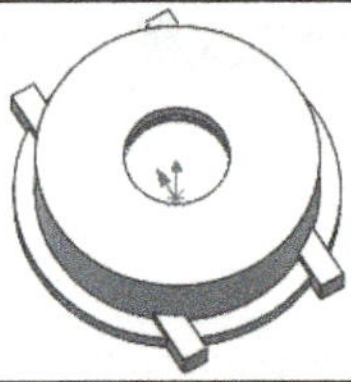	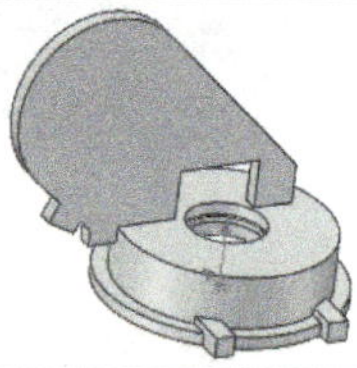
步骤	4. 创建旋转凸台 2	5. 创建拉伸凸台 3	6. 旋转切除 1
图示	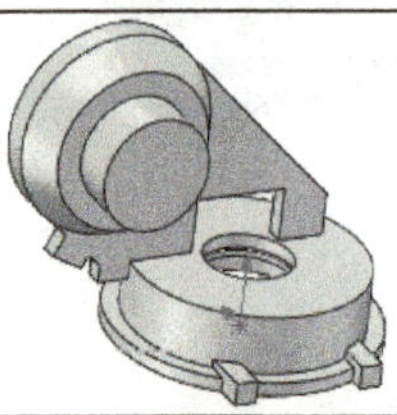	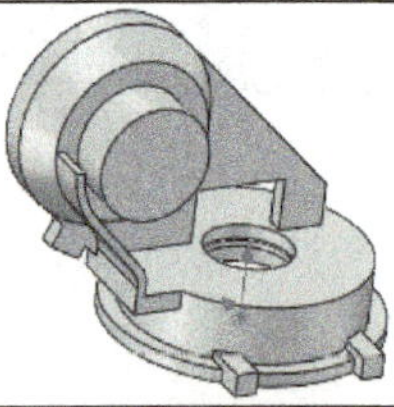	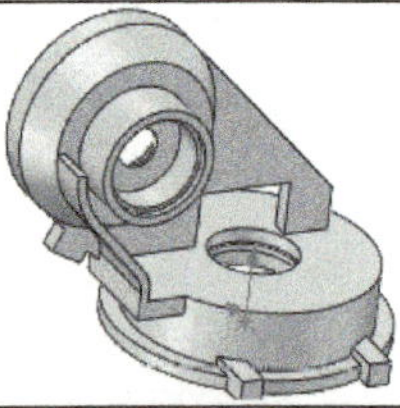
步骤	7. 创建拉伸凸台 4	8. 创建拉伸凸台 5	9. 创建拉伸凸台 6
图示	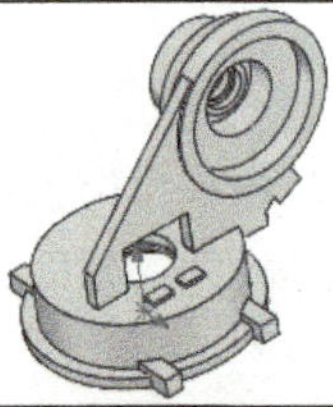	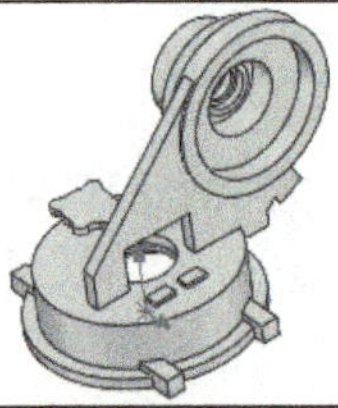	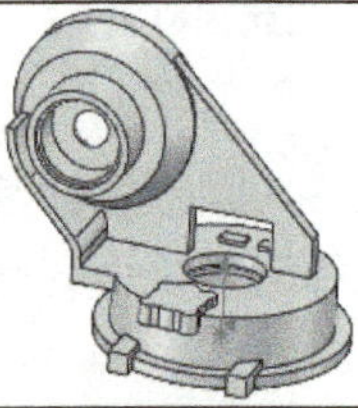
步骤	10. 创建拉伸凸台 7	11. 创建拉伸凸台 8	12. 创建拉伸凸台 9
图示		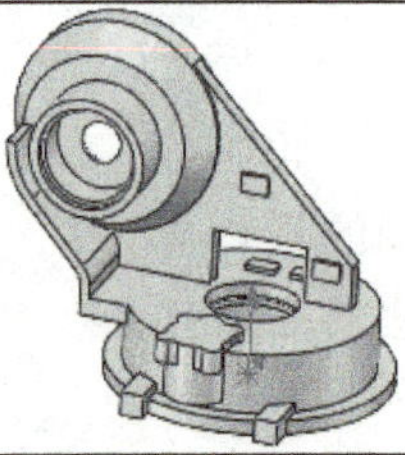	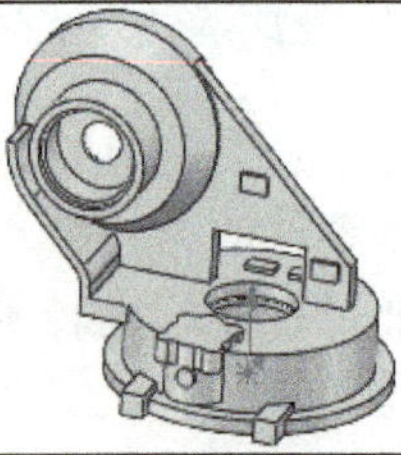
步骤	13. 创建拉伸凸台 10	14. 创建拉伸凸台 11	15. 创建拉伸凸台 12
图示	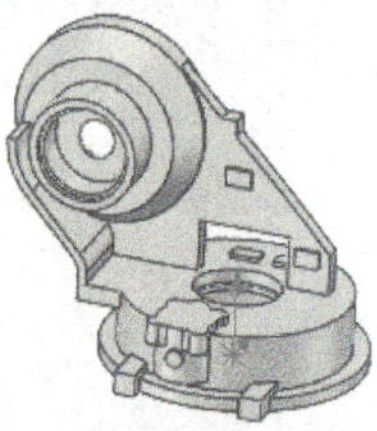	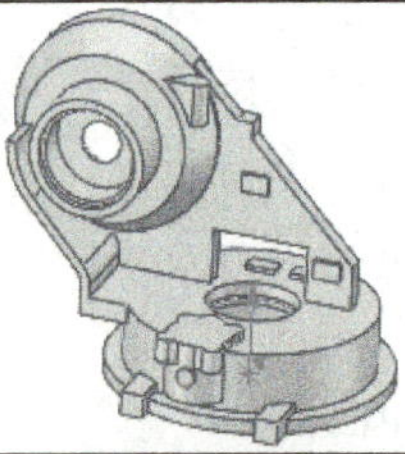	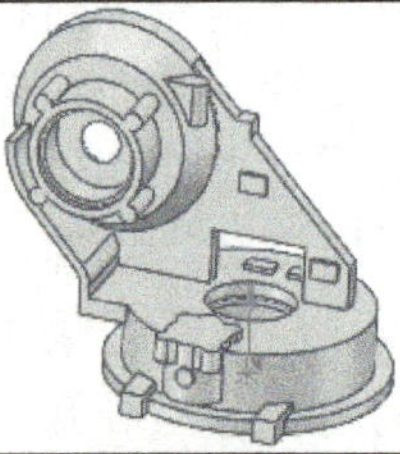
步骤	16. 创建拉伸凸台 13	17. 创建拉伸凸台 14	18. 旋转切除 2
图示	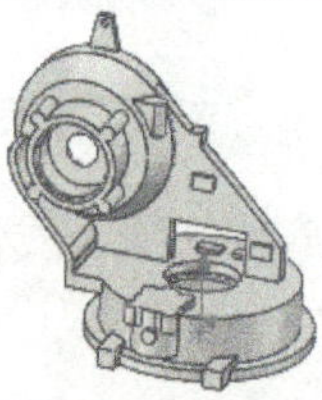	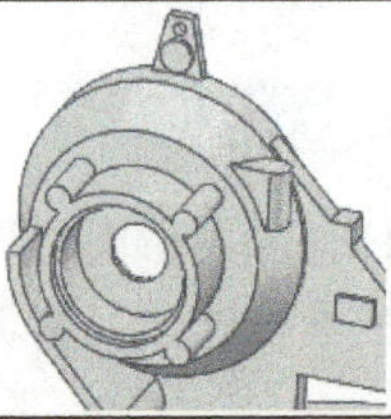	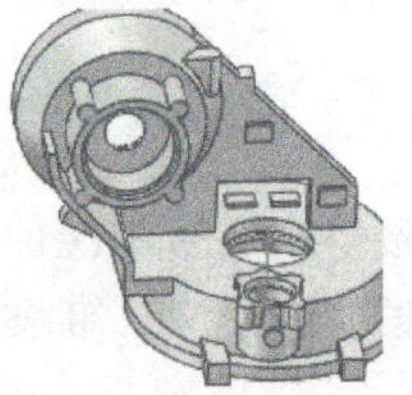

（续）

步骤	19．创建 M12 螺纹孔 1 并完成镜向	20．创建 M8 螺纹孔 1	21．创建直径 8 的孔
图示	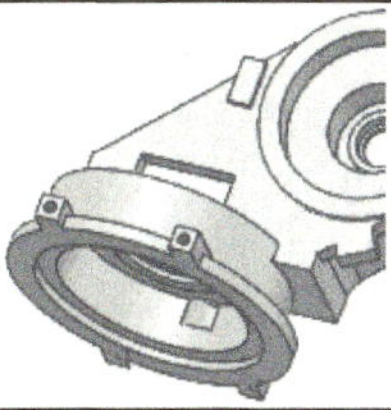	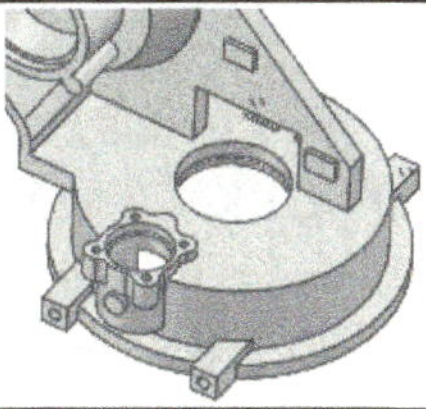	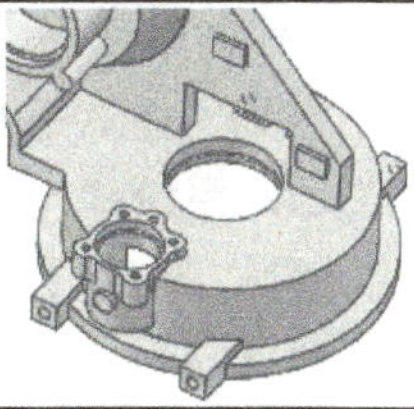
步骤	22．创建沉头孔并完成圆周阵列	23．创建 M5 螺纹孔	24．创建 M10 螺纹孔 1
图示	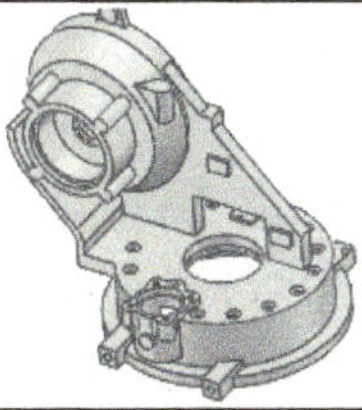	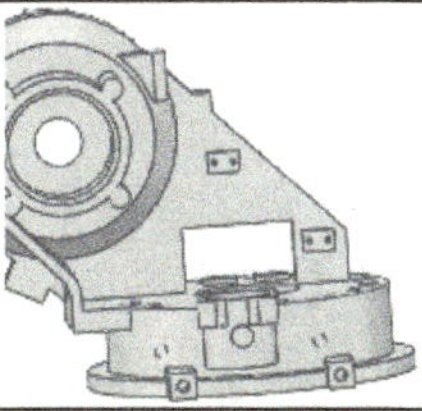	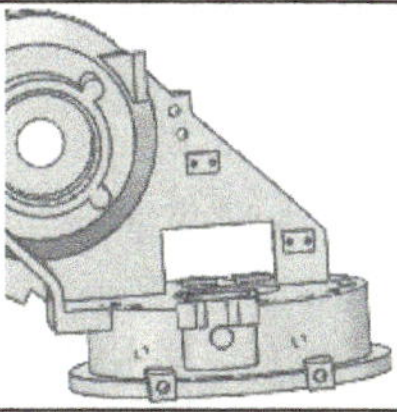
步骤	25．创建 M8 螺纹孔 2	26．创建 M12 螺纹孔 2	27．创建 M16 螺纹孔
图示	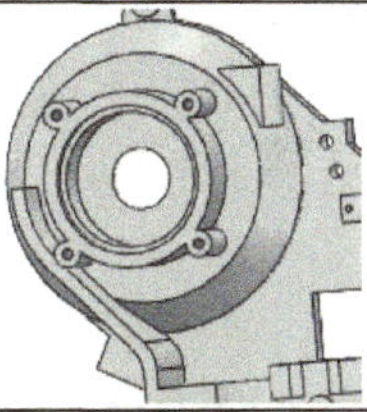	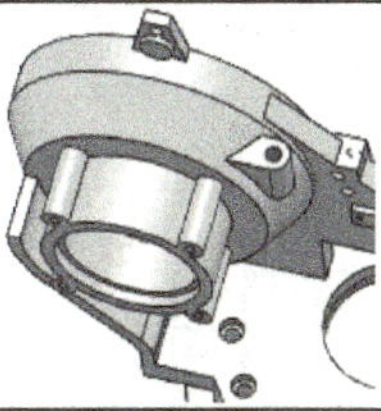	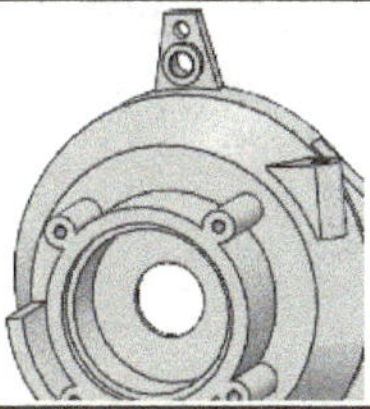
步骤	28．创建 M10 螺纹孔 2	29．创建 M12 螺纹孔 3	30．创建 M10 螺纹孔 3 并完成圆周阵列
图示	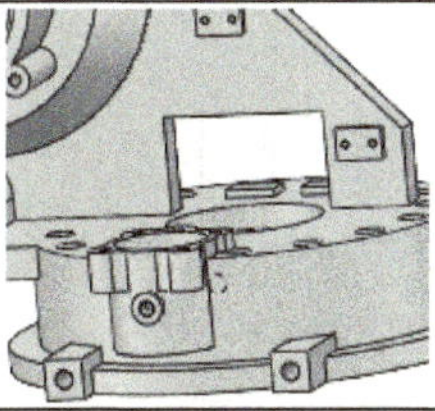	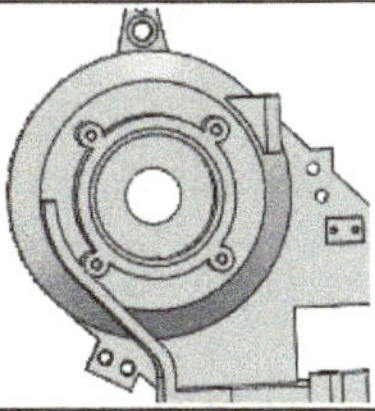	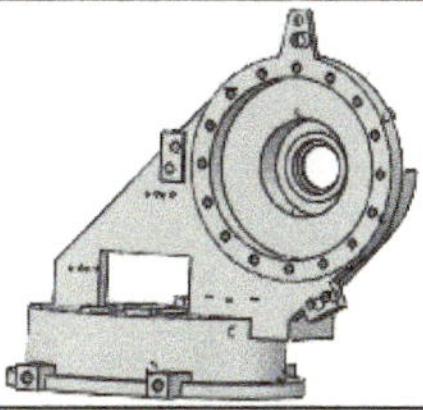
步骤	31．创建 M6 螺纹孔	32．创建倒角	33．创建其他地方的倒角
图示		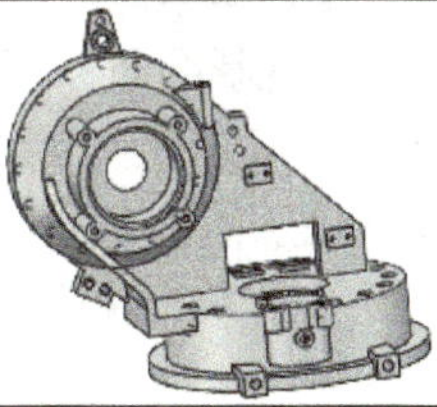	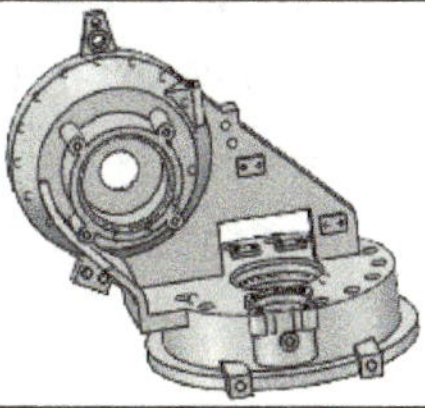
步骤	34．创建倒圆	35．创建其他地方的倒圆	
图示	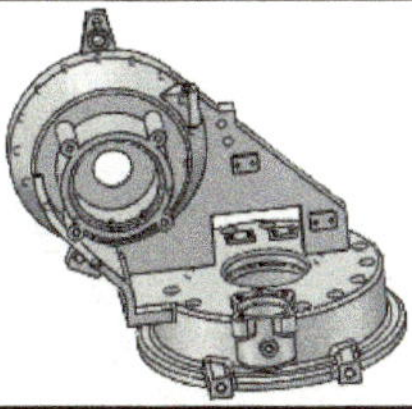	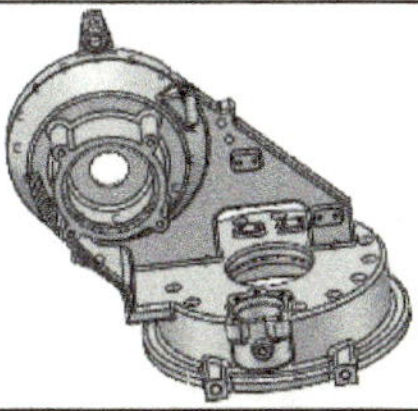	

3.3.3　腰体三维设计步骤

1. 新建文件并保存

（1）启动 SolidWorks 2020 软件，单击【标准】工具栏上的【新建】按钮，系统弹出【新建 SOLIDWORKS 文件】对话框。选择【零件】选项，单击【确定】按钮，进入绘图界面。

腰体设计 1～6

（2）单击【标准】工具栏中的【保存】按钮，系统弹出【另存为】对话框，选择合适的保存位置，在【文件名】文本框中输入"腰体"，即可单击【保存】按钮，进行保存。

2. 旋转凸台 1

单击【特征】工具栏中的【旋转凸台 / 基体】按钮，系统弹出【旋转】属性管理器。在【Feature Manager 设计树】中选择【前视基准面】，或者在绘图区选择【前视基准面】，进入草图环境。单击【视图定向】下拉列表中的【正视于】按钮，绘制如图 3-176 所示的草图，单击按钮，退出草图环境，系统返回到【旋转】属性管理器。在【方向 1】选项组中的【旋转类型】下拉列表中选择【给定深度】，【角度】选项输入"360"，选中【合并结果】复选框，单击【确定】按钮，结果如图 3-177 所示。

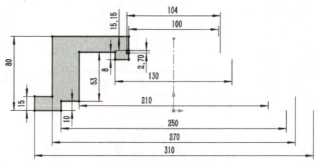

图 3-176　绘制的草图 1

3. 拉伸凸台 1

单击【特征】工具栏中的【拉伸凸台 / 基体】按钮，系统弹出【凸台-拉伸】属性管理器。在【Feature Manager 设计树】中选择【上视基准面】，系统进入草图环境。单击【视图定向】下拉列表中的【正视于】按钮，绘制如图 3-178 所示的草图，单击按钮，退出草图环境，系统返回到【凸台-拉伸】属性管理器。在【终止条件】下拉列表中选择【给定深度】选项，【深度】文本框中输入"25"，选中【合并结果】复选框，单击【确定】按钮，结果如图 3-179 所示。

图 3-177　旋转凸台后的模型

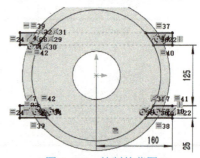

图 3-178　绘制的草图 2

4.拉伸凸台 2

单击【特征】工具栏中的【拉伸凸台/基体】按钮，系统弹出【凸台-拉伸】属性管理器。在【Feature Manager 设计树】中选择【右视基准面】，系统进入草图环境。单击【视图定向】下拉列表中的【正视于】按钮，绘制如图 3-180 所示的草图，单击按钮，退出草图环境，系统返回到【凸台-拉伸】属性管理器。【开始条件】下拉列表中选择【等距】选项，【等距值】文本框中输入"25"；【终止条件】下拉列表中选择【给定深度】选项，【深度】文本框中输入"20"，选中【合并结果】复选框，单击【确定】按钮，结果如图 3-181 所示。

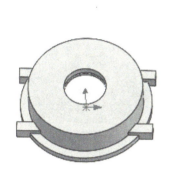

图 3-179　拉伸后的模型 1

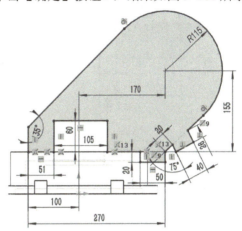

图 3-180　绘制的草图 3

5.旋转凸台 2

（1）单击【参考几何体】工具栏中的【基准面】按钮，或者选择【插入】|【参考几何体】|【基准面】菜单命令，系统弹出如图 3-182 所示的【基准面】属性管理器。在【Feature Manager 设计树】中选择【前视基准面】，【偏移距离】文本框中输入"170"，选中【反转等距】复选框，【要生成的基准面数】文本框中输入"1"，单击【确定】按钮，生成基准面 1。

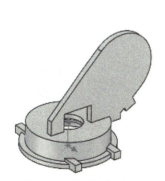

图 3-181　拉伸后的模型 2

图 3-182　【基准面】属性管理器

（2）单击【特征】工具栏中的【旋转凸台／基体】按钮，系统弹出【旋转】属性管理器。在【Feature Manager 设计树】中选择【基准面1】，或者在绘图区选择【基准面1】，进入草图环境。单击【视图定向】下拉列表中的【正视于】按钮，绘制如图 3-183 所示的草图，单击按钮，退出草图环境，系统返回到【旋转】属性管理器。在【方向1】选项组中的【旋转类型】下拉列表中选择【给定深度】，【角度】选项输入"360"，选中【合并结果】复选框，单击【确定】按钮，结果如图 3-184 所示。

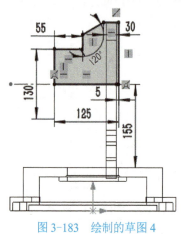

图 3-183　绘制的草图 4

图 3-184　旋转后的模型 1

6. 拉伸凸台 3

单击【特征】工具栏中的【拉伸凸台/基体】按钮，系统弹出【凸台-拉伸】属性管理器。在【Feature Manager 设计树】中选择【右视基准面】，或者在绘图区选择【右视基准面】，进入草图环境。单击两次【视图定向】下拉列表中的【正视于】按钮，绘制如图 3-185 所示的草图，单击按钮，退出草图环境，系统返回到【凸台-拉伸】属性管理器。在【方向1】选项组中的【终止条件】下拉列表中选择【成形到一面】，然后选取如图 3-186 所示的实体表面；在【方向2】选项组中的【终止条件】下拉列表中选择【给定深度】选项，【深度】文本框中输入"70"，选中【合并结果】复选框，单击【确定】按钮，结果如图 3-187 所示。

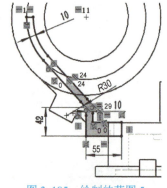

图 3-185　绘制的草图 5

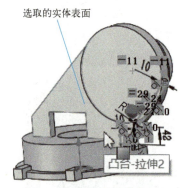

图 3-186　选取的实体表面 1

7. 旋转切除 1

单击【特征】工具栏中的【旋转切除】按钮，系统弹出【切除-旋转】属性管理器。在

【Feature Manager 设计树】中选择【基准面 1】，或者在绘图区选择【基准面 1】，进入草图环境。单击【视图定向】下拉列表中的【正视于】按钮⏚，绘制如图 3-188 所示的草图，单击↩按钮，退出草图环境，系统返回到【切除-旋转】属性管理器。在【方向 1】选项

组中的【旋转类型】下拉列表中选择【给定深度】，【角度】选项输入 "360"，单击【确定】按钮✓，结果如图 3-189 所示。

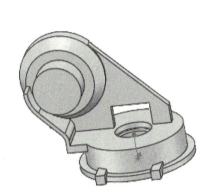

图 3-187　拉伸后的模型 3

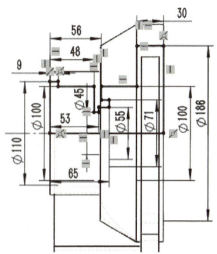

图 3-188　绘制的草图 6

8. 拉伸凸台 4

　　单击【特征】工具栏中的【拉伸凸台/基体】按钮⬚，系统弹出【凸台-拉伸】属性管理器。选取如图 3-190 所示的实体表面，系统进入草图环境。单击【视图定向】下拉列表中的【正视于】按钮⏚，绘制如图 3-191 所示的草图，单击↩按钮，退出草图环境，系统返回到【凸台-拉伸】属性管理器。【终止条件】下拉列表中选择【给定深度】选项，【深度】文本框中输入 "5"，选中【合并结果】复选框，单击【确定】按钮✓。

图 3-189　旋转切除后的模型

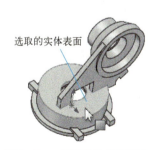

选取的实体表面

图 3-190　选取的实体表面 2

9. 拉伸凸台 5

　　单击【特征】工具栏中的【拉伸凸台/基体】按钮⬚，系统弹出【凸台-拉伸】属性管理器。选取如图 3-190 所示的实体表面，系统进入草图环境。单击【视图定向】下拉列表中的【正视于】按钮⏚，绘制如图 3-192 所示的草图，单击↩按钮，退出草图环境，系统返回到【凸

台-拉伸】属性管理器。【终止条件】下拉列表中选择【给定深度】选项，【深度】文本框中输入 "10"，选中【合并结果】复选框，单击【确定】按钮✓，结果如图 3-193 所示。

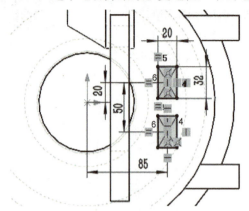

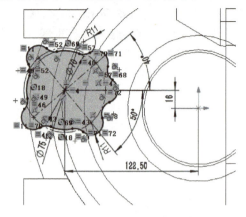

图 3-191　绘制的草图 7　　　　　　　　图 3-192　绘制的草图 8

10．拉伸凸台 6

单击【特征】工具栏中的【拉伸凸台/基体】按钮，系统弹出【凸台-拉伸】属性管理器。选取如图 3-190 所示的实体表面，系统进入草图环境。单击【视图定向】下拉列表中的【正视于】按钮，绘制如图 3-194 所示的草图，单击按钮，退出草图环境，系统返回到【凸台-拉伸】属性管理器。【终止条件】下拉列表中选择【给定深度】选项，单击【反向】按钮，【深度】文本框中输入 "15"，选中【合并结果】复选框，单击【确定】按钮✓，结果如图 3-195 所示。

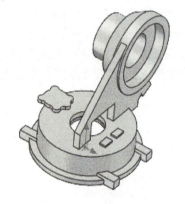

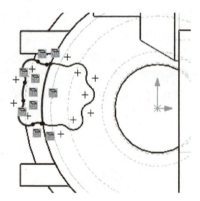

图 3-193　拉伸后的模型 4　　　　　　　图 3-194　绘制的草图 9

11．拉伸凸台 7

单击【特征】工具栏中的【拉伸凸台/基体】按钮，系统弹出【凸台-拉伸】属性管理器。选取如图 3-190 所示的实体表面，系统进入草图环境。单击【视图定向】下拉列表中的【正视于】按钮，绘制如图 3-196 所示的草图，单击按钮，退出草图环境，系统返回到【凸台-拉伸】属性管理器。【终止条件】下拉列表中选择【给定深度】选项，单击【反向】按钮，【深度】文本框中输入 "55"，选中【合并结果】复选框，单击【确定】按钮✓，结果如图 3-197 所示。

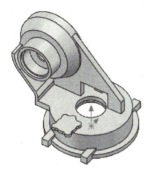

图 3-195　拉伸后的模型 5

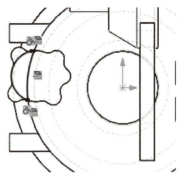

图 3-196　绘制的草图 10

12. 拉伸凸台 8

单击【特征】工具栏中的【拉伸凸台/基体】按钮，系统弹出【凸台-拉伸】属性管理器。选取如图 3-198 所示的实体表面，系统进入草图环境。单击【视图定向】下拉列表中的【正视于】按钮，绘制如图 3-199 所示的草图，单击按钮，退出草图环境，系统返回到【凸台-拉伸】属性管理器。【终止条件】下拉列表中选择【给定深度】选项，【深度】文本框中输入"5"，选中【合并结果】复选框，单击【确定】按钮，结果如图 3-200 所示。

图 3-197　拉伸后的模型 6

图 3-198　选取的实体表面 3

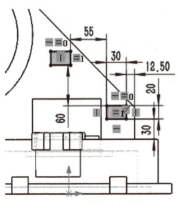

图 3-199　绘制的草图 11

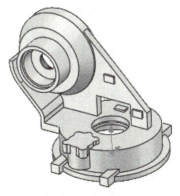

图 3-200　拉伸后的模型 7

13. 拉伸凸台 9

单击【特征】工具栏中的【拉伸凸台/基体】按钮，系统弹出【凸台-拉伸】属性管理器。在【Feature Manager 设计树】中选择【右视基准面】，系统进入草图环境。单击两次【视图定向】下拉列表中的【正视于】按钮，绘制如图 3-201 所示的草图，单击按钮，退出草图环境，系统返回到【凸台-拉伸】属性管理器。【开始条件】下拉列表中选择【等距】选项，【等距值】文本框中输入"162"，单击【反向】按钮；【终止条件】下拉列表中选择【成形到一面】选项，选取如图 3-202 所示的实体圆柱面，选中【合并结果】复选框，单击【确定】按钮。

图 3-201　绘制的草图 12

选取的实体圆柱面

图 3-202　选取的实体圆柱面

14. 拉伸凸台 10

单击【特征】工具栏中的【拉伸凸台/基体】按钮，系统弹出【凸台-拉伸】属性管理器。选取如图 3-198 所示的实体表面，系统进入草图环境。单击【视图定向】下拉列表中的【正视于】按钮，绘制如图 3-203 所示的草图，单击按钮，退出草图环境，系统返回到【凸台-拉伸】属性管理器。【终止条件】下拉列表中选择【给定深度】选项，【深度】文本框中输入"25"，单击【反向】按钮，选中【合并结果】复选框，单击【确定】按钮。

15. 拉伸凸台 11

单击【特征】工具栏中的【拉伸凸台/基体】按钮，系统弹出【凸台-拉伸】属性管理器。选取如图 3-190 所示的实体表面，系统进入草图环境。单击【视图定向】下拉列表中的【正视于】按钮，绘制如图 3-204 所示的草图，单击按钮，退出草图环境，系统返回到【凸台-拉伸】属性管理器。【开始条件】下拉列表中选择【等距】选项，【等距值】文本框中输入"230"；【终止条件】下拉列表中选择【给定深度】选项，【深度】文本框中输入"45"，单击【反向】按钮，选中【合并结果】复选框，单击【确定】按钮。

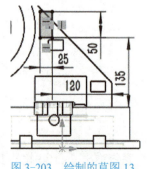

图 3-203　绘制的草图 13

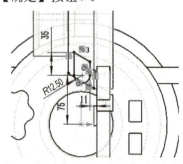

图 3-204　绘制的草图 14

16. 拉伸凸台 12

单击【特征】工具栏中的【拉伸凸台/基体】按钮 ，系统弹出【凸台-拉伸】属性管理器。选取如图 3-205 所示的实体表面，系统进入草图环境。单击【视图定向】下拉列表中的【正视于】按钮 ，绘制如图 3-206 所示的草图，单击 按钮，退出草图环境，系统返回到【凸台-拉伸】属性管理器。【终止条件】下拉列表中选择【完全】选项，【深度】文本框中输入"25"，单击【反向】按钮 ，选中【合并结果】复选框，单击【确定】按钮 ，结果如图 3-207 所示。

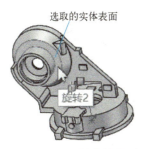

图 3-205　选取的实体表面 4

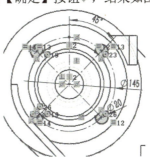

图 3-206　绘制的草图 15

17. 拉伸凸台 13

单击【特征】工具栏中的【拉伸凸台/基体】按钮 ，系统弹出【凸台-拉伸】属性管理器。选取如图 3-208 所示的实体表面，系统进入草图环境。单击【视图定向】下拉列表中的【正视于】按钮 ，绘制如图 3-209 所示的草图，单击 按钮，退出草图环境，系统返回到【凸台-拉伸】属性管理器。【终止条件】下拉列表中选择【完全】选项，【深度】文本框中输入"10"，单击【反向】按钮 ，选中【合并结果】复选框，单击【确定】按钮 ，结果如图 3-210 所示。

腰体设计 17~29

图 3-207　拉伸后的模型 8

图 3-208　选取的实体表面 5

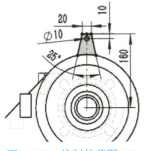

图 3-209　绘制的草图 16

图 3-210　拉伸后的模型 9

18．拉伸凸台 14

单击【特征】工具栏中的【拉伸凸台/基体】按钮，系统弹出【凸台-拉伸】属性管理器。选取如图 3-211 所示的实体表面，系统进入草图环境。单击【视图定向】下拉列表中的【正视于】按钮，绘制如图 3-212 所示的草图，单击按钮，退出草图环境，系统返回到【凸台-拉伸】属性管理器。【终止条件】下拉列表中选择【完全】选项，【深度】文本框中输入"5"，选中【合并结果】复选框，单击【确定】按钮。

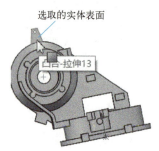

图 3-211　选取的实体表面 6

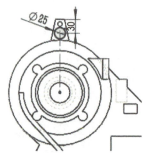

图 3-212　绘制的草图 17

19．旋转切除 2

（1）单击【参考几何体】工具栏中的【基准面】按钮，系统弹出【基准面】属性管理器。在【Feature Manager 设计树】中选择【前视基准面】，【偏移距离】文本框中输入"16"，选中【反转等距】复选框，【要生成的基准面数】文本框中输入"1"，单击【确定】按钮，生成基准面 2。

（2）单击【特征】工具栏中的【旋转切除】按钮，系统弹出【切除-旋转】属性管理器。在【Feature Manager 设计树】中选择【基准面 2】，或者在绘图区选择【基准面 2】，进入草图环境。单击【视图定向】下拉列表中的【正视于】按钮，绘制如图 3-213 所示的草图，单击按钮，退出草图环境。系统返回到【切除-旋转】属性管理器。在【方向 1】选项组中的【旋转类型】下拉列表中选择【给定深度】，【角度】选项输入"360"，单击【确定】按钮，结果如图 3-214 所示。

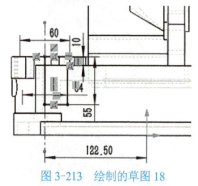

图 3-213　绘制的草图 18

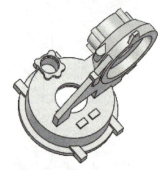

图 3-214　旋转后的模型 2

20．创建 M12 螺纹孔 1 并完成镜向

（1）单击【特征】工具栏中的【异型向导孔】按钮，系统弹出【孔规格】属性管理器。单击【孔类型】选项组中的【直螺纹孔】按钮，【标准】选择【GB】选项，【类型】选择【底部螺纹孔】选项，【大小】选择【M12】选项，【终止条件】选择【给定深度】选项，【螺纹线

【深度】文本框中输入"20"。然后单击【位置】选项卡，选取如图3-215所示的实体表面，系统进入草图环境。单击【视图定向】下拉列表中的【正视于】按钮，按图3-216所示的草图确定孔的位置，单击【确定】按钮。

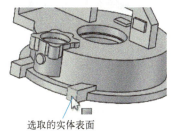

图3-215　选取的实体表面7

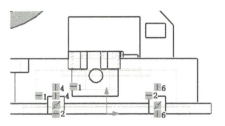

图3-216　M12螺纹孔1的位置

（2）选择【插入】|【阵列/镜向】|【镜向】菜单命令，或者单击【特征】工具栏中的【镜向】按钮，系统弹出如图3-217所示的【镜向】属性管理器。单击【镜向面/基准面】选项组中的图标右侧的列表框，选取【右视基准面】作为镜向平面；单击【要镜向的特征】选项组中的图标右侧的列表框，在模型区或设计树中选取M12螺纹孔1，单击【确定】按钮。

21. 创建M8螺纹孔1

单击【特征】工具栏中的【异型向导孔】按钮，系统弹出【孔规格】属性管理器。单击【孔类型】选项组中的【直螺纹孔】按钮，【标准】选择【GB】选项，【类型】选择【底部螺纹孔】选项，【大小】选择【M8】选项，【终止条件】选择【给定深度】选项，【螺纹线深度】文本框中输入"18"。然后单击【位置】选项卡，选取如图3-218所示的实体表面，系统进入草图环境。单击【视图定向】下拉列表中的【正视于】按钮，螺纹孔位置如图3-219所示，单击【确定】按钮，结果如图3-220所示。

图3-217　【镜向】属性管理器

图3-218　选取的实体表面8

22. 创建直径8的孔

单击【特征】工具栏中的【异型向导孔】按钮，系统弹出【孔规格】属性管理器。单击【孔类型】选项组中的【孔】按钮，【标准】选择【GB】选项，【类型】选择【钻孔大小】选项，【大小】选择【φ8.0】选项，【终止条件】选择【给定深度】选项，【盲孔深度】文本框中输入"12"。然后单击【位置】选项卡，选取如图3-218所示的实体表面，系统进入草图环境。单击【视图定向】下拉列表中的【正视于】按钮，孔位置如图3-221所示，单击

【确定】按钮 ✓。

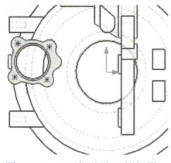

图 3-219　M8 螺纹孔 1 的位置

图 3-220　添加螺纹孔后的模型 1

23. 创建沉头孔并完成圆周阵列

（1）单击【特征】工具栏中的【异型向导孔】按钮 🔘，系统弹出【孔规格】属性管理器。单击【孔类型】选项组中的【柱形沉头孔】按钮 📷，【标准】选择【GB】选项，【类型】选择【内六角圆柱头螺钉】选项，【大小】选择【M10】选项，选中【显示自定义大小】复选框，【通孔直径】📷 文本框中输入"11"，【柱形沉头孔直径】📷 文本框中输入"18"，【柱形沉头孔深度】📷 文本框中输入"10"，【终止条件】选择【完全贯穿】选项。然后单击【位置】选项卡，再选取如图 3-222 所示的实体表面，系统进入草图环境。单击【视图定向】下拉列表中的【正视于】按钮 📷，孔位置如图 3-223 所示，单击【确定】按钮 ✓。

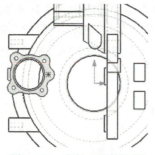

图 3-221　直径 8 孔的位置

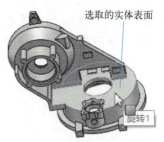

图 3-222　选取的实体表面 9

（2）单击【特征】工具栏中的【圆周阵列】按钮 ✖，系统弹出【阵列（圆周）】属性管理器。【阵列轴】⭕ 选取如图 3-224 所示的圆柱面，单击【反向】按钮 ↻，【角度】📷 文本框中输入"22.5"，【实例数】❄ 文本框中输入"14"；单击【要阵列的特征】📷 列表框，选择上述创建的沉头孔；单击【可跳过的实例】❄ 选项，然后在绘图区模型上选取沉头孔；单击【确定】按钮 ✓，结果如图 3-225 所示。

图 3-223　沉头孔的位置

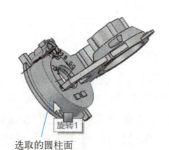

图 3-224　选取的圆柱面 1

24. 创建 M5 螺纹孔

单击【特征】工具栏中的【异型向导孔】按钮，系统弹出【孔规格】属性管理器。单击【孔类型】选项组中的【直螺纹孔】按钮，【标准】选择【GB】选项，【类型】选择【底部螺纹孔】选项，【大小】选择【M5】选项，【终止条件】选择【完全贯穿】选项。然后单击【位置】选项卡，选取如图 3-226 所示的实体表面，系统进入草图环境。单击【视图定向】下拉列表中的【正视于】按钮，螺纹孔位置如图 3-227 所示，单击【确定】按钮，结果如图 3-228 所示。

图 3-225　圆周阵列后的模型

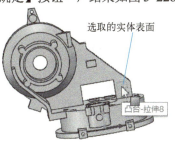

选取的实体表面

凸台-拉伸8

图 3-226　选取的实体表面 10

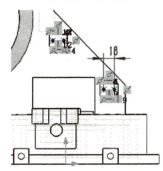

图 3-227　M5 螺纹孔的位置

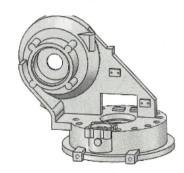

图 3-228　添加螺纹孔后的模型 2

25. 创建 M10 螺纹孔 1

单击【特征】工具栏中的【异型向导孔】按钮，系统弹出【孔规格】属性管理器。单击【孔类型】选项组中的【直螺纹孔】按钮，【标准】选择【GB】选项，【类型】选择【底部螺纹孔】选项，【大小】选择【M12】选项，【终止条件】选择【完全贯穿】选项。然后单击【位置】选项卡，选取如图 3-229 所示的实体表面，系统进入草图环境。单击【视图定向】下拉列表中的【正视于】按钮，螺纹孔位置如图 3-230 所示，单击【确定】按钮。

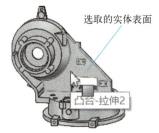

选取的实体表面

凸台-拉伸2

图 3-229　选取的实体表面 11

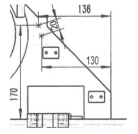

图 3-230　M10 螺纹孔 1 的位置

26. 创建 M8 螺纹孔 2

单击【特征】工具栏中的【异型向导孔】按钮，系统弹出【孔规格】属性管理器。单击【孔类型】选项组中的【直螺纹孔】按钮🔲，【标准】选择【GB】选项，【类型】选择【底部螺纹孔】选项，【大小】选择【M8】选项，【终止条件】选择【给定深度】选项，【螺纹线深度】文本框中输入"20"。然后单击【位置】选项卡，选取如图 3-231 所示的实体表面，系统进入草图环境。单击【视图定向】下拉列表中的【正视于】按钮↧，螺纹孔位置如图 3-232所示，单击【确定】按钮✔。

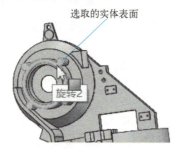
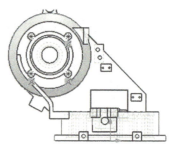

图 3-231　选取的实体表面 12　　　　　　图 3-232　M8 螺纹孔 2 的位置

27.　创建 M12 螺纹孔 2

单击【特征】工具栏中的【异型向导孔】按钮🌀，系统弹出【孔规格】属性管理器。单击【孔类型】选项组中的【直螺纹孔】按钮🔲，【标准】选择【GB】选项，【类型】选择【底部螺纹孔】选项，【大小】选择【M12】选项，【终止条件】选择【给定深度】选项，【螺纹线深度】文本框中输入"18"。然后单击【位置】选项卡，选取如图 3-233 所示的实体表面，系统进入草图环境。单击【视图定向】下拉列表中的【正视于】按钮↧，螺纹孔位置如图 3-234所示，单击【确定】按钮✔。

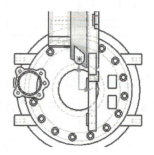

图 3-233　选取的实体表面 13　　　　　　图 3-234　M12 螺纹孔 2 的位置

28.　创建 M16 螺纹孔

单击【特征】工具栏中的【异型向导孔】按钮🌀，系统弹出【孔规格】属性管理器。单击【孔类型】选项组中的【直螺纹孔】按钮🔲，【标准】选择【GB】选项，【类型】选择【底部螺纹孔】选项，【大小】选择【M16×1.5】选项，【终止条件】选择【完全贯穿】选项。然后单击【位置】选项卡，选取如图 3-235 所示的实体表面，系统进入草图环境。单击【视图定向】下拉列表中的【正视于】按钮↧，螺纹孔位置如图 3-236 所示，单击【确定】按钮✔。

29.　创建 M10 螺纹孔 2

单击【特征】工具栏中的【异型向导孔】按钮🌀，系统弹出【孔规格】属性管理器。单击【孔类型】选项组中的【直螺纹孔】按钮🔲，【标准】选择【GB】选项，【类型】选择【底部螺纹孔】选项,【大小】选择【M10】选项,【终止条件】选择【成形到一面】选项,选取如图 3-237 所示的实体内圆柱面。然后单击【位置】选项卡,选取如图 3-238 所示的实体表面,系统进入草图环境。单击【视图定向】下拉列表中的【正视于】按钮⚓,螺纹孔位置如图 3-239 所示,单击【确定】按钮✔。

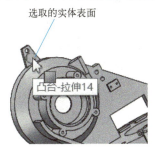

图 3-235　选取的实体表面 14

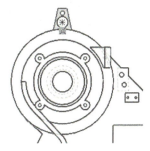

图 3-236　M16 螺纹孔的位置

图 3-237　选取的内圆柱面

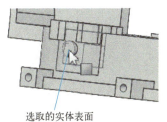

图 3-238　选取的实体表面 15

30. 创建 M12 螺纹孔 3

单击【特征】工具栏中的【异型向导孔】按钮⚙,系统弹出【孔规格】属性管理器。单击【孔类型】选项组中的【直螺纹孔】按钮📁,【标准】选择【GB】选项,【类型】选择【底部螺纹孔】选项,【大小】选择【M12】选项,【终止条件】选择【完全贯穿】选项。然后单击【位置】选项卡,选取如图 3-240 所示的实体表面,系统进入草图环境。单击【视图定向】下拉列表中的【正视于】按钮⚓,螺纹孔位置如图 3-241 所示,单击【确定】按钮✔,结果如图 3-242 所示。

腰体设计 30～36

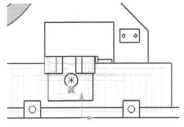

图 3-239　M10 螺纹孔 2 的位置

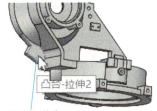

图 3-240　选取的实体表面 16

31. 创建 M10 螺纹孔 3 并完成圆周阵列

(1)单击【特征】工具栏中的【异型向导孔】按钮⚙,系统弹出【孔规格】属性管理器。单击【孔类型】选项组中的【直螺纹孔】按钮📁,【标准】选择【GB】选项,【类型】选择【底部螺纹孔】选项,【大小】选择【M10】选项,【终止条件】选择【给定深度】选项,【螺纹线深度】文本框中输入"22"。然后单击【位置】选项卡，选取如图 3-243 所示的实体表面，系统进入草图环境。单击【视图定向】下拉列表中的【正视于】按钮，螺纹孔位置如图 3-244 所示，单击【确定】按钮。

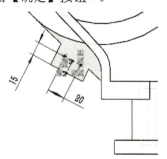

图 3-241 M12 螺纹孔 3 的位置

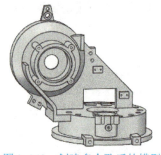

图 3-242 创建多个孔后的模型

图 3-243 选取的实体表面 17

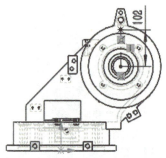

图 3-244 M10 螺纹孔 3 的位置

（2）单击【特征】工具栏中的【圆周阵列】按钮，系统弹出【阵列(圆周)】属性管理器。【阵列轴】选取如图 3-245 所示的圆柱面，单击【反向】按钮，【角度】文本框中输入"22.5"，【实例数】文本框中输入"16"；单击【要阵列的特征】列表框，选择上述创建的 M10 螺纹孔；单击【确定】按钮，结果如图 3-246 所示。

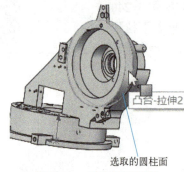

图 3-245 选取的圆柱面 2

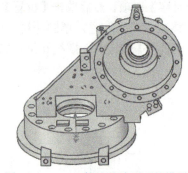

图 3-246 M10 螺纹孔阵列后的模型

32. 创建 M6 螺纹孔

单击【特征】工具栏中的【异型向导孔】按钮，系统弹出【孔规格】属性管理器。单击【孔类型】选项组中的【直螺纹孔】按钮，【标准】选择【GB】选项，【类型】选择【底部螺纹孔】选项，【大小】选择【M6】选项，【终止条件】选择【完全贯穿】选项。然后单击【位置】选项卡，选取如图 3-247 所示的实体表面，系统进入草图环境。单击【视图定向】下拉列表中的【正视于】按钮，螺纹孔位置如图 3-248 所示，单击【确定】按钮。

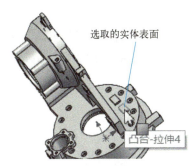

图 3-247　选取的实体表面 18

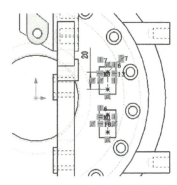

图 3-248　M6 螺纹孔的位置

33．创建倒角

选择【插入】|【特征】|【倒角】菜单命令，或者单击【特征】工具栏中的【倒角】按钮，系统弹出【倒角】属性管理器。【倒角类型】选择【角度距离】选项，选取如图 3-249 所示的实体边缘，【距离】文本框中输入"95"，【角度】文本框中输入"25"，单击【确定】按钮 。

34．创建其他地方的倒角

采用相同的方法完成其他地方的倒角。【倒角类型】选择【距离】选项，选取如图 3-250 所示的实体边缘，【倒角参数】下拉列表中选择【对称】选项，【距离】文本框中输入"1"；【倒角类型】选择【距离】选项，选取如图 3-251 所示的实体边缘，【倒角参数】下拉列表中选择【对称】选项，【距离】文本框中输入"2"；【倒角类型】选择【距离】选项，选取如图 3-252 所示的实体边缘，【倒角参数】下拉列表中选择【非对称】选项，【距离 1】文本框中输入"5"，【距离 2】文本框中输入"2"。倒角后的模型如图 3-253 所示。

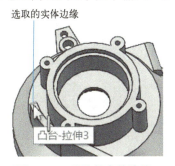

图 3-249　选取的实体边缘 1

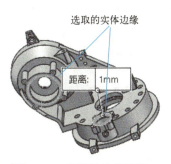

图 3-250　选取的实体边缘 2

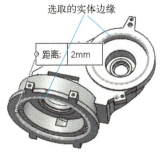

图 3-251　选取的实体边缘 3

图 3-252　选取的实体边缘 4

35．创建倒圆

单击【特征】工具栏中的【圆角】按钮，系统弹出【圆角】属性管理器。【圆角类型】选中【恒定大小圆角】，设置【半径】为"5"，选取如图 3-254 所示的实体边缘，单击【确定】按钮，完成圆角的创建。

图 3-253　倒角后的模型

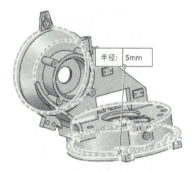

图 3-254　选取的实体边缘 5

36．创建其他地方的倒圆

采用相同的方法完成其他地方的倒圆。选取如图 3-255 所示的实体边缘，倒圆半径为"15"；选取如图 3-256 所示的实体边缘，倒圆半径为"3.5"；选取如图 3-257 所示的实体边缘，倒圆半径为"5"；选取如图 3-258 所示的实体边缘，倒圆半径为"3"；选取如图 3-259 所示的实体边缘，倒圆半径为"3"；选取如图 3-260 所示的实体边缘，倒圆半径为"3"；选取如图 3-261 所示的实体边缘，倒圆半径为"5"；倒圆后的模型如图 3-175 所示。

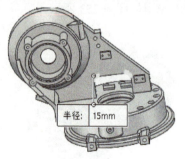

图 3-255　选取的实体边缘 6

图 3-256　选取的实体边缘 7

图 3-257　选取的实体边缘 8

图 3-258　选取的实体边缘 9

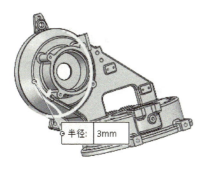

图 3-259　选取的实体边缘 10

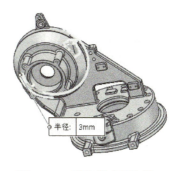

图 3-260　选取的实体边缘 11

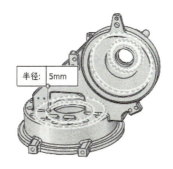

图 3-261　选取的实体边缘 12

3.4　手腕连接体设计

腕部是用来连接工业机器人的手部与臂部，确定手部工作位置并扩大臂部动作范围的部件。有些专用机器人没有手腕部件，而是直接将手部安装在手臂部件的端部。

工业机器人的腕部常用来调整工业机器人的姿态，即具有滚动、俯仰和偏航角度的调整功能。腕部实际所具有的自由度数目应根据工业机器人的工作性能要求来设计。

3.4.1　手腕连接体结构分析

手腕连接体三维模型如图 3-262 所示。手腕连接件的结构主要由两个回转体叠加而成，局部有凸台，多个面有安装孔。回转体采用旋转和旋转切除功能完成，局部凸台采用拉伸和拉伸切除功能完成，安装孔采用异型孔向导和圆周阵列完成。

3.4.2　手腕连接体三维设计流程及使用的功能

手腕连接体采用旋转、旋转切除、拉伸切除、拉伸、倒圆、异型孔向导和圆周阵列等功能完成三维设计，手腕连接体的三维设计方案见表 3-4。

图 3-262　手腕连接体三维模型

表 3-4　手腕连接体的三维设计方案

步骤	1. 创建旋转凸台 1	2. 创建旋转凸台 2	3. 拉伸切除 1
图示	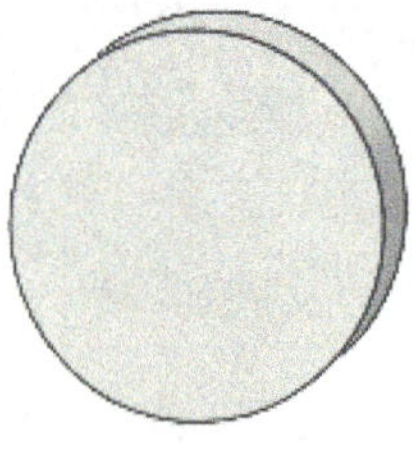	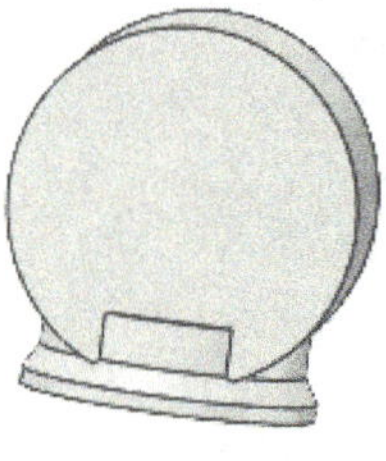	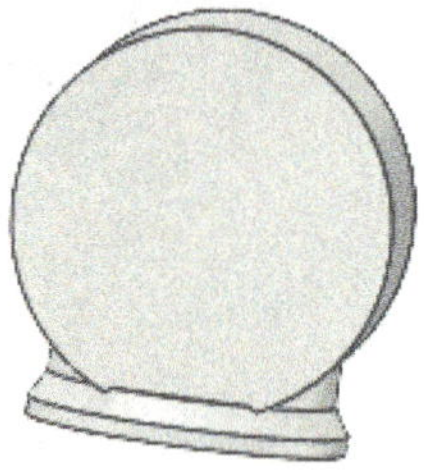
步骤	4. 创建拉伸凸台 1	5. 创建拉伸凸台 2	6. 拉伸切除 2
图示	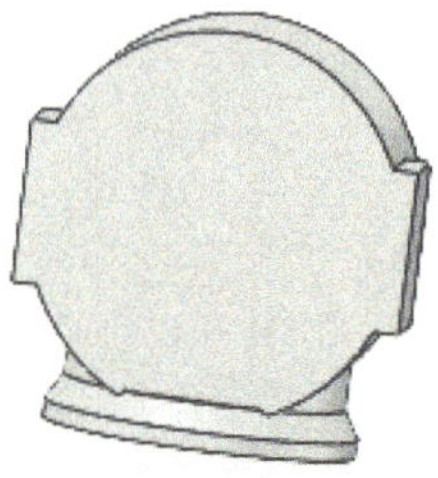	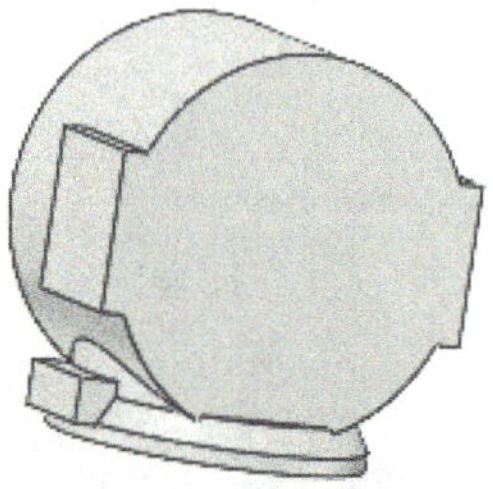	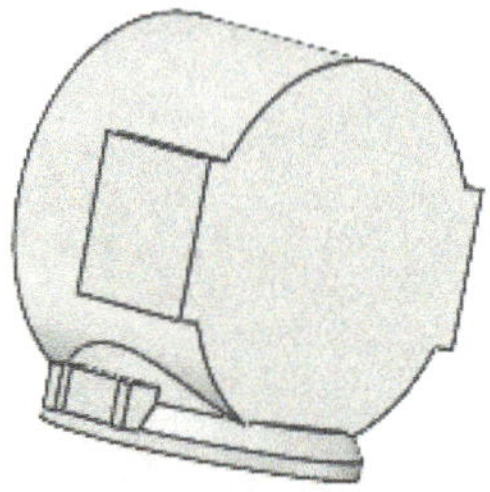
步骤	7. 拉伸切除 3	8. 拉伸切除 4	9. 旋转切除 1
图示	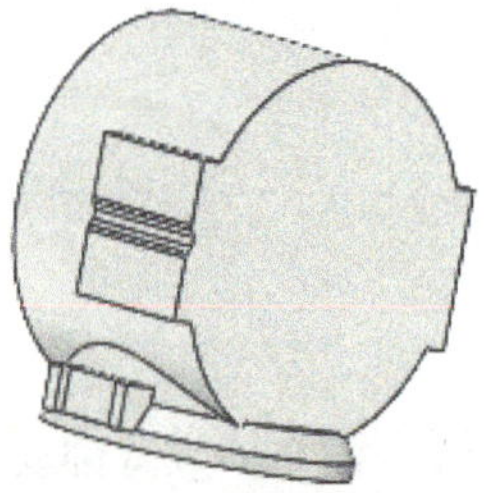	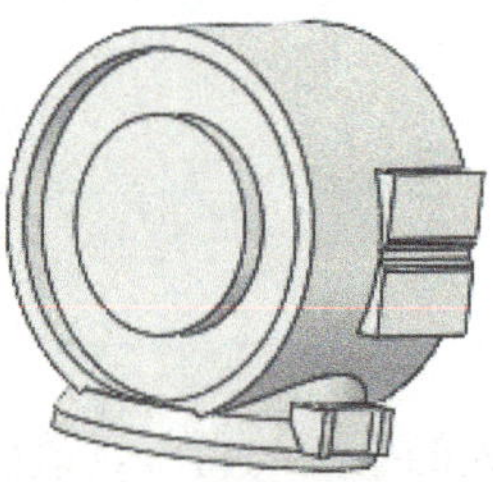	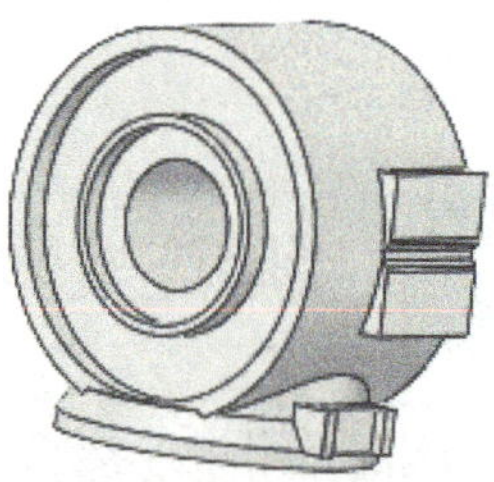
步骤	10. 旋转切除 2	11. 旋转切除 3	12. 创建倒圆
图示	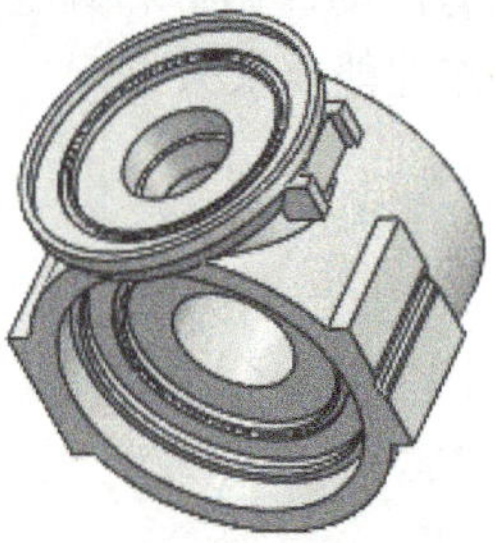	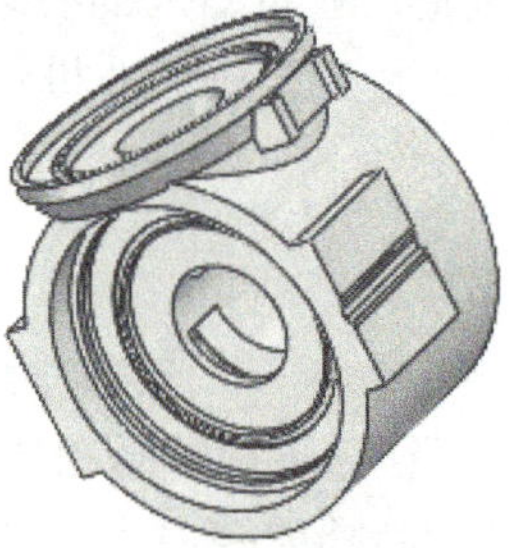	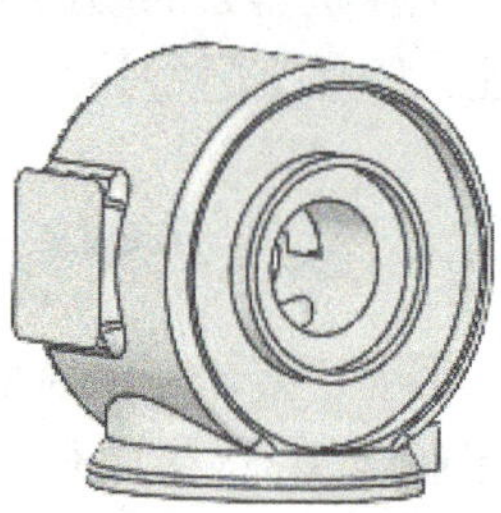
步骤	13. 创建其他倒圆	14. 创建 M10 螺纹孔	15. 创建 M4 螺纹孔 1
图示	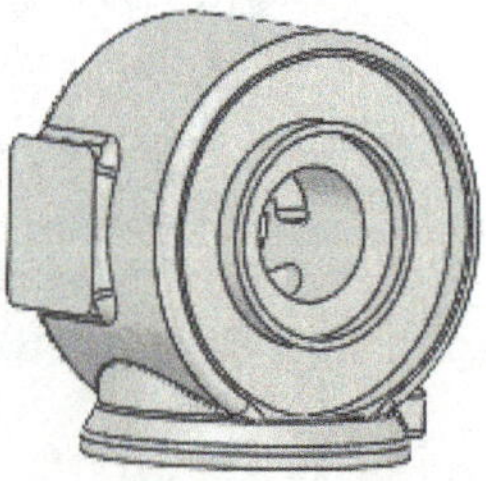	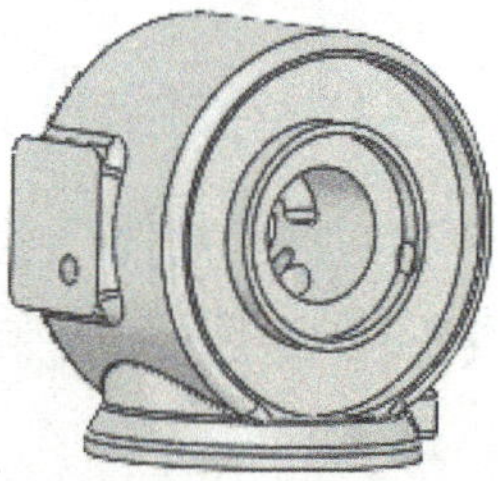	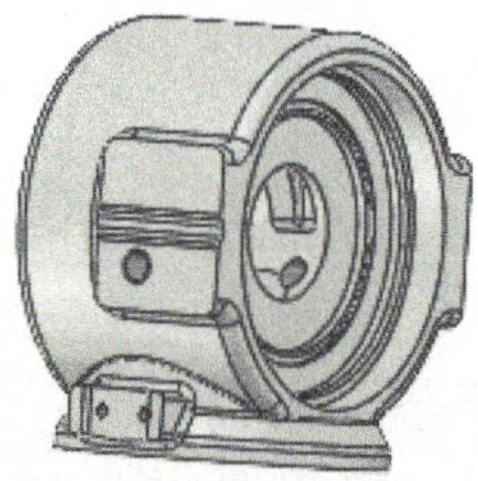

（续）

步骤	16. 创建 M4 螺纹孔 2 并完成圆周阵列	17. 创建 M3 螺纹孔并完成圆周阵列	
图示			

3.4.3 手腕连接体三维设计步骤

1. 新建文件并保存

（1）启动 SolidWorks 2020 软件，单击【标准】工具栏上的【新建】按钮，系统弹出【新建 SOLIDWORKS 文件】对话框。选择【零件】选项，单击【确定】按钮，进入绘图界面。

（2）单击【标准】工具栏中的【保存】按钮，系统弹出【另存为】对话框，选择合适的保存位置，在【文件名】文本框中输入"手腕连接体"，即可单击【保存】按钮，进行保存。

手腕连接体设计 1~10

2. 旋转凸台 1

单击【特征】工具栏中的【旋转凸台/基体】按钮，系统弹出【旋转】属性管理器。在【Feature Manager 设计树】中选择【前视基准面】，进入草图环境，绘制如图 3-263 所示的草图，单击按钮，退出草图环境，系统返回到【旋转】属性管理器。在【方向 1】选项组中的【旋转类型】下拉列表中选择【给定深度】，【角度】选项输入"360"，选中【合并结果】复选框，单击【确定】按钮，结果如图 3-264 所示。

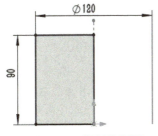

图 3-263　绘制的草图 1

图 3-264　旋转后的模型 1

3. 旋转凸台 2

单击【特征】工具栏中的【旋转凸台/基体】按钮，系统弹出【旋转】属性管理器。在【Feature Manager 设计树】中选择【前视基准面】，进入草图环境。单击【视图定向】下拉列表中的【正视于】按钮，绘制如图 3-265 所示的草图，单击按钮，退出草图环境，系统返回到【旋转】属性管理器。在【方向 1】选项组中的【旋转类型】下拉列表中选择【给定深度】，【角度】选项输入"360"，选中【合并结果】复选框，单击【确定】按钮，结果如

图 3-266 所示。

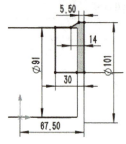

图 3-265　绘制的草图 2

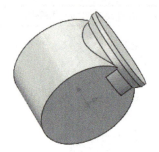

图 3-266　旋转后的模型 2

4. 拉伸切除 1

单击【特征】工具栏中的【拉伸切除】按钮，系统弹出【切除-拉伸】属性管理器。在【Feature Manager 设计树】中选择【前视基准面】，系统进入草图环境。单击【视图定向】下拉列表中的【正视于】按钮，绘制如图 3-267 所示的草图，单击按钮，退出草图环境，系统返回到【切除-拉伸】属性管理器。在【方向 1】选项组中的【终止条件】下拉列表中选择【完全贯穿】；选中【方向 2】复选框，在【方向 2】选项组中的【终止条件】下拉列表中选择【完全贯穿】；单击【确定】按钮，结果如图 3-268 所示。

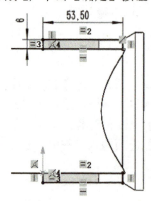

图 3-267　绘制的草图 3

图 3-268　拉伸切除后的模型

5. 拉伸凸台 1

单击【特征】工具栏中的【拉伸凸台/基体】按钮，系统弹出【凸台-拉伸】属性管理器。在【Feature Manager 设计树】中选择【前视基准面】，系统进入草图环境。单击【视图定向】下拉列表中的【正视于】按钮，绘制如图 3-269 所示的草图，单击按钮，退出草图环境，系统返回到【凸台-拉伸】属性管理器。在【终止条件】下拉列表中选择【两侧对称】选项，【深度】文本框中输入"125"，选中【合并结果】复选框，单击【确定】按钮，结果如图 3-270 所示。

6. 拉伸凸台 2

单击【特征】工具栏中的【拉伸凸台/基体】按钮，系统弹出【凸台-拉伸】属性管理器。在【Feature Manager 设计树】中选择【前视基准面】，系统进入草图环境。单击【视图定向】下拉列表中的【正视于】按钮，绘制如图 3-271 所示的草图，单击按钮，退出草图环境，系统返回到【凸台-拉伸】属性管理器。在【终止条件】下拉列表中选择【给定深度】选项，【深度】文本框中输入"55"，单击【反向】按钮，选中【合并结果】复选框，单击【确定】按钮✔，结果如图 3-272 所示。

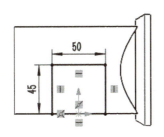

图 3-269　绘制的草图 4

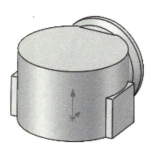

图 3-270　拉伸后的模型 1

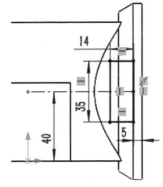

图 3-271　绘制的草图 5

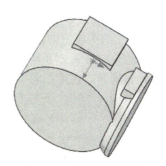

图 3-272　拉伸后的模型 2

7.拉伸切除 2

　　单击【特征】工具栏中的【拉伸切除】按钮🔳，系统弹出【切除-拉伸】属性管理器。选取如图 3-273 所示的实体表面，系统进入草图环境。单击【视图定向】下拉列表中的【正视于】按钮⬆，绘制如图 3-274 所示的草图，单击↪按钮，退出草图环境，系统返回到【切除-拉伸】属性管理器。在【方向 1】选项组中的【终止条件】下拉列表中选择【给定深度】；【深度】文本框中输入"4"；单击【确定】按钮✔。

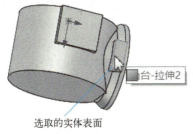

选取的实体表面

图 3-273　选取的实体表面 1

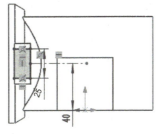

图 3-274　绘制的草图 6

8.拉伸切除 3

　　单击【特征】工具栏中的【拉伸切除】按钮🔳，系统弹出【切除-拉伸】属性管理器。选取如图 3-275 所示的实体表面，系统进入草图环境。单击【视图定向】下拉列表中的【正视于】按钮 ，绘制如图 3-276 所示的草图，单击 按钮，退出草图环境，系统返回到【切除-拉伸】属性管理器。在【方向 1】选项组中的【终止条件】下拉列表中选择【完全贯穿】，单击【确定】按钮 。

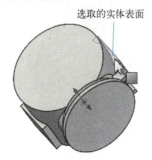

图 3-275　选取的实体表面 2

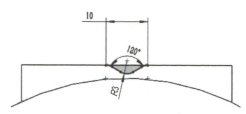

图 3-276　绘制的草图 7

9. 拉伸切除 4

单击【特征】工具栏中的【拉伸切除】按钮，系统弹出【切除-拉伸】属性管理器。选取如图 3-277 所示的实体表面，系统进入草图环境。单击【视图定向】下拉列表中的【正视于】按钮，绘制如图 3-278 所示的草图，单击 按钮，退出草图环境，系统返回到【切除-拉伸】属性管理器。在【方向 1】选项组中的【终止条件】下拉列表中选择【给定深度】；【深度】文本框中输入"9"；单击【确定】按钮 。

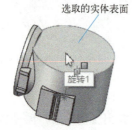

图 3-277　选取的实体表面 3

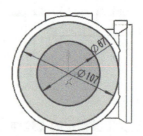

图 3-278　绘制的草图 8

10. 旋转切除 1

单击【特征】工具栏中的【旋转切除】按钮，系统弹出【切除-旋转】属性管理器。在【Feature Manager 设计树】中选择【前视基准面】，进入草图环境。单击【视图定向】下拉列表中的【正视于】按钮，绘制如图 3-279 所示的草图，单击 按钮，退出草图环境，系统返回到【切除-旋转】属性管理器。在【方向 1】选项组中的【旋转类型】下拉列表中选择【给定深度】，【角度】选项输入"360"，单击【确定】按钮 ，结果如图 3-280 所示。

11. 旋转切除 2

单击【特征】工具栏中的【旋转切除】按钮，系统弹出【切除-旋转】属性管理器。在【Feature Manager 设计树】中选择【前视基准面】，进入草图环境。单击【视图定向】下拉列表中的【正视于】按钮，绘制如图 3-281 所示的草图，单击 按钮，退出草图环境，系统返回到【切除-旋转】属性管理器。在【方向 1】选项组中的【旋转类型】下拉列表中选择【给定深度】，【角度】选项输入"360"，结果如图 3-282 所示。

手腕连接体设计 11～18

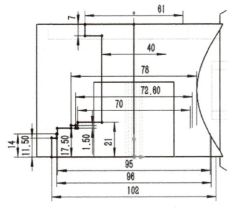

图 3-279　绘制的草图 9

图 3-280　旋转切除后的模型 1

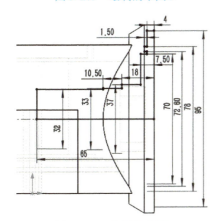

图 3-281　绘制的草图 10

图 3-282　旋转切除后的模型 2

12．旋转切除 3

单击【特征】工具栏中的【旋转切除】按钮 ，系统弹出【切除-旋转】属性管理器。在【Feature Manager 设计树】中选择【前视基准面】，进入草图环境。单击【视图定向】下拉列表中的【正视于】按钮 ，绘制如图 3-283 所示的草图，单击 按钮，退出草图环境，系统返回到【切除-旋转】属性管理器。在【方向 1】选项组中的【旋转类型】下拉列表中选择【给定深度】，【角度】选项输入"90"；选中【方向 2】复选框，在【方向 2】选项组中的【终止条件】下拉列表中选择【给定深度】，【角度】选项输入"90"；单击【确定】按钮 ，结果如图 3-284 所示。

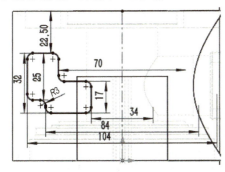

图 3-283　绘制的草图 11

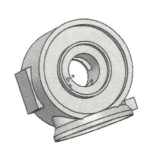

图 3-284　旋转切除后的模型 3

13. 创建倒圆

单击【特征】工具栏中的【圆角】按钮，系统弹出【圆角】属性管理器。【圆角类型】选中【恒定大小圆角】，设置【半径】为"5"，选取如图 3-285 所示的实体边缘，单击【确定】按钮，完成圆角的创建。

14. 创建其他倒圆

采用相同的方法创建其他倒圆。选取如图 3-286 所示的实体边缘，倒圆半径为"3"；选取如图 3-287 所示的实体边缘，倒圆半径为"2"；选取如图 3-288 所示的实体边缘，倒圆半径为"3"；选取如图 3-289 所示的实体边缘，倒圆半径为"1"；倒圆后的模型如图 3-290所示。

图 3-285　选取的实体边缘 1　　　　　图 3-286　选取的实体边缘 2

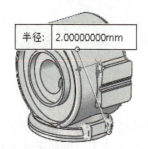

图 3-287　选取的实体边缘 3　　　图 3-288　选取的实体边缘 4　　　图 3-289　选取的实体边缘 5

15. 创建 M10 螺纹孔

单击【特征】工具栏中的【异型向导孔】按钮，系统弹出【孔规格】属性管理器。单击【孔类型】选项组中的【直螺纹孔】按钮，【标准】选择【GB】选项，【类型】选择【底部螺纹孔】选项，【大小】选择【M10】选项，【终止条件】选择【完全贯穿】选项。然后单击【位置】选项卡，选取如图 3-291 所示的实体表面，系统进入草图环境。单击【视图定向】下拉列表中的【正视于】按钮，螺纹孔位置如图 3-292 所示，单击【确定】按钮，结果如图 3-293 所示。

16. 创建 M4 螺纹孔 1

单击【特征】工具栏中的【异型向导孔】按钮，系统弹出【孔规格】属性管理器。单击【孔类型】选项组中的【直螺纹孔】按钮，【标准】选择【GB】选项，【类型】选择【底部螺纹孔】选项，【大小】选择【M4】选项，【终止条件】选择【给定深度】选项，【螺纹线深度】文本框中输入"10"。然后单击【位置】选项卡，选取如图 3-294 所示的实体表面，系统进入草图环境。单击【视图定向】下拉列表中的【正视于】按钮⚓，螺纹孔位置如图3-295所示，单击【确定】按钮✓。

图3-290　倒圆后的模型

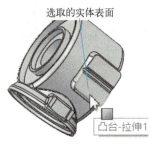

图3-291　选取的实体表面4

图3-292　M10螺纹孔的位置

图3-293　添加螺纹孔后的模型

图3-294　选取的实体表面5

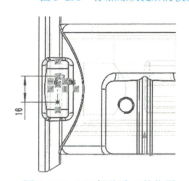

图3-295　M4螺纹孔1的位置

17. 创建M4螺纹孔2并完成圆周阵列

（1）单击【特征】工具栏中的【异型向导孔】按钮🕳，系统弹出【孔规格】属性管理器。单击【孔类型】选项组中的【直螺纹孔】按钮🔲，【标准】选择【GB】选项，【类型】选择【底部螺纹孔】选项，【大小】选择【M4】选项，【终止条件】选择【给定深度】选项，【螺纹线深度】文本框中输入"12"。然后单击【位置】选项卡，选取如图3-296所示的实体表面，系统进入草图环境。单击【视图定向】下拉列表中的【正视于】按钮⚓，螺纹孔位置如图3-297所示，单击【确定】按钮✓。

（2）单击【特征】工具栏中的【圆周阵列】按钮🔄，系统弹出【阵列（圆周）】属性管理器。【阵列轴】↻选取如图3-298所示的圆柱面，单击【反向】按钮↻，【角度】文本框中输入"60"，【实例数】❋文本框中输入"6"；单击【要阵列的特征】列表框，选择上述创建的M4螺纹孔；单击【确定】按钮✓，结果如图3-299所示。

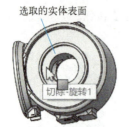

图 3-296　选取的实体表面 6

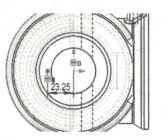

图 3-297　M4 螺纹孔 2 的位置

图 3-298　选取的圆柱面 1

图 3-299　阵列后的模型 1

18. 创建 M3 螺纹孔并完成圆周阵列

（1）单击【特征】工具栏中的【异型向导孔】按钮，系统弹出【孔规格】属性管理器。单击【孔类型】选项组中的【直螺纹孔】按钮，【标准】选择【GB】选项，【类型】选择【底部螺纹孔】选项，【大小】选择【M3】选项，【终止条件】选择【给定深度】选项，【螺纹线深度】文本框中输入"8"。然后单击【位置】选项卡，选取如图 3-300 所示的实体表面，系统进入草图环境。单击【视图定向】下拉列表中的【正视于】按钮，螺纹孔位置如图 3-301 所示，单击【确定】按钮。

图 3-300　选取的实体表面 7

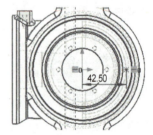

图 3-301　M3 螺纹孔的位置

（2）单击【特征】工具栏中的【圆周阵列】按钮，系统弹出【阵列（圆周）】属性管理器。【阵列轴】选取如图 3-302 所示的圆柱面，单击【反向】按钮，【角度】文本框中输入"30"，【实例数】文本框中输入"12"；单击【要阵列的特征】列表框，选择上述创建的 M3 螺纹孔；单击【确定】按钮，结果如图 3-303 所示。最终模型如图 3-262 所示。

图 3-302　选取的圆柱面 2

图 3-303　阵列后的模型 2

3.5 练习题

在 SolidWorks 中创建如图 3-304~图 3-306 所示的零件三维模型。

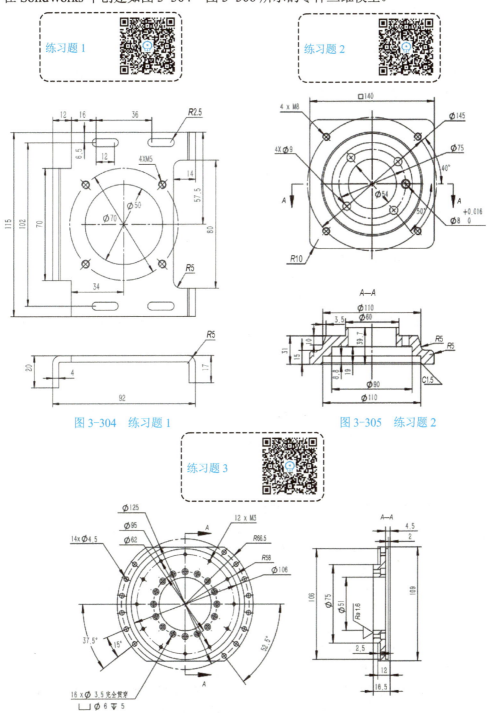

图 3-304 练习题 1

图 3-305 练习题 2

图 3-306 练习题 3

装配体的设计方法有自上而下设计和自下而上设计两种设计方法，也可以将两种方法结合起来。无论采用哪种方法，其目的都是组装零部件，生成装配体或子装配体。在 SolidWorks 中进行自底向上的装配体设计，可以使用多种不同的方法将零件插入装配体文件中，并利用丰富的装配约束关系对零件进行定位。

在 SolidWorks 装配环境中，既可以操作装配体中的独立零件，也可以操作各级子装配体。在以子装配体为操作对象时，子装配体将被视作一个整体，其大多数操作与独立零件并无本质区别。

4.1　创建装配体

装配环境下一个重要概念就是约束。当零件被调入到装配体中时，除了第一个调入的之外，其他的都没有添加约束，位置处于任意的浮动状态。在装配环境中，处于浮动状态的零件可以分别沿三个坐标轴移动，也可以分别绕三个坐标轴转动，即共有 6 个自由度。当给零件添加装配关系后，可消除零件的某些自由度，限制零件的某些运动，这种情况称为不完全约束。当添加的配合关系将零件的 6 个自由度都消除时，称为完全约束，零件将处于固定状态。

4.1.1　新建装配体

进入装配体环境有两种方法：第一种是新建文件时，在弹出的【新建 SOLIDWORKS 文件】对话框中选择【装配体】模板，单击【确定】按钮即可新建一个装配体。第二种是在零件环境中，选择菜单栏【文件】|【从零件制作装配体】命令，切换到装配体环境。

1. 新建装配体文件

当新建一个装配体文件或打开一个装配体文件时，即进入 SolidWorks 装配界面。其界面和零件模式的界面相似，有菜单栏、工具栏、设计树、控制区和零部件显示区。在左侧的控制区中列出了组成该装配体的所有零部件。在设计树最底端还有一个配合的文件夹，包含了所有零部件之间的配合关系。

装配环境与零件环境的不同之处在于装配环境下的零件空间位置存在参考与被参考的关系，体现为固定零件和浮动零件。在装配环境中选择零件，通过右键快捷菜单，可以设置零件为【固定】或者【浮动】。在 SolidWorks 装配体设计时，需要对零件添加配合关系，限制零件的自由度，以使零件符合工程实际的装配要求。

新建装配体文件可以采用下面的方法。

（1）选择【文件】|【新建】菜单命令，或者单击【标准】工具栏中的【新建】按钮，系统弹出如图 4-1 所示的【新建 SOLIDWORKS 文件】对话框。

（2）在【新建 SOLIDWORKS 文件】对话框中选择【装配体】（新手界面），如图 4-1 所示。单击【确定】按钮后即进入装配体操作界面，弹出如图 4-2 所示的【开始装配体】属性管理器。

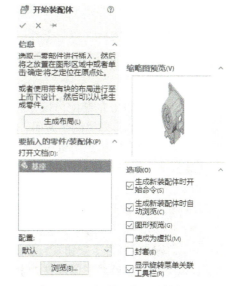

图 4-1　【新建 SOLIDWORKS 文件】对话框　　　　图 4-2　【开始装配体】属性管理器

（3）单击【开始装配体】属性管理器中的【要插入的零件/装配体】选项组中的【浏览】按钮，系统弹出【打开】对话框。

（4）选择一个零件作为装配体的基准零件，单击【打开】按钮，然后在窗口中合适的位置单击空白界面以放置零件。

（5）在装配体编辑窗口，基准零件会自动调整视图为【等轴测】，即可得到如图 4-3 所示导入零件后的界面。

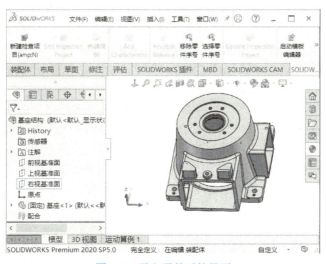

图 4-3　导入零件后的界面

装配体操作界面与零件的操作界面基本相同，特征管理器中将出现一个配合组，在工具栏中出现如图 4-4 所示的【装配体】工具栏，【装配体】工具栏的操作与前边介绍过的工具栏操作相同。

图 4-4 【装配体】工具栏

（6）将一个零部件（单个零件或子装配体）放入装配体中时，该零部件文件会与装配体文件链接。此时零部件出现在装配体中，零部件的数据还保存在源零部件文件中。

2. 装配体工具栏

SolidWorks 2020 的装配体操作界面与零件建模操作界面很相似，其主要区别在于【装配体】工具栏和特征管理器两个方面。【装配体】工具栏列出了常用的装配体命令按钮。凡是下部带小箭头的命令按钮表明单击小箭头可将其展开，展开后的菜单包含同类别的命令按钮。

【装配体】工具栏中常用的命令按钮如下。

（1）【插入零部件】按钮：通过该按钮，可以向装配体中调入已有的零件或子装配体，该按钮和菜单栏【插入】|【零部件】的命令功能一样。

（2）【显示/隐藏零部件】按钮：切换零部件的隐藏和显示状态。

（3）【编辑零部件】按钮：当选中一个零件，并且单击【编辑零部件】按钮后，该按钮处于被按下状态，被选中的零件处于编辑状态，这种状态和单独编辑零件时基本相同。被编辑零件的颜色发生变化，设计树中该零件的所有特征也发生颜色变化。这种变化后的颜色可以通过系统的颜色选项重新设置。

（4）【配合】按钮：用于确定两个零件之间的相互位置，即添加几何约束，使其定位。在一个装配体中插入零部件后，需要考虑该零件和别的零件是什么装配关系，这就需要添加零件间的约束关系。

（5）【移动零件】按钮：利用移动零件和旋转零件功能，可以任意移动处于浮动状态的零件。如果该零件被部分约束，则在被约束的自由度方向上是无法移动的。利用该按钮，在装配体中可以检查哪些零件是被完全约束的。单击【移动零件】按钮下的小黑三角，可出现【旋转零件】按钮。

（6）【智能扣件】按钮：使用 SolidWorks Toolbox 标准件库将标准件添加到装配体。

（7）【爆炸视图】按钮：在 SolidWorks 中可以为装配体建立多种类型的爆炸视图，这些爆炸视图分别存在装配体文件的不同配置中。

（8）【爆炸直线草图】按钮：添加或编辑显示爆炸的零部件之间的几何关系的 3D 草图。

（9）【干涉检查】按钮：在一个复杂的装配体中，如果仅仅凭借视觉来检查零部件之间是否有干涉的情况是很困难而且不精确的。利用该按钮可以检查干涉情况。

（10）【替换零部件】按钮：装配体及其零件在设计周期中可以进行多次修改，尤其是在多用户环境下，可以由多个用户处理单个的零件或子装配体。

3. 装配体设计树

装配体设计树在装配体窗口显示以下项目：装配体名称、光源和注解文件夹、装配体基准面和原点、零部件（零件或子装配体）、配合组与配合关系、装配体特征（切除或孔）和零部件阵列、在关联装配体中生成的零件特征等。

单击零部件名称前的【+】号，可以展开或折叠每个零部件以查看其中的细节。如要折叠设计树中所有的项目，可双击其顶部的装配体图标。

在一个装配体中可多次使用相同的零件，每个零件之后都有一个后缀<*n*>，*n* 表示装配体中同一种零件的数量。每添加一个相同零件到装配体中，数目 *n* 都会增加 1。

任何一个零件都有一个前缀标记，此前缀标记表明了该零件与其他零件之间关系的信息，前缀标记有以下几种类型：

（1）无前缀：表明对此零件添加了【配合】命令，处于完全约束状态，不可进行拖动。

（2）（固定）：表明此零件位置固定，不能移动和转动。出现"（固定）"的前缀有两种情况：一是第一个调入装配体中的零件；二是在零件处于浮动或不完全约束的状态下右键单击零件，在弹出的快捷菜单中选择了"（固定）"。

（3）（-）：表明对此零件没有添加配合约束，或所添加的配合不足以完全消除零件的 6 个自由度，零件处于浮动或不完全约束的状态，可以进行拖动操作。

（4）（+）：表明对此零件添加了过多的配合约束，处于过约束状态，应删除一些不必要的配合。

4.1.2　添加零件

当将一个零部件（单个零件或子装配体）放入装配体中时，这个零部件文件会与装配体文件链接。虽然零部件出现在装配体中，但零部件的数据还保存在源零部件文件中。对零部件文件所进行的任何改变都会更新装配体。

制作装配体需要按照装配的过程，依次插入相关零件，有多种方法可以将零部件添加到一个新的或现有的装配体中。

（1）使用【插入零部件】属性管理器。

（2）从任何窗格中的文件搜索器中拖放。

（3）从一个打开的文件窗口中拖放。

（4）从资源管理器中拖放。

（5）从 Internet Explorer 中拖放超文本链接。

（6）在装配体中拖放以增加现有零部件的实例。

（7）从任何窗格中的设计库中拖放。

（8）使用【插入智能扣件】命令来添加螺栓、螺钉、螺母、销钉以及垫圈。

下面介绍其中的两种常用方法。

第一种方法为直接导入零部件。

（1）首先导入一个装配体中的固定件。

（2）选择【插入】|【零部件】|【现有零件/装配体】菜单命令，或者单击【装配体】工具栏中的【插入零部件】按钮，系统弹出如图 4-5 所示的【插入零部件】属性管理器。

（3）在【插入零部件】属性管理器中选择【浏览】按钮，系统弹出【打开】对话框，在该对话框中选择要插入的零件，在对话框右上方可以看到零件的预览。

（4）打开零件后，鼠标指针旁会出现一个零件图标。一般固定件放置在原点，在原点处单击插入该零件，此时特征管理器中的该零件前面会自动加有"（固定）"标志，表明其已定位。

（5）按照装配的过程，用同样的方法导入其他零件，其他零件可放置在任意点。

第二种方法为从资源管理器拖放来添加零部件，其操作方法如下。

（1）打开一个装配体。

（2）打开 Windows 下的资源管理器，使它显示在最上层，而不被任何窗口所遮挡，浏览到包含所需零部件的文件夹。

（3）找到有关零件所在的目录，从资源管理器窗口中拖动文件图标到 SolidWorks 的显示窗口的任意处。

（4）此时零部件预览会出现在图形窗口中，然后将其放置在装配体窗口的图形区域。

（5）如果零部件具有多种配置，就会出现【选择配置】对话框。选择需要插入的配置，然后单击【确定】按钮。

4.1.3　添加配合

调入装配环境中的每个零部件在空间坐标系都有 6 个自由度（3 个平移和 3 个旋转），通过添加相应的约束可以消除零部件的自由度。为装配体中的零部件添加约束的过程就是消除其自由度的过程。

1．添加配合的基本步骤

配合是指建立零部件之间的关系，添加配合关系的步骤如下。

（1）选择【插入】|【配合】菜单命令，或者单击【装配体】工具栏中的【配合】按钮，系统弹出如图 4-6 所示的【配合】属性管理器。

图 4-5　【插入零部件】属性管理器　　　　图 4-6　【配合】属性管理器

（2）单击【配合选择】选项组中图标右侧的列表框，激活【要配合的实体】列表框，在图形区选择需配合的实体。

（3）选择符合设计要求的配合方式。

（4）单击【确定】按钮，生成添加配合。

2．【配合选择】选项组

选择想要配合在一起的面、边线、基准面等，被选择的选项出现在【要配合的实体】列表框中。使用时可以参阅以下所列举的配合类型之一。

3．【标准配合】选项组

【标准配合】选项组中有【重合】、【平行】、【垂直】、【相切】、【同轴心】、【距离】、【锁定】和【角度】配合等。所有配合类型会始终显示在【Feature Manager 设计树】中，但只有适用于当前选择的配合才可供使用。使用时根据需要可以切换配合方式。各种配合方式解释如下。

【重合】：使所选对象之间实现重合。

【平行】：使所选对象之间实现平行。

【垂直】：使所选对象之间实现 90°相互垂直定位。

【相切】：使所选对象之间实现相切。

【同轴心】：使所选对象之间实现同轴。

【锁定】：将现有两个零件实现锁定，即使两个零件之间位置固定，但与其他的零件之间可以相互运动。

【距离】：使所选对象之间实现距离定位。

【角度】：使所选对象之间实现角度定位。

【同向对齐】：以所选面的法向或轴向的相同方向来放置零部件。

【反向对齐】：以所选面的法向或轴向的相反方向来放置零部件。

4．【高级配合】选项组

【高级配合】选项组中有【轮廓中心】、【对称】、【宽度】、【路径配合】、【线性/线性耦合】和【限制配合】等，可以根据需要切换配合方式。各种配合方式解释如下。

【轮廓中心】：可自动将零部件按类型彼此中心对齐（如矩形和圆形轮廓），并完全定义零部件。

【对称】：使某零件的一个平面（一零件平面或建立的基准面）与另外一个零件的凹槽中心面重合，实现对称配合。

【宽度】：使某零件的一个凸台中心面与另外一个零件的凹槽中心面重合，实现宽度配合。

【路径配合】：使零件上所选的点约束到路径上。可以在装配体中选择一个或多个实体来定义路径，且可以定义零部件沿路径经过时的纵倾、偏转和摇摆。

【线性/线性耦合】：实现在一个零部件的平移和另一个零部件的平移之间建立几何关系。

【限制配合】：实现零件之间的距离配合和角度配合在一定数值范围内变化。

5．【机械配合】选项组

此类配合专门用于常用机械零件之间的配合。各种配合方式解释如下。

【凸轮】：实现凸轮与推杆之间的配合，且遵守凸轮与推杆的运动规律。

【槽口】：可将螺栓配合到直通槽或圆弧槽，也可将槽配合到槽。可以选择轴、圆柱面或槽创建槽口配合。

【铰链】：将两个零部件之间的移动限制在一定的旋转范围内。

【齿轮】：用于齿轮之间的配合，实现齿轮之间的定比传动。

【齿条小齿轮】：用于齿轮与齿条之间的配合，实现齿轮与齿条之间的定比传动。

【螺旋】：用于螺杆与螺母之间的配合，实现螺杆与螺母之间的定比传动，即当螺杆旋转一周时，螺母轴向移动一个螺距的距离。

【万向节】：实现交错轴之间的传动，即一根轴可以驱动轴线在同一平面内且与之呈一定角度的另外一根轴。

SolidWorks 中可以利用多种实体或参考几何体来建立零件间的配合关系。添加配合关系后，可以在未受约束的自由度内拖动零部件，查看整个结构的行为。在进行配合操作之前，最好将零件调整到绘图区合适的位置。

6. 【配合】选项组

【配合】列表框包含【Feature Manager 设计树】打开时添加的所有配合，或正在编辑的所有配合。当【配合】列表框中有多个配合时，可以选择其中一个进行编辑。

要同时编辑多个配合，可在特征管理器中选择多个配合，然后用右键单击，在弹出的快捷菜单中选择【编辑特征】，所有配合即会出现在【配合】列表框中。

7. 【选项】选项组

【添加到新文件夹】复选框：选择该选项后，新的配合会出现在特征管理器中的配合组文件夹中。清除该选项后，则新的配合出现在配合组中。

【显示弹出对话】复选框：选择该选项后，当添加标准配合时会出现【配合体】工具栏。清除该选项后，需要在【Feature Manager 设计树】中添加标准配合。

【显示预览】复选框：选择该选项后，在为有效配合选择了足够对象后便会出现配合预览。

【只用于定位】复选框：选择该选项后，零部件会移至配合指定的位置，但不会将配合添加到特征管理器中。

4.2　创建腰部装配体

4.2.1　腰部结构的基本组成

腰部是连接臂部和基座，并安装驱动装置及其他装置的部件。机器人腰部主要包括底座、基座两个结构件和减速部件。腰部结构在满足结构强度的前提下应尽量减小尺寸，降低质量，同时考虑外观要求。典型 6 轴工业机器人的腰部结构如图 4-7 所示。

4.2.2　创建腰部装配体的步骤

1. 新建装配体并保存

（1）启动 SolidWorks 软件，选择【文件】|【新建】菜单命令，系统弹出如图 4-1 所示的【新建 SOLIDWORKS 文件】对话框，选择【gb_assembly】，单击【确定】按钮。

创建腰部装配体
1～8

（2）系统进入装配环境并弹出如图 4-8 所示的【打开】对话框和如图 4-9 所示的【开始

装配体】属性管理器，选择练习文件夹\第 4 章\腰部\中的"基座"文件，单击【打开】按钮。

（3）系统关闭【打开】对话框，【开始装配体】属性管理器如图 4-10 所示。【打开文档】列表框中显示"基座"零件，绘图区显示基座模型，模型跟着鼠标指针一起移动，单击【确定】按钮 ✔，装配好第一个零件。

图 4-7　典型 6 轴工业机器人的腰部结构

图 4-8　【打开】对话框

图 4-9　【开始装配体】属性管理器

图 4-10　【开始装配体】属性管理器及基座模型

（4）选择【文件】|【保存】或【另存为】菜单命令，或单击【标准】工具栏上的【保存】按钮 💾，系统弹出【另存为】对话框。在【文件名】文本框中输入"腰部"，单击【保存】按钮即可进行保存，保存后的结果如图 4-11 所示。

2. 装配后盖板

（1）单击【装配体】工具栏上的【插入零部件】按钮，系统弹出如图 4-12 所示的【插入零部件】属性管理器和如图 4-8 所示的【打开】对话框。在练习文件目录中选择"基座后盖板"零件，单击【打开】按钮。在图形窗口中放置零件，位置如图 4-13 所示。

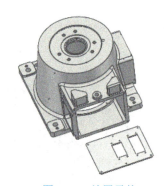

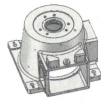

图 4-11　装配基座　　　　　图 4-12　【插入零部件】　　　图 4-13　放置零件
　　　　　　　　　　　　　　　　　　属性管理器　　　　　　　基座后盖板

（2）单击【装配体】工具栏上的【配合】按钮，系统弹出如图 4-6 所示的【配合】属性管理器。选择【标准配合】选项组中的【同轴心】，然后选取如图 4-14 所示的两个内圆柱面，单击【确定】按钮；选择【标准配合】选项组中的【同轴心】，然后选取如图 4-15 所示的两个内圆柱面，单击【确定】按钮；选择【标准配合】选项组中的【重合】，然后选取如图 4-16 所示的两个实体表面，单击【确定】按钮，结果如图 4-17 所示。单击【关闭】按钮，退出此阶段的零件配合。

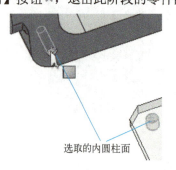

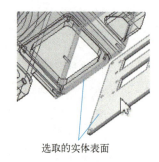

选取的内圆柱面　　　　　　选取的内圆柱面　　　　　　　　选取的实体表面

图 4-14　选取的内圆柱面 1　　图 4-15　选取的内圆柱面 2　　图 4-16　选取的实体表面 1

3．装配其他盖板

采用相同的方法装配基座侧盖板 1、基座侧盖板 2 和基座下盖板，都是基座上的两个螺纹孔与盖板上的两个通孔同轴，盖板的一个表面与基座的一个表面重合，装配后的结构如图 4-18 所示。

4．装配 M4 十字槽小盘头螺钉 1 并完成阵列

（1）单击装配界面右边的【设计库】按钮，选择【Toolbox】，单击【现在插入】按钮，如图 4-19 所示，【Toolbox】展开后如图 4-20 所示。双击【GB】文件夹，然后依次双击【螺

钉】|【机械螺钉】，最后选择一个型号的螺钉。本操作选择【十字槽小盘头螺钉 GB/T823—2000】，如图 4-21 所示，然后往绘图区域拖，系统弹出如图 4-22 所示的【配置零部件】属性管理器。【大小】选择【M4】选项，【长度】选择【14】选项，单击【确定】按钮✓，再单击【取消】按钮×。

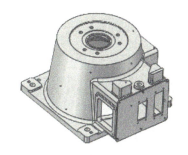

图 4-17　装配基座后盖板后的模型

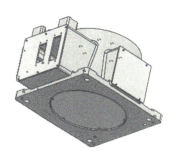

图 4-18　装配其他盖板后的模型

图 4-19　设计库

图 4-20　设计库中的【Toolbox】

图 4-21　选择螺钉型号

（2）单击【装配体】工具栏上的【配合】按钮◎，系统弹出【配合】属性管理器。选择【标准配合】选项组中的【同轴心】◎，然后选取如图 4-23 所示的两个圆柱面，单击【配合对齐】选项中的【同向对齐】按钮，单击【确定】按钮✓；选择【标准配合】选项组中的【重合】，然后选取如图 4-24 所示的两个实体表面，单击【确定】按钮✓，结果如图 4-24 所示。单击【关闭】按钮×，退出此阶段的零件配合。

（3）选择【插入】|【零部件阵列】|【图案驱动】菜单命令，或者单击【装配体】工具栏中的【零部件特征驱动阵列】按钮，系统弹出如图 4-25 所示的【阵列驱动】属性管理器。单击【要阵列的零部件】选项组中图标右侧的列表框，在【Feature Manager 设计树】中或者在绘图区选取已经装配的 M4 螺钉 1；单击【驱动特征或零部件】选项组中图标右侧的列表框，在【Feature Manager 设计树】中选择零件"基座"设计树中的"M4 螺纹孔 1"下的阵列特征，如图 4-25 所示。单击【确定】按钮✓，结果如图 4-26 所示。

图 4-22 【配置零部件】属性管理器

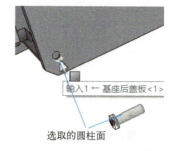

图 4-23 选取的圆柱面 1

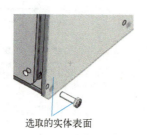

图 4-24 选取的实体表面 2

图 4-25 【阵列驱动】属性管理器

5. 装配其他盖板处的 M4 十字槽小盘头螺钉 2 并完成阵列

采用相同的装配方法和零部件阵列完成基座侧盖板 1、基座侧盖板 2 和基座下盖板上的 M4 螺钉装配。M4 螺钉通过螺钉的圆柱面与盖板上的安装孔的圆柱面同轴装配，且必须装配在基座的源孔上；螺钉小盘头的上平面与盖板外平面重合，结果如图 4-27 所示。

6. 装配 1 轴限位块转轴

（1）单击【装配体】工具栏上的【插入零部件】按钮，系统弹出【插入零部件】属性管理器和【打开】对话框。在练习文件目录中选择"1 轴限位块转轴"零件，单击【打开】按钮。在图形窗口中放置零件，位置如图 4-28 所示。

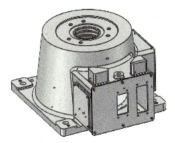 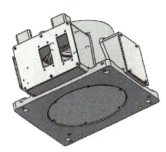

图 4-26　装配后盖板处 M4 十字槽　　　　图 4-27　装配其他盖板处 M4 十字槽
　　　　　小盘头螺钉 1 后的模型　　　　　　　　　　　小盘头螺钉 2 后的模型

（2）单击【装配体】工具栏上的【配合】按钮，系统弹出【配合】属性管理器。选择
【标准配合】选项组中的【同轴心】，然后选取如图 4-29 所示的两个圆柱面，单击【确定】
按钮；选择【标准配合】选项组中的【重合】，然后选取如图 4-30 所示的两个实体表
面，单击【确定】按钮，单击【关闭】按钮，退出此阶段的零件配合。

 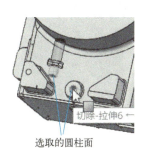 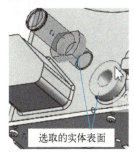

图 4-28　放置零件 1 轴限位块转轴　　图 4-29　选取的圆柱面 2　　图 4-30　选取的实体表面 3

7. 装配 1 轴限位动块

（1）单击【装配体】工具栏上的【插入零部件】按钮，系统弹出【插入零部件】属性
管理器和【打开】对话框。在练习文件目录中选择"1 轴限位动块"零件，单击【打开】按钮。
在图形窗口中放置零件，位置如图 4-31 所示。

（2）单击【装配体】工具栏上的【配合】按钮，系统弹出【配合】属性管理器。选
择【标准配合】选项组中的【同轴心】，然后选取如图 4-32 所示的两个圆柱面，单击
【确定】按钮；选择【标准配合】选项组中的【重合】，然后选取如图 4-33 所示的两
个实体表面，单击【确定】按钮；选择【标准配合】选项组中的【平行】，然后选取
如图 4-34 所示的两个实体表面，单击【确定】按钮，单击【关闭】按钮，退出此阶
段的零件配合。

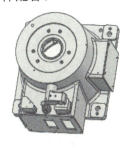  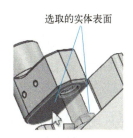

图 4-31　放置零件 1 轴限位动块　　图 4-32　选取的圆柱面 3　　图 4-33　选取的实体表面 4

8. 装配 1 轴缓冲块并完成镜向

（1）单击【装配体】工具栏上的【插入零部件】按钮，系统弹出【插入零部件】属性管理器和【打开】对话框。在练习文件目录中选择"1 轴缓冲块"零件，单击【打开】按钮。在图形窗口中放置零件，位置如图 4-35 所示。

（2）单击【装配体】工具栏上的【配合】按钮，系统弹出【配合】属性管理器。选择【标准配合】选项组中的【同轴心】，然后选取如图 4-36 所示的两个圆柱面，单击【配合对齐】选项中的【同向对齐】按钮，单击【确定】按钮；选择【标准配合】选项组中的【同轴心】，然后选取如图 4-37 所示的两个圆柱面，单击【确定】按钮；选择【标准配合】选项组中的【重合】，然后选取如图 4-38 所示的两个实体表面，单击【确定】按钮，单击【关闭】按钮，退出此阶段的零件配合。

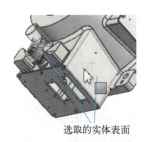
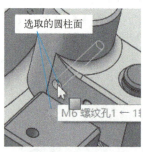

图 4-34　选取的实体表面 5　　图 4-35　放置零件 1 轴缓冲块　　图 4-36　选取的圆柱面 4

（3）选择【插入】|【镜向零部件】菜单命令，或者单击【装配体】工具栏中的【镜向零部件】按钮，系统弹出如图 4-39 所示的【镜向零部件】属性管理器。激活【镜向基准面】列表框，在【Feature Manager 设计树】中或者在绘图区选择【右视基准面】；激活【要镜向的零部件】列表框，在【Feature Manager 设计树】中或者在绘图区选择已经装配好的"1 轴缓冲块"零件；单击【下一步】按钮，进入下一步状态，如图 4-40 所示。单击【X已镜像并反转，Y 已镜像】按钮，单击【确定】按钮，结果如图 4-41 所示。

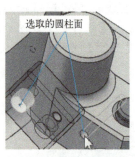
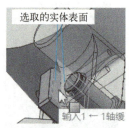

图 4-37　选取的圆柱面 5　　图 4-38　选取的实体表面 6　　图 4-39　【镜向零部件】属性管理器 1

9. 装配 1 轴-RV 减速器

（1）单击【装配体】工具栏上的【插入零部件】按钮，系统弹出【插入零部件】属性

管理器和【打开】对话框。在练习文件目录中选择"1 轴-RV 减速
器"零件，单击【打开】按钮。在图形窗口中放置零件，位置
如图 4-42 所示。

创建腰部装配体
9～16

图 4-40　【镜向零部件】属性管理器 2

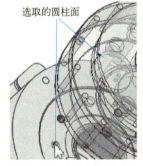

图 4-41　装配 1 轴缓冲块并镜向后的模型

（2）单击【装配体】工具栏上的【配合】按钮 ，系统弹出【配合】属性管理器。选择
【标准配合】选项组中的【同轴心】 ，然后选取如图 4-43 所示的两个圆柱面，单击【配合
对齐】选项中的【同向对齐】按钮 ，单击【确定】按钮 ；选择【标准配合】选项组中的
【同轴心】 ，然后选取如图 4-44 所示的两个圆柱面，单击【确定】按钮 ；选择【标准配
合】选项组中的【重合】 ，然后选取如图 4-45 所示的两个实体表面，单击【确定】按钮 ，
单击【关闭】按钮 ，退出此阶段的零件配合，结果如图 4-46 所示。

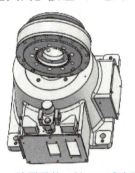

图 4-42　放置零件 1 轴-RV 减速器

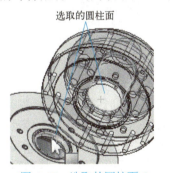

图 4-43　选取的圆柱面 6

图 4-44　选取的圆柱面 7

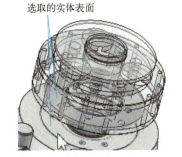

图 4-45　选取的实体表面 7

图 4-46　装配 1 轴-RV 减速器后的模型

10. 装配两个 M14 螺钉并完成阵列

（1）单击装配界面右边的【设计库】按钮，选择【Toolbox】，单击【现在插入】按钮，如图 4-19 所示，【Toolbox】展开后如图 4-20 所示。双击【GB】文件夹，然后依次双击【螺钉】|【凹头螺钉】，最后选择一个型号的螺钉。本操作选择【内六角圆柱头螺钉 GB/T70.1—2000】，然后往绘图区域拖，系统弹出如图 4-47 所示的【配置零部件】属性管理器。【大小】选择【M14】选项，【长度】选择【90】选项，单击【确定】按钮 ✓，把鼠标指针移至绘图区，单击鼠标左键再放置一个螺钉，单击【取消】按钮 ✕，结果如图 4-48 所示。

（2）单击【装配体】工具栏上的【配合】按钮，系统弹出【配合】属性管理器。选择【标准配合】选项组中的【同轴心】◎，然后选取如图 4-49 所示的两个圆柱面，单击【配合对齐】选项中的【同向对齐】按钮，单击【确定】按钮 ✓；选择【标准配合】选项组中的【重合】，然后选取如图 4-50 所示的两个实体表面，单击【确定】按钮 ✓。采用相同的【配合】方式装配另一个 M14 螺钉，结果如图 4-51 所示。

图 4-47 【配置零部件】
属性管理器

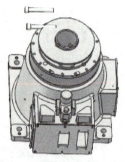

图 4-48 放置零件 M14 螺钉

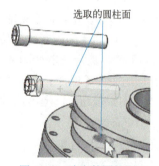

图 4-49 选取的圆柱面 8

（3）选择【插入】|【零部件阵列】|【图案驱动】菜单命令，或者单击【装配体】工具栏中的【零部件特征驱动阵列】按钮，系统弹出【阵列驱动】属性管理器。单击【要阵列的零部件】选项组中图标右侧的列表框，在【Feature Manager 设计树】中或者在绘图区选取已经装配的两个 M14 螺钉；单击【驱动特征或零部件】选项组中图标右侧的列表框，在【Feature Manager 设计树】中选择零件"基座"设计树中的"M14 螺纹孔"下的阵列特征；单击【确定】按钮 ✓，结果如图 4-52 所示。

11. 装配腰体

（1）单击【装配体】工具栏上的【插入零部件】按钮，系统弹出【插入零部件】属性管理器和【打开】对话框。在练习文件目录中选择"腰体"零件，单击【打开】按钮。在图形窗口中放置零件，位置如图 4-53 所示。

（2）单击【装配体】工具栏上的【配合】按钮，系统弹出【配合】属性管理器。选择【标准配合】选项组中的【同轴心】◎，然后选取如图 4-54 所示的两个圆柱面，单击【配合对齐】选项中的【同向对齐】按钮 ⚂，单击【确定】按钮 ✓；选择【标准配合】选项组中的【同轴心】◎，然后选取如图 4-55 所示的两个圆柱面，单击【确定】按钮 ✓；选择【标准配合】选项组中的【重合】⚓，然后选取如图 4-56 所示的两个实体表面，单击【确定】按钮 ✓，单击【关闭】按钮 ✕，退出此阶段的零件配合，结果如图 4-57 所示。

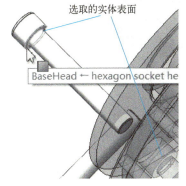
图 4-50　选取的实体表面 8

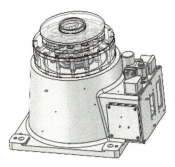
图 4-51　装配 M14 螺钉后的模型

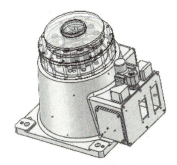
图 4-52　M14 螺钉阵列后的模型

图 4-53　放置零件腰体

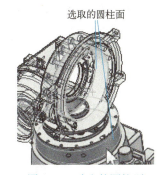
图 4-54　选取的圆柱面 9

图 4-55　选取的圆柱面 10

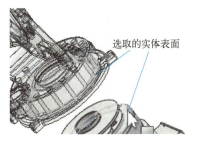
图 4-56　选取的实体表面 9

12. 装配 M10 螺钉 1 并完成阵列

（1）单击装配界面右边的【设计库】按钮 🗄，选择【Toolbox】，单击【现在插入】按钮，如图 4-19 所示，【Toolbox】展开后如图 4-20 所示。双击【GB】文件夹，然后依次双击【螺钉】|【凹头螺钉】，最后选择一个型号的螺钉。本操作选择【内六角圆柱头螺钉 GB/T70.1—2000】，然后往绘图区域拖，系统弹出【配置零部件】属性管理器。【大小】选择【M10】选项，【长度】选择【80】选项，单击【确定】按钮 ✓，单击【取消】按钮 ✕，结果如图 4-58 所示。

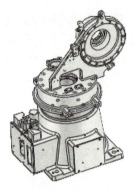

图 4-57　装配腰体后的模型

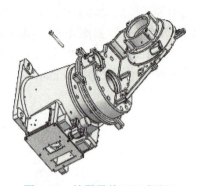

图 4-58　放置零件 M10 螺钉 1

（2）单击【装配体】工具栏上的【配合】按钮，系统弹出【配合】属性管理器。选择
【标准配合】选项组中的【同轴心】，然后选取如图 4-59 所示的两个圆柱面，单击【配合
对齐】选项中的【同向对齐】按钮，单击【确定】按钮；选择【标准配合】选项组中的
【重合】，然后选取如图 4-60 所示的两个实体表面，单击【确定】按钮，单击【关闭】
按钮，退出此阶段的零件配合。

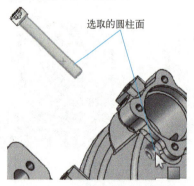

图 4-59　选取的圆柱面 11

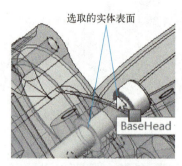

图 4-60　选取的实体表面 10

（3）选择【插入】|【零部件驱动】|【图案阵列】菜单命令，或者单击【装配体】工具栏
中的【零部件特征驱动阵列】按钮，系统弹出【阵列驱动】属性管理器。单击【要阵列的
零部件】选项组中图标右侧的列表框，在【Feature Manager 设计树】中或者在绘图区选取
已经装配的 M10 螺钉；单击【驱动特征或零部件】选项组中图标右侧的列表框，在【Feature
Manager 设计树】中选择零件“腰体”设计树中的沉头孔下的阵列特征；单击【确定】按钮，
结果如图 4-61 所示。

13. 装配 1 轴伺服电动机安装板

（1）单击【装配体】工具栏上的【插入零部件】按钮，系统弹出【插入零部件】属性
管理器和【打开】对话框。在练习文件目录中选择“1 轴伺服电动机安装板”零件，单击【打
开】按钮。在图形窗口中放置零件，位置如图 4-62 所示。

（2）单击【装配体】工具栏上的【配合】按钮，系统弹出【配合】属性管理器。选择
【标准配合】选项组中的【同轴心】，然后选取如图 4-63 所示的两个圆柱面，单击【确定】
按钮；选择【标准配合】选项组中的【同轴心】，然后选取如图 4-64 所示的两个圆柱面，
单击【确定】按钮；选择【标准配合】选项组中的【重合】，然后选取如图 4-65 所示

的两个实体表面，单击【确定】按钮 ✓，单击【关闭】按钮 ×，退出此阶段的零件配合。

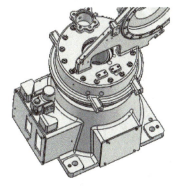

图 4-61 装配 M10 螺钉 1 并阵列后的模型

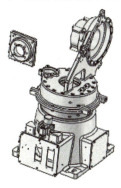

图 4-62 放置零件 1 轴伺服电动机安装板

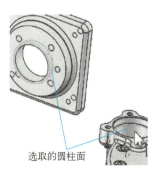

图 4-63 选取的圆柱面 12

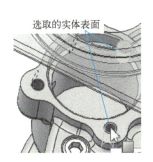

图 4-64 选取的圆柱面 13

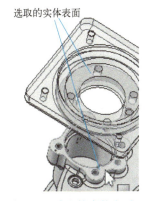

图 4-65 选取的实体表面 11

14. 装配 M8 螺钉 1 并完成阵列

（1）采用与步骤 12 相同的方式装配 M8 螺钉 1，螺钉长度为"25"，并完成配合。

（2）选择【插入】|【圆周零部件阵列】菜单命令，或者单击【装配体】工具栏中的【圆周零部件阵列】按钮 ，系统弹出如图 4-66a 所示的【圆周阵列】属性管理器。在【阵列轴】列表框中单击，选取如图 4-66b 所示的圆柱面，以该圆柱面的轴线作为阵列轴；【角度】文本框中输入"90"，【实例数】文本框中输入"4"；单击【要阵列的零部件】列表框，选取装配的 M8 螺钉，单击【确定】按钮 ✓。

15. 装配 1 轴伺服电动机组件

（1）单击【装配体】工具栏上的【插入零部件】按钮 ，系统弹出【插入零部件】属性管理器和【打开】对话框。在练习文件目录中选择"1 轴伺服电动机组件"装配体，单击【打开】按钮。在图形窗口中放置零件，位置如图 4-67 所示。

（2）单击【装配体】工具栏上的【配合】按钮 ，系统弹出【配合】属性管理器。选择【标准配合】选项组中的【同轴心】 ，然后选取如图 4-68 所示的两个圆柱面，单击【配合对齐】选项中的【同向对齐】按钮 ，单击【确定】按钮 ✓；选择【标准配合】选项组中的【同轴心】 ，然后选取如图 4-69 所示的两个圆柱面，单击【确定】按钮 ✓；选择【标准配合】选项组中的【重合】 ，然后选取如图 4-70 所示的两个实体表面，单击【确定】按钮 ✓，单击【关闭】按钮 ×，退出此阶段的零件配合。

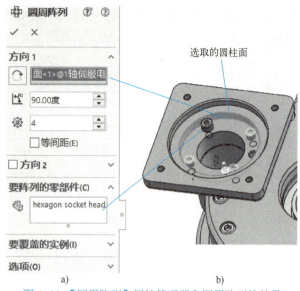

图 4-66 【圆周阵列】属性管理器和圆周阵列的效果

a)【圆周阵列】属性管理器   b) 圆周阵列的效果

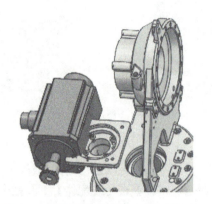

图 4-67　放置装配体 1 轴伺服电动机组件

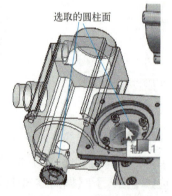

图 4-68　选取的圆柱面 14

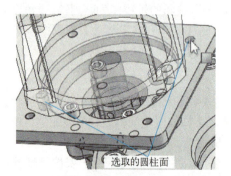

图 4-69　选取的圆柱面 15

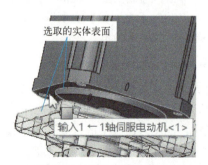

图 4-70　选取的实体表面 12

16. 装配 M8 螺钉 2 并完成阵列

采用与步骤 14 相同的方法装配 M8 螺钉 2，螺钉长度为"25"，并完成配合；采用与步骤 14 相同的方法完成圆周阵列，结果如图 4-71 所示。

17. 装配 2 轴伺服电动机组件

采用与步骤 15 相同的方法装配 2 轴伺服电动机组件，并完成配合（采用【同轴心】和【重合】配合方式），结果如图 4-72 所示。

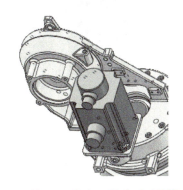

图 4-71　装配 M8 螺钉 2 并阵列后的模型

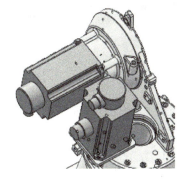

图 4-72　装配 2 轴伺服电动机组件后的模型

18. 装配 M8 螺钉 3 并完成阵列

采用与步骤 14 相同的方法装配 M8 螺钉 3，螺钉长度为 "25"，并完成配合；采用与步骤 14 相同的方法完成圆周阵列，结果如图 4-73 所示。

19. 装配 2 轴-RV 减速器

（1）单击【装配体】工具栏上的【插入零部件】按钮，系统弹出【插入零部件】属性管理器和【打开】对话框。在练习文件目录中选择 "2 轴-RV 减速器" 零件，单击【打开】按钮。在图形窗口中放置零件，位置如图 4-74 所示。

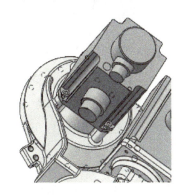

图 4-73　装配 M8 螺钉 3 并阵列后的模型

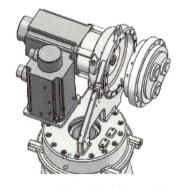

图 4-74　放置零件 2 轴-RV 减速器

（2）单击【装配体】工具栏上的【配合】按钮，系统弹出【配合】属性管理器。选择【标准配合】选项组中的【同轴心】，然后选取如图 4-75 所示的两个圆柱面，单击【配合对齐】选项中的【反向对齐】按钮，单击【确定】按钮；选择【标准配合】选项组中的【同轴心】，然后选取如图 4-76 所示的两个圆柱面，单击【确定】按钮；选择【标准配合】选项组中的【重合】，然后选取如图 4-77 所示的两个实体表面，单击【确定】按钮，再单击【关闭】按钮，退出此阶段的零件配合。

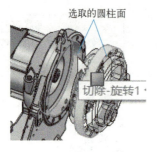

图 4-75　选取的圆柱面 16

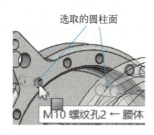

图 4-76　选取的圆柱面 17

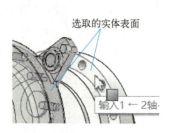

图 4-77　选取的实体表面 13

20. 装配 M10 螺钉 2 并完成阵列

采用与步骤 12 相同的方法装配 M10 螺钉 2，螺钉长度为"45"，并完成配合。采用与步骤 12 相同的方法完成零部件阵列，在【Feature Manager 设计树】中选择零件"腰体"中"M10 螺纹孔 2"下的阵列特征；结果如图 4-78 所示。

21. 装配 2 轴限位块

（1）单击【装配体】工具栏上的【插入零部件】按钮，系统弹出【插入零部件】属性管理器和【打开】对话框。在练习文件目录中选择"2 轴限位块"零件，单击【打开】按钮，在图形窗口中放置零件。

（2）采用与步骤 19 相同的配合方法装配 2 轴限位块零件。2 轴限位块上的两个通孔与"腰体"上的两个螺纹孔同轴，实体的表面重合，结果如图 4-79 所示。

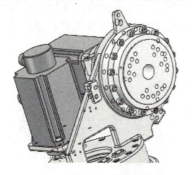

图 4-78　装配 M10 螺钉 2 并阵列后的模型

图 4-79　装配 2 轴限位块后的模型

22. 装配 2 轴限位缓冲块

采用与步骤 21 相同的方法装配 2 轴限位缓冲块零件，结果如图 4-80 所示。

23. 装配 M10 螺钉 3 并完成阵列

（1）采用与步骤 12 相同的方法装配 M10 螺钉 3，螺钉长度为"50"，并完成配合。

（2）选择【插入】|【线性零部件阵列】菜单命令，或者单击【装配体】工具栏中的【线性零部件阵列】按钮，系统弹出如图 4-81 所示的【线性阵列】属性管理器。【方向 1】选项组中的【阵列方向】选择如图 4-82 所示的实体边缘，【间距】文本框中输入"20"，【实例数】文本框中输入"2"，【要阵列的零部件】选择 M10 螺钉 3，单击【确定】按钮。

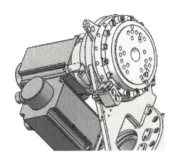

图 4-80　装配 2 轴限位缓冲块后的模型　　　　图 4-81　【线性阵列】属性管理器

24．装配 M4 内六角圆柱头螺钉并完成阵列

（1）采用与步骤 12 相同的方法装配 M4 内六角圆柱头螺钉，螺钉长度为"16"，并完成配合。

（2）采用与步骤 23 相同的方法完成线性阵列，阵列间距为"20"，数量为"2"，结果如图 4-83 所示。

图 4-82　选取的实体边缘　　　　　图 4-83　装配 M4 内六角圆柱头螺钉并阵列后的模型

25．装配另一个地方的 2 轴限位块、2 轴限位缓冲块及标准件

采用与步骤 21、22、23 和 24 相同的方法装配另一个地方的 2 轴限位块、2 轴限位缓冲块及标准件，装配完成后的模型如图 4-7 所示。

4.3　创建工业机器人本体装配体

本体是工业机器人的重要组成部分，所有的计算、分析、控制和编程最终都要通过本体的运动和动作完成特定的任务。同时，机器人本体各部分的基本结构、材料的选择将直接影响机器人整体性能。

4.3.1　工业机器人本体基本组成

组成工业机器人的连杆和关节按功能可以分成两类：一类是组成手臂的长连杆，也称臂杆，其产生主运动，是机器人的位置机构；另一类是组成手腕的短连杆，它实际上是一组位于臂杆端部的关节组，是机器人的姿态机构，确定了手部执行器在空间的方位。

工业机器人本体机构主要包括腕部、肘关节、臂部、腰部和基座等，结构如图 4-84 所示。

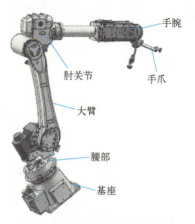

图 4-84　工业机器人本体结构

4.3.2　创建工业机器人装配体的步骤

1．新建装配体并保存

创建工业机器人装配体

（1）启动 SolidWorks 软件，选择【文件】|【新建】菜单命令，系统弹出【新建 SOLIDWORKS 文件】对话框，选择【gb_assembly】，单击【确定】按钮。

（2）系统进入装配环境并弹出【打开】对话框和【开始装配体】属性管理器，选择练习文件夹\第 4 章\腰部\中的"腰部"文件，单击【打开】按钮。

（3）系统关闭【打开】对话框，【开始装配体】属性管理器如图 4-85 所示，【打开文档】列表框中显示"腰部"零件，绘图区显示腰部模型，模型跟着鼠标指针一起移动，单击【开始装配体】属性管理器中的【确定】按钮 ✓ 。

（4）选择【文件】|【保存】或【另存为】菜单命令，或单击【标准】工具栏上的【保存】按钮，系统弹出【另存为】对话框。在【文件名】文本框中输入"工业机器人"，单击【保存】按钮，即可进行保存，结果如图 4-86 所示。

图 4-85　【开始装配体】属性管理器

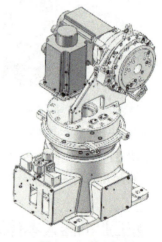

图 4-86　装配腰部

2．装配大臂

（1）单击【装配体】工具栏上的【插入零部件】按钮，系统弹出【插入零部件】属性管理器和【打开】对话框。在练习文件目录中选择"大臂"装配体文件，单击【打开】按钮。在图形窗口中放置零件，位置如图 4-87 所示。

（2）单击【装配体】工具栏上的【配合】按钮，系统弹出【配合】属性管理器。选择

【标准配合】选项组中的【重合】✕，然后选取如图 4-88 所示的两个实体表面，单击【确定】按钮；选择【标准配合】选项组中的【同轴心】◎，然后选取如图 4-89 所示的两个圆柱面，单击【确定】按钮✓；选择【标准配合】选项组中的【同轴心】◎，然后选取如图 4-90 所示的两个圆柱面，单击【确定】按钮✓；再单击【关闭】按钮✕，退出此阶段的零件配合，结果如图 4-91 所示。

图 4-87　放置装配体文件大臂

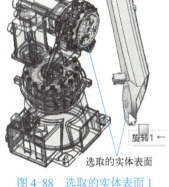

图 4-88　选取的实体表面 1

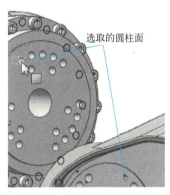

图 4-89　选取的圆柱面 1

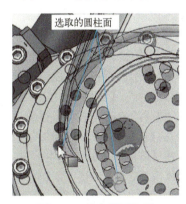

图 4-90　选取的圆柱面 2

图 4-91　装配大臂后的模型

（3）单击装配界面右边的【设计库】按钮📦，选择【Toolbox】，单击【现在插入】按钮，然后双击【GB】文件夹，然后依次双击【螺钉】|【凹头螺钉】，最后选择一个型号的螺钉。本操作选择【内六角圆柱头螺钉 GB/T70.1—2000】，然后往绘图区域拖，系统弹出【配置零部件】属性管理器。【大小】选择【M10】选项，【长度】选择【40】选项，单击【确定】按

钮 ✓，单击【取消】按钮 ×，结果如图 4-92 所示。

（4）单击【装配体】工具栏上的【配合】按钮 ◇，系统弹出【配合】属性管理器。选择【标准配合】选项组中的【同轴心】 ◎，然后选取如图 4-93 所示的两个圆柱面，单击【配合对齐】选项中的【同向对齐】按钮 ⫶⫶，单击【确定】按钮 ✓；选择【标准配合】选项组中的【重合】 ⋏，然后选取如图 4-94 所示的两个实体表面，单击【确定】按钮 ✓，再单击【关闭】按钮 ×，退出此阶段的零件配合。

图 4-92　放置零件 M10 螺钉

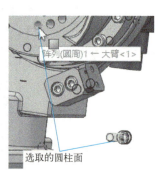
选取的圆柱面
图 4-93　选取的圆柱面 3

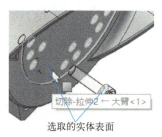
选取的实体表面
图 4-94　选取的实体表面 2

（5）选择【插入】|【圆周零部件阵列】菜单命令，或者单击【装配体】工具栏中的【圆周零部件阵列】按钮 ⊞，系统弹出【圆周阵列】属性管理器。在【阵列轴】列表框中单击，选取如图 4-95 所示的圆柱面，以该圆柱面的轴线作为阵列轴，单击【反向】按钮 ↻；【角度】文本框中输入"16"，【实例数】文本框中输入"5"；单击【要阵列的零部件】列表框，选取装配的 M10 螺钉，单击【确定】按钮 ✓。

（6）单击【装配体】工具栏中的【圆周零部件阵列】按钮 ⊞，系统弹出【圆周阵列】属性管理器。在【阵列轴】列表框中单击，选取如图 4-95 所示的圆柱面，以该圆柱面的轴线作为阵列轴，单击【反向】按钮 ↻；【角度】文本框中输入"3"，【实例数】文本框中输入"120"；单击【要阵列的零部件】列表框，选取装配的 M10 螺钉和步骤（5）圆周阵列，单击【确定】按钮 ✓，结果如图 4-96 所示。

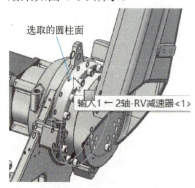
选取的圆柱面
输入1 ← 2轴-RV减速器<1>
图 4-95　选取的圆柱面 4

图 4-96　装配 M10 螺钉后的模型

3. 装配肘关节

（1）单击【装配体】工具栏上的【插入零部件】按钮 🖼，系统弹出【插入零部件】属性管理器和【打开】对话框。在练习文件目录中选择"肘关节"装配体文件，单击【打开】按钮。在图形窗口中放置零件，位置如图 4-97 所示。

（2）单击【装配体】工具栏上的【配合】按钮，系统弹出【配合】属性管理器。选择【标准配合】选项组中的【重合】，然后选取图 4-98 所示的两个实体表面，单击【确定】按钮；选择【标准配合】选项组中的【同轴心】，然后选取图 4-99 所示的两个圆柱面，单击【确定】按钮；选择【标准配合】选项组中的【同轴心】，然后选取图 4-100 所示的两个圆柱面，单击【确定】按钮；再单击【关闭】按钮，退出此阶段的零件配合，结果如图 4-101 所示。

图 4-97　放置装配体文件肘关节

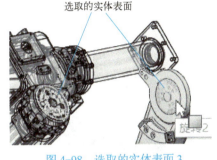

图 4-98　选取的实体表面 3

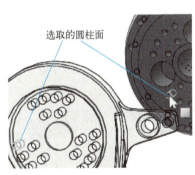

图 4-99　选取的圆柱面 5

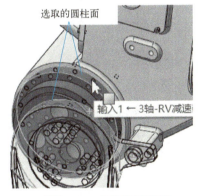

图 4-100　选取的圆柱面 6

（3）装配 M8×50 螺钉并完成阵列。装配和阵列操作可参照装配大臂中的步骤（3）、（4）和（5），这里不再详述。

4. 装配手腕

（1）单击【装配体】工具栏上的【插入零部件】按钮，系统弹出【插入零部件】属性管理器和【打开】对话框。在练习文件目录中选择"手腕"装配体文件，单击【打开】按钮。在图形窗口中放置零件，位置如图 4-102 所示。

（2）单击【装配体】工具栏上的【配合】按钮，系统弹出【配合】属性管理器。选择【标准配合】选项组中的【重合】，然后选取如图 4-103 所示的两个实体表面，单击【确定】按钮；选择【标准配合】选项组中的【同轴心】，然后选取如图 4-104 所示的两个圆柱面，单击【确定】按钮；选择【标准配合】选项组中的【同轴心】，然后选取如图 4-105 所示的两个圆柱面，单击【确定】按钮；再单击【关闭】按钮，退出此阶段的零件配合，结果如图 4-106 所示。

图 4-101　装配肘关节后的模型

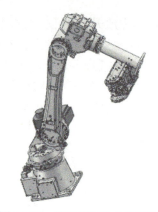

图 4-102　放置装配体文件手腕

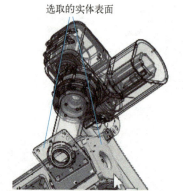

图 4-103　选取的实体表面 4

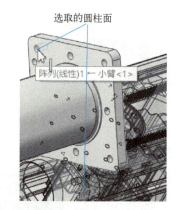

图 4-104　选取的圆柱面 7

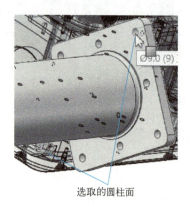

图 4-105　选取的圆柱面 8

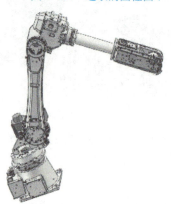

图 4-106　装配手腕后的模型

（3）装配 M8×30 螺钉并完成阵列。装配和阵列操作可参照装配大臂中的步骤（3）和（4），这里不再详述。

（4）选择【插入】|【线性零部件阵列】菜单命令，或者单击【装配体】工具栏中的【线性零部件阵列】按钮，系统弹出【线性阵列】属性管理器。【方向 1】选项组中的【阵列方向】选择如图 4-107 所示的实体边缘，【间距】文本框中输入"118"，【实例数】文本框中输入"2"；【方向 2】选项组中的【阵列方向】选择如图 4-108 所示的实体边缘，【间距】文本框中输入"118"，【实例数】文本框中输入"2"；【要阵列的零部件】选择 M8×30 螺钉，单击【确定】按钮。

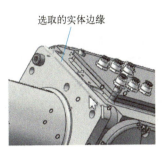

选取的实体边缘

图 4-107　选取的实体边缘 1

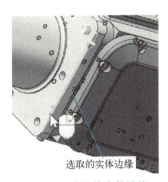

选取的实体边缘

图 4-108　选取的实体边缘 2

5. 装配手爪（末端执行器）

（1）单击【装配体】工具栏上的【插入零部件】按钮，系统弹出【插入零部件】属性管理器和【打开】对话框。在练习文件目录中选择"真空吸盘手爪"装配体文件，单击【打开】按钮。在图形窗口中放置零件，位置如图 4-109 所示。

（2）单击【装配体】工具栏上的【配合】按钮，系统弹出【配合】属性管理器。选择【标准配合】选项组中的【重合】，然后选取如图 4-110 所示的两个实体表面，单击【确定】按钮；选择【标准配合】选项组中的【同轴心】，然后选取如图 4-111 所示的两个圆柱面，单击【确定】按钮；选择【标准配合】选项组中的【同轴心】，然后选取如图 4-112 所示的两个圆柱面，单击【确定】按钮；再单击【关闭】按钮，退出此阶段的零件配合，结果如图 4-84 所示。

图 4-109　放置装配体文件真空吸盘手爪

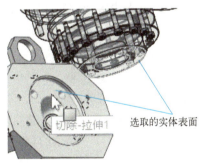

选取的实体表面

图 4-110　选取的实体表面 5

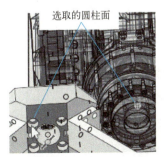

选取的圆柱面

图 4-111　选取的圆柱面 9

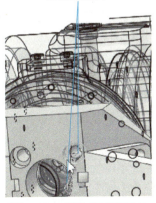

选取的圆柱面

图 4-112　选取的圆柱面 10

4.4　零件间的干涉检查

在一个复杂的装配体中，如果想用视觉来检查零部件之间是否有干涉的情况是件困难的事。在 SolidWorks 中利用干涉检查功能可以发现装配体中零部件之间的干涉。零件装配好以后，应进行装配体的干涉检查。利用干涉检查功能可以：

（1）确定零部件之间是否干涉。

（2）将干涉的真实体积显示为上色体积。

（3）更改干涉和不干涉零部件的显示设定，以便更好地查看到干涉。

（4）对想排除的干涉进行忽略，如紧密配合、螺纹扣件的干涉等。

（5）选择将实体之间的干涉包括在多实体零件内。

（6）选择将子装配体看成单一零部件，这样子装配体零部件之间的干涉将不报出。

（7）将重合干涉和标准干涉区分开来。

4.4.1　干涉检查

选择【工具】|【评估】|【干涉检查】菜单命令，或者单击【装配】工具栏中的【干涉检查】按钮，系统弹出如图 4-113 所示的【干涉检查】属性管理器，下面首先介绍该属性管理器中各选项的含义。

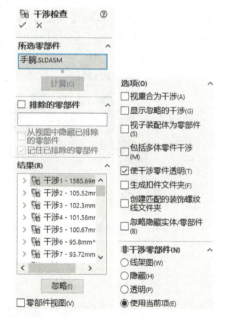

图 4-113　【干涉检查】属性管理器

1.【所选零部件】选项组

为干涉检查显示所选择的零部件。除非预选了其他零部件，否则默认为顶层装配体。当检查一装配体的干涉情况时，其所有零部件都将被检查。

【计算】按钮：单击该按钮以检查零件之间是否发生干涉。其结果显示在如图 4-113 所示的【结果】选项组中。

2.【结果】选项组

显示检测到的干涉。每个干涉的体积数值出现在每个列举项的右边，当在【结果】列表框中选择某一干涉时，该干涉将在图形区域中以红色高亮显示。

【忽略】/【解除忽略】按钮：单击该按钮所选干涉在【忽略】和【解除忽略】模式之间转换。如果干涉设定为【忽略】，则会在以后的干涉计算中保持忽略。

【零部件视图】复选框：选择该复选框后，按零部件名称而不按干涉号显示干涉。

3.【选项】选项组

【选项】选项组如图 4-113 所示，其部分选项的含义介绍如下。

【视重合为干涉】复选框：将重合实体报告为干涉。

【显示忽略的干涉】复选框：选择该选项，在【结果】列表框中以灰色图标显示忽略的干涉。取消该选项的选择时，忽略的干涉将不出现在列表框中。

【视子装配体为零部件】复选框：选择该选项时，子装配体被看成为单一零部件，这样子装配体中零部件之间的干涉将不报出。

【包括多体零件干涉】复选框：选择该选项以报告多实体零件中实体之间的干涉。

【使干涉零件透明】复选框：选择该选项以透明模式显示所选干涉的零部件。

【生成扣件文件夹】复选框：将扣件（如螺母和螺栓）之间的干涉隔离为【结果】列表框中的单独文件夹。

4. 【非干涉零部件】选项组

【非干涉零部件】选项组如图 4-113 所示。以所选模式显示非干涉的零部件，包括【线架图】、【隐藏】、【透明】和【使用当前项】四个选项。

5. 干涉检查的基本步骤

在移动或旋转零部件时可以检查其与其他零部件之间的冲突，系统可以检查与整个装配体或所选的零部件组之间的碰撞。

如果要检查含有装配错误的装配体，可以采用下面的步骤。

（1）选择【文件】|【打开】菜单命令，打开一个装配体文件。

（2）选择【工具】|【干涉检查】菜单命令，或者单击【装配】工具栏中的【干涉检查】按钮，系统弹出如图 4-113 所示的【干涉检查】属性管理器。

（3）【所选零部件】项目系统默认窗口内的整个装配体，单击【计算】按钮，进行干涉检查，在【结果】列表框中列出发生干涉情况的干涉零件。

（4）单击【结果】列表框中的一个项目，相关的干涉体会在图形区域高亮显示，还会显示相关零部件的名称，如图 4-114 所示。

图 4-114　干涉检查的结果

（5）单击【确定】按钮，即可完成对干涉体的干涉检查。

因为检查干涉对设计工作非常重要，所以在每次移动或旋转一个零部件后都要进行干涉检查。

4.4.2　利用物理动力学功能

【物理动力学】是碰撞检查中的一个选项，允许以现实的方式查看装配体零部件的移动。选择【物理动力学】选项后，当拖动一个零部件时，此零部件就会向其接触的零部件施加一个力。结果，就会在接触的零部件所允许的自由度范围内移动和旋转该零部件。如果想要使用物理动力学移动零部件，可以采用下面的步骤。

（1）选择【工具】|【零部件】|【移动】或【旋转】菜单命令，或者单击【装配体】工具栏中的【移动零部件】按钮或【旋转零部件】按钮，系统弹出如图 4-115 所示的【移动零部件】属性管理器，或者如图 4-116 所示的【旋转零部件】属性管理器。

（2）在【移动零部件】属性管理器或者【旋转零部件】属性管理器中的【选项】选项组中选择【物理动力学】。

（3）移动【灵敏度】滑杆可更改物理动力检查碰撞所使用的频度。将滑杆移到右边可增加灵敏度。当设定到最高灵敏度时，系统每 0.02mm（以模型单位）就检查一次碰撞。当设定到最低灵敏度时，检查间歇为 20mm。

只将最高灵敏度设定用于很小的零部件，或用于在碰撞区域中具有复杂几何体的零部件。当检查大型零部件之间的碰撞时，如使用最高灵敏度，拖动将很慢。使用适当的灵敏度设定可观察装配体中零部件的运动。

（4）根据需要，指定参与碰撞的零部件：选择【这些零部件之间】选项，然后选择参与碰撞的零部件，单击【恢复拖动】按钮。在碰撞检查中选择具体的零部件可提高物理动力的性能，只选择正在测试的运动直接涉及的那些零部件。

（5）选择【仅被拖动的零件】选项只检查与选择移动的零部件的碰撞。当取消该项的选择时，所选择要移动的零部件以及任何与所选零部件配合而移动的其他零部件将都被检查。

（6）在图形区域中拖动零部件。当物理动力检测到一碰撞时，将在碰撞的零件之间添加一相触力并允许拖动继续。只要两个零件相触，力就保留。当两个零件不再相触时，力被移除。

（7）单击【确定】按钮 ✓，即可完成所有的操作。

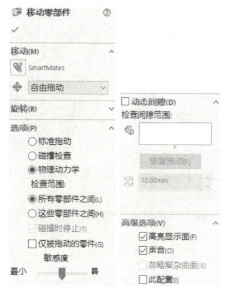

图 4-115 【移动零部件】属性管理器

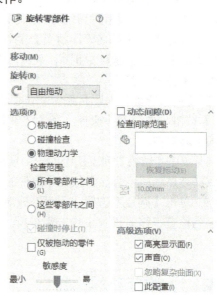

图 4-116 【旋转零部件】属性管理器器

4.5 生成爆炸视图

为了便于观察装配体中零件与零件之间的关系，经常需要分离装配体中的零部件以直观地分析它们之间的相互关系。装配体的爆炸视图可以分离其中的零部件，以便查看该装配体。

装配体爆炸后，不能给装配体添加配合。一个爆炸视图包括一个或多个爆炸步骤，每一个爆炸视图都保存在所生成的装配体配置中，每一个配置都可以有一个爆炸视图。

4.5.1　爆炸视图简介

1. 爆炸属性

选择【插入】|【爆炸视图】菜单命令，或者单击【装配】工具栏中的【爆炸视图】按钮，系统弹出如图 4-117 所示的【爆炸】属性管理器。

【爆炸】属性管理器中各选项的含义介绍如下。

（1）【爆炸步骤】选项组。该选项组中只有【现有爆炸步骤】列表框，该列表框用于显示爆炸到单一位置的一个或多个所选零部件。

（2）【添加阶梯】选项组。该选项组列出了当前爆炸步骤中的零部件以及对应的距离和方向。

【爆炸类型】有【常规步骤（平移和旋转）】和【径向步骤】两种。

【爆炸步骤名称】：显示爆炸步骤名称。

【爆炸步骤的零部件】列表框：显示当前爆炸步骤所选的零部件。

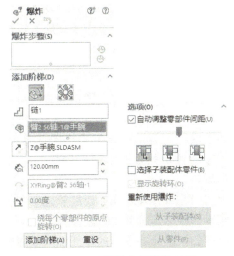

图 4-117　【爆炸】属性管理器

【爆炸方向】列表框：显示当前爆炸步骤所选的方向。可以单击【反向】按钮改变方向。

【爆炸距离】文本框：显示当前爆炸步骤零部件移动的距离。

【旋转轴】列表框：选择零部件的旋转固定轴，可以使用【方向】按钮调整显示方式。

【旋转角度】文本框：设置零部件的旋转角度。

【绕每个零部件的原点旋转】复选框：可以对每个零部件进行旋转，只有当【选项】选项组中的【自动调整零部件间距】复选框没有选中时才有效。当选中【绕每个零部件的原点旋转】复选框时，所选零部件可以任意旋转。

【添加阶梯】按钮：将存储当前爆炸步骤。

【重设】按钮：可以重新定义选取的要爆炸的零件级参数。

（3）【选项】选项组。

【自动调整零部件间距】复选框：沿轴心自动均匀地分布零部件组的间距。

【调整零部件链之间的间距】选项：拖动后自动调整零部件之间放置的距离。

【选择子装配体零件】复选框：选择此选项，可以选择子装配体的单个零部件。取消选中此选项，则只能选择整个子装配体。

【显示旋转环】复选框：可以在图形中显示旋转环。

【从子装配体】按钮：可以使用所选子装配体中已经定义的爆炸。

2. 添加爆炸

如果要对装配体添加爆炸，可以采用下面的操作步骤。

（1）打开要爆炸的装配体文件，单击【装配】工具栏中的【爆炸视图】按钮，系统弹出如图 4-117 所示的【爆炸】属性管理器。

（2）在图形区域或弹出的特征管理器中，选择一个或多个零部件以将其包含在第一个爆炸步骤中。此时操纵杆出现在图形区域中，在【爆炸】属性管理器中，零部件出现在【爆炸步骤的零部件】列表框中。

（3）将鼠标指针移到指向零部件爆炸方向的操纵杆控标上。

（4）拖动操纵杆控标来爆炸零部件，爆炸步骤出现在爆炸步骤列表框中。

（5）在完成设定后，单击【完成】按钮，【爆炸】属性管理器中的设置内容被清除，而且为下一爆炸步骤作准备。

（6）根据需要生成更多爆炸步骤，为每一个零件部件或一组零件部件重复步骤（1）～（5），在定义每一步骤后，单击【完成】按钮。

（7）当对爆炸视图满意时，单击【确定】按钮 ✓ ，即可完成爆炸操作。

3. 编辑爆炸

如果对生成的爆炸图不满意，可以对其进行修改，具体的操作步骤如下。

（1）在【爆炸】属性管理器中的【爆炸步骤】列表框中，选择需要编辑的爆炸步骤，单击鼠标右键，在弹出的快捷菜单中选择【编辑步骤】命令。此时在视图中，【爆炸步骤的零部件】列表框中的要爆炸的零部件为绿色高亮显示，爆炸方向及控标以绿色三角形出现。

（2）可在【爆炸】属性管理器中编辑相应的参数，或拖动绿色控标来改变距离参数，直到零部件达到所想要的位置为止。

（3）改变要爆炸的零部件或要爆炸的方向，可以单击相对应的文本框，然后选择或取消选择所要的项目。

（4）要清除所爆炸的零部件并重新选择，可在图形区域选择该零部件后单击鼠标右键，再选择【清除】选项。

（5）撤销对上一个步骤的编辑，单击【撤销】按钮。

（6）编辑每一个步骤之后，单击【应用】按钮。

（7）要删除一个爆炸视图的步骤，在【爆炸步骤】列表框中单击鼠标右键，在弹出的快捷菜单中选择【删除】命令。

（8）单击【确定】按钮 ✓ ，即可完成爆炸视图的修改。

4.5.2 创建爆炸视图

本节通过一个实例讲解创建爆炸视图的基本过程。

（1）启动 SolidWorks 软件，打开练习文件夹中的装配体文件"肘关节"，如图 4-118 所示。

（2）选择【插入】|【爆炸视图】菜单命令，或者单击【装配】工具栏中的【爆炸视图】按钮 ，系统弹出如图 4-117 所示的【爆炸】属性管理器。

（3）单击【添加阶梯】选项组中的【常规步骤（平移和旋转）】按钮 ；在【添加阶梯】选项组中的【爆炸步骤的零部件】列表框中，选择"上臂体"零件，此时装配体中被选中的零件高亮显示，并且出现一个设置移动方向的坐标。单击如图 4-119 所示的坐标中的一个方向，确定要爆炸的方向，然后在【爆炸距离】文本框中输入"500"，单击【添加阶梯】按钮，完成第一个零件爆炸，其结果如图 4-120 所示；在【爆炸步骤】选项组中生成【链 1】，如图 4-121 所示。

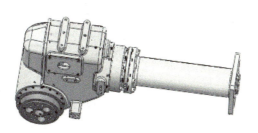

图 4-118　装配体文件模型

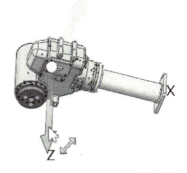

图 4-119　选择零件和爆炸方向

图 4-120　第一个爆炸零件视图

图 4-121　生成的爆炸步骤

（4）采用与步骤（3）相同的方法，完成盖板零件爆炸，爆炸方向与步骤（3）中的"上臂体"零件爆炸方向相同，【爆炸距离】为"600"。

（5）重复步骤（3）的操作，完成其他零部件的爆炸。最终生成的爆炸视图如图 4-122 所示，共有 10 个爆炸步骤。

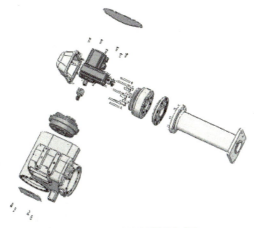

图 4-122　最终的爆炸视图

4.6　练习题

1．打开配套资源练习文件，装配如图 4-123 所示的大臂装配体。

2．打开配套资源练习文件，装配如图 4-124 所示的 5 轴组件装配体。

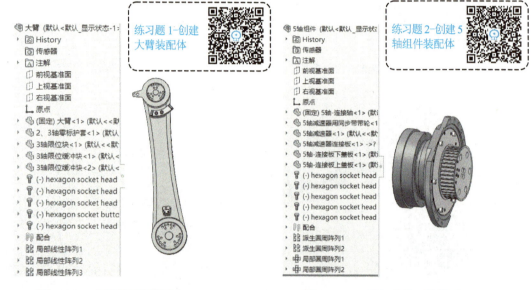

图 4-123　大臂装配体模型　　　　　　　　图 4-124　5 轴组件装配体模型

3．打开配套资源练习文件，装配如图 4-125 所示的 6 轴组件装配体。

图 4-125　6 轴组件装配体模型

第5章　工业机器人末端执行器建模

随着机器人技术的飞速发展及其在各个领域的广泛应用，作为机器人与环境相互作用的最后执行部件——末端执行器，对机器人智能化水平和作业水平的提高具有十分重要的作用，机器人末端执行器的工作能力的研究受到了极大的重视。

5.1　工业机器人末端执行器简介

工业机器人的末端执行器也称手部，它是装在工业机器人手腕上直接抓握工件或执行作业的部件，对于整个工业机器人来说末端执行器是完成作业好坏、作业柔性优劣的关键部件之一。

工业机器人的末端执行器可以像人手那样具有手指，也可以是不具备手指的手；可以是类人的手爪，也可以是进行专业作业的工具，如装在机器人手腕上的喷漆枪、焊接工具等。

5.1.1　末端执行器介绍

末端执行器，又称为末端操作器、末端操作手，有时也称为手部、手爪、机械手等（机械手、机械臂往往混淆）。机器人的主要功能就是用手爪抓取物品，并对它进行操作。

工业机器人末端执行器可能包含机器人抓手，机器人工具快换装置，机器人碰撞传感器，机器人旋转连接器，机器人压力工具，机器人喷涂枪，机器人毛刺清理工具，机器人弧焊焊枪，机器人电焊焊枪等。

为了方便地更换末端执行器，可设计末端执行器的转换器来形成操作机上的机械接口。较简单的可用法兰盘作为机械接口处的转换器，为了实现快速和自动更换末端执行器，可以采用电磁吸盘或者气动缩紧的转换器。

机器人末端执行器是根据机器人作业要求来设计的，一个新的末端执行器的出现，就可以增加一种机器人新的应用场所。因此，根据作业的需要和人们的想象力而创造的新的机器人末端执行器，将不断地扩大机器人的应用领域。

5.1.2　末端执行器分类

由于被握工件、工具的形状、尺寸、质量、材质及表面状态等不同，因此工业机器人末端执行器是多种多样的。

1. 按用途分类

（1）手爪。具有一定的通用性，它的主要功能是抓住工件、握持工件和释放工件；在给定的目标位置和期望姿态上抓住工件，工件在手爪内必须具有可靠的定位，保持工件与手爪之间准确的相对位置，以保证机器人后续作业的准确性；确保工件在搬运过程中或零件在装配过程中设定的位置和姿态的准确性；在指定点上除去手爪和工件之间的约束关系。

（2）工具。工具是进行某种作业的专用工具，如磨具、喷枪、焊枪等。

2. 按夹持原理分类

按夹持原理分类可分为机械类、磁力类和真空类三种手爪，如图 5-1 所示。

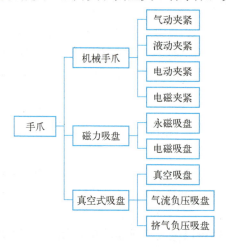

图 5-1　手爪的类型

机械类手爪包含靠摩擦力夹持和吊钩承重两类，前者是有指手爪，后者是无指手爪。产生夹持力的驱动源可以是气动、液动、电动和电磁，电磁类手爪主要是磁力吸盘，有电磁吸盘和永磁吸盘两种。真空类手爪是真空式吸盘，根据形成真空的原理可分为真空吸盘、气流负压吸盘、挤气负压吸盘三种。磁力类手爪及真空类手爪是无指手爪。

3. 按手指或吸盘数目分类

（1）机械手爪可分为二指手爪、多指手爪。

（2）机械手爪按手指关节分为单关节手指手爪、多关节手指手爪。吸盘式手爪按吸盘数目分为单吸盘式手爪、多吸盘式手爪。

4. 按智能化分类

（1）普通式手爪：手爪不具备传感器。

（2）智能化手爪：手爪具备一种或多种传感器，如力传感器、触觉传感器、滑觉传感器等，手爪与传感器集成为智能化手爪。

5.1.3　末端执行器设计要求

机器人末端执行器的质量、被抓取物体的质量及操作力的总和是机器人允许的负荷力。因此，要求机器人末端执行器体积小、质量轻、结构紧凑。

机器人末端执行器的万能性与专用性是矛盾的。万能末端执行器在结构上很复杂，甚至很难实现。例如，仿人的万能机器人灵巧手，至今尚未实用化。目前，能用于生产的还是那些结构简单、万能性不强的机器人末端执行器。从工业实际应用出发，应着重开发各种专用的、高效率的机器人末端执行器，及末端执行器的快速更换装置，以实现机器人多种作业功能。不主张用一个万能的末端执行器去完成多种作业，因为这种万能的执行器的结构复杂且造价昂贵。通用性和万能性是两个概念，万能性是指一机多能，而通用性是指有限的末端执行器，可适用于不同的机器人。这就要求末端执行器要有标准的机械接口（如法兰），使末端执行器实现标准化和积木化。

机器人末端执行器要便于安装和维修，易于实现计算机控制。用计算机控制最方便的是电气式执行机构。因此，工业机器人执行机构的主流是电气式，其次是液压式和气压式（在驱动接口中需要增加电-液或电-气变换环节）。

仿人手型夹持器机构的特点是它的机械结构与人手相似，具有多个可独立驱动的关节。在操作过程中可通过关节的动作使被抓拿物体在空间作有限度的移动、转动，调整被抓拿物体在空间的位姿。在作业过程中，这种小范围的调整是十分必要的，它对提高机器人作业的准确性有利，因此仿人手型夹持器的应用前景十分广阔。但由于其结构和控制系统非常复杂，目前尚处于研究阶段。

手爪设计和选用最主要的是满足功能上的要求，具体来说要在下面几个方面进行考虑。

1. 被抓握的对象

手爪设计和选用首先要考虑的是抓握什么样的工件。因此，必须充分了解工件的几何形状、机械特性。

2. 物料的馈送器或存储装置

与机器人配合工作的零件馈送器或储存装置对手爪必需的最小和最大爪钳之间的距离以及必需的夹紧力都有要求，同时，还应了解其他可能的不确定因素对手爪工作的影响。

3. 手爪和机器人匹配

手爪一般用法兰式机械接口与手腕相连接，手爪自重也会增加机械臂的载荷，这两个问题必须给予仔细考虑。手爪是可以更换的，手爪形式可以不同，但是与手腕的机械接口必须相同，这就是接口匹配。手爪自重不能太大，机器人能抓取工件的质量是机器人承载能力减去手爪质量，手爪自重要与机器人承载能力匹配。

4. 环境条件

作业区域内的环境状况很重要，如高温、水、油等环境会影响手爪工作。一个锻压机械手要从高温炉内取出红热的锻件毛坯，必须保证手爪的开合、驱动在高温环境中均能正常工作。

5.1.4　末端执行器的应用场所

1. 机械式手爪

机械式手爪通常采用气动、液动、电动和电磁来驱动手指的开合。气动手爪目前得到广泛的应用，因为气动手爪有许多突出的优点：结构简单、成本低、容易维修，而且开合迅速，质量轻。其缺点是空气介质的可压缩性，使爪钳位置控制比较复杂。液压驱动手爪成本稍高一些。电动手爪的优点是手指开合电动机的控制与机器人控制可以共用一个系统，但是夹紧力比气动手爪、液压手爪小，开合时间比它们长。电磁力手爪控制信号简单，但是夹紧的电磁力与爪钳行程有关，因此，只用在开合距离小的场合。

2. 磁力吸盘

磁力吸盘有电磁吸盘和永磁吸盘两种。磁力吸盘是在手部装上电磁铁，通过磁场吸力把工件吸住。电磁吸盘能吸住铁磁材料制成的工件，如钢铁件，吸不住非铁金属和非金属材料的工件。磁力吸盘的缺点是被吸取工件有剩磁，吸盘上常会吸附一些铁屑，致使不能可靠地吸住工件，而且只适用于工件要求不高或有剩磁也无妨的场合。对于不准有剩磁的工件，如钟表零件及仪表零件，不能选用磁力吸盘，可用真空吸盘。另外钢、铁等磁性物质在温度为723℃以上时磁性就会消失，故高温条件下不宜使用磁力吸盘。磁力吸盘要求工件表面清洁、平整、干燥，以保证可靠地吸附。

3. 真空式吸盘

真空式吸盘主要用于搬运体积大、质量轻的零件，如冰箱壳体、汽车壳体等，也广泛用于需要小心搬运的物件，如显像管、平板玻璃等。真空式吸盘对工件表面要求平整光滑、干燥清洁。

5.2 吸附式末端执行器三维设计

明确工件在生产中要求及结构特点，是设计手爪的主要依据。设计者应该深入细致地研究并掌握相关的信息，以保证手爪的使用要求。

为了完成多种不同工件的搬运，设计一套有单吸盘和双吸盘的搬运手爪。工业机器人手腕末端法兰盘的安装尺寸如图 5-2 所示。

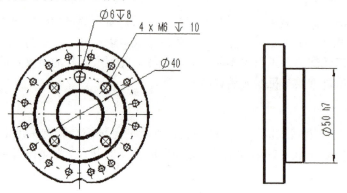

图 5-2   工业机器人手腕末端法兰盘安装尺寸

5.2.1   吸附式末端执行器简介

机器人使用的吸附式末端执行器实际上属于真空夹具这一大类。当零件材料不是钢铁材料及非磁性材料时，不可能采用磁力夹紧；形状复杂难以夹持的工件，如各种复杂的曲面又没有合适的表面可用来夹紧；加工精度要求较高的薄壁零件等，这些情况下采用真空夹具是一种很好的选择。用真空夹具夹持工件时，大多数情况下都是同一表面用作工件的定位和夹紧。真空夹具的特点为：结构简单，夹紧力均匀分布在工件表面上，单位面积夹紧力小，抽出空气后有冷却作用有助于减少热变形，使用维护方便。

1．吸附式末端执行器的基本组成

吸附式末端执行器是一款机械和气动技术一体化的产品，这类产品一般由动力源、传感器、机械结构、气动系统、执行元件组成。

系统的组成部分必须无缝地协同工作，以执行其职能。对它们的选择必须考虑到工程和经济两方面。

2．动力源

真空发生装置为吸附式末端执行系统的动力源。依据使用场合不同，真空发生装置可以为多种形式。

（1）真空泵和真空罐组成的真空发生装置。真空泵可按需要选用标准市售产品，真空罐经常处于真空状态，用以迅速在真空夹具内腔中产生真空，其容积应为夹具内腔的15～20倍。

（2）以压缩空气为动力的双活塞式气缸。当使用一台或数台真空夹具（即夹具中真空腔容积总量不大）时，也可不用真空泵，以压缩空气为动力的双活塞式气缸来代替。

（3）真空发生器。真空发生器是利用正压气源产生负压的一种新型、高效、清洁、经济、小型的真空元器件，这使得在有压缩空气的地方，或在一个气动系统中同时需要正负压的地方，获得负压变得十分容易和方便。

真空发生器广泛应用在工业自动化中，如机械、电子、包装、印刷、塑料及机器人等领域。真空发生器的传统用途是与吸盘配合，进行各种物料的吸附及搬运，尤其适合于吸附易碎、柔软、薄的非铁及非金属材料或球形物体。在这类应用中，一个共同特点是所需的抽气量小，真空度要求不高且为间歇工作。

3．吸附式夹具的特点

（1）所需的作业空间小。由于吸附式夹具采用单面吸附的方式，只接触工件的顶面，不接触工件的侧面和底面，因此所需的作业空间小。与夹持式夹具相比，工件侧面不需留出夹持空间，因此工件可以紧密码放，节省空间，机器人吸附及搬运动作简单。

（2）不伤工件。吸附式夹具与工件接触面积较大，或者是柔性接触，因此不会对工件表面造成任何损伤。在某些行业（如玻璃制品），对工件表面质量的要求特别严格，只能用吸附式夹具。

5.2.2　真空吸盘式手爪关键零部件建模

真空吸盘式手爪包含末端连接法兰、吸盘底座、双吸盘底板、真空吸盘和传感器安装板等零件，其中真空吸盘为标准件，设计师只需完成品牌和型号的选择。

1．末端连接法兰三维设计

（1）启动 SolidWorks 2020 软件，单击【标准】工具栏上的【新建】按钮 ，系统弹出【新建 SOLIDWORKS 文件】对话框。选择【零件】选项，单击【确定】按钮，进入绘图界面。

（2）单击【标准】工具栏中的【保存】按钮 ，系统弹出【另存为】对话框，选择合适的保存位置，在【文件名】文本框中输入"末端连接法兰"，即可单击【保存】按钮，进行保存。

（3）单击【特征】工具栏中的【拉伸凸台/基体】按钮，系统弹出【凸台-拉伸】属性管理器。在绘图区中选择【前视基准面】，系统进入草图环境。单击【视图定向】下拉列表中的【正视于】按钮，绘制如图 5-3 所示的草图，单击按钮，退出草图环境，系统返回到【凸台-拉伸】属性管理器。在【终止条件】下拉列表中选择【给定深度】选项，【深度】文本框中输入"28"，单击【确定】按钮，结果如图 5-4 所示。

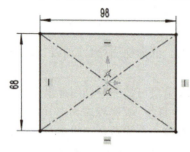

图 5-3　绘制的草图 1　　　　　　　图 5-4　拉伸后的模型

（4）单击【特征】工具栏中的【倒角】按钮，系统弹出【倒角】属性管理器。【倒角类型】选择【距离】选项，选取如图 5-5 所示的实体边缘，【倒角参数】下拉列表中选择【对称】，【距离】文本框中输入"20"，单击【确定】按钮。

（5）单击【特征】工具栏中的【倒角】按钮，系统弹出【倒角】属性管理器。【倒角类型】选择【角度距离】选项，选取如图 5-6 所示的实体边缘，【距离】文本框中输入"28"，【角度】文本框中输入"40"，单击【确定】按钮，结构如图 5-7 所示。

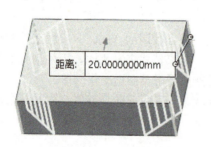

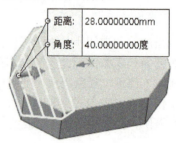

图 5-5　选取的实体边缘 1　　　　　　　图 5-6　选取的实体边缘 2

（6）单击【特征】工具栏中的【拉伸切除】按钮，系统弹出【切除-拉伸】属性管理器。选取如图 5-8 所示的实体表面，系统进入草图环境。单击【视图定向】下拉列表中的【正视于】按钮，绘制如图 5-9 所示的草图，单击按钮，退出草图环境，系统返回到【切除-拉伸】属性管理器。在【方向 1】选项组中的【终止条件】下拉列表中选择【给定深度】，【深度】文本框中输入"2"，单击【确定】按钮，结构如图 5-10 所示。

（7）单击【特征】工具栏中的【异型向导孔】按钮，系统弹出【孔规格】属性管理器。单击【孔类型】选项组中的【直螺纹孔】按钮，【标准】选择【GB】选项，【类型】选择【底部螺纹孔】选项，【大小】选择【M5】选项，【终止条件】选择【给定深度】选项，【螺纹线深度】文本框中输入"8"。然后单击【位置】选项卡，选取如图 5-8 所示的实体表面，系统进入草图环境。单击【视图定向】下拉列表中的【正视于】按钮，螺纹孔位置如图 5-11 所示，单击【确定】按钮。

图 5-7 倒角后的模型

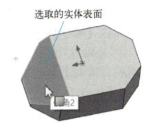

图 5-8 选取的实体表面 1

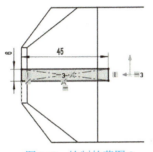

图 5-9 绘制的草图 2

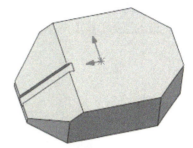

图 5-10 拉伸切除后的模型

（8）选择【插入】|【阵列/镜向】|【线性阵列】菜单命令，或者单击【特征】工具栏中的【线性阵列】按钮，系统弹出如图 5-12a 所示的【线性阵列】属性管理器。【方向 1】选取如图 5-12b 所示的实体边缘，【间距】文本框中输入"12"，【实例数】文本框中输入"2"；【方向 2】选取如图 5-12b 所示的实体边缘，【间距】文本框中输入"20"，【实例数】文本框中输入"2"；选择步骤（7）创建的 M5 螺纹孔，单击【确定】按钮，结果如图 5-12c 所示。

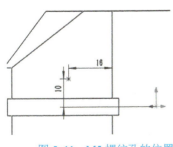

图 5-11 M5 螺纹孔的位置

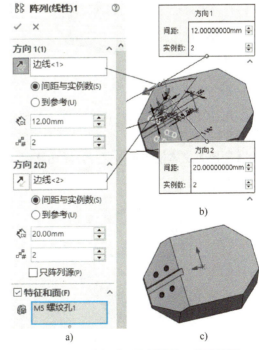

图 5-12 【线性阵列】属性管理器及结果

（9）单击【特征】工具栏中的【镜向】按钮，系统弹出如图 5-13a 所示的【镜向】属性管理器。单击【镜向面/基准面】选项组中的图标右侧的列表框，选取【右视基准面】作为镜向平面；单击【要镜向的特征】选项组中的图标右侧的列表框。在绘图区或设计树中选取"倒角 2""切除-拉伸""M5 螺纹孔 1"和"阵列（线性）1"等特征，选中【选项】选项组中的【几何体阵列】复选框，单击【确定】按钮✓，结果如图 5-13c 所示。

（10）单击【特征】工具栏中的【旋转切除】按钮，系统弹出【切除-旋转】属性管理器。在【Feature Manager 设计树】中选择【上视基准面】，进入草图环境。单击【视图定向】下拉列表中的【正视于】按钮↧，绘制如图 5-14 所示的草图，单击↵按钮，退出草图环境，系统返回到【切除-旋转】属性管理器。在【方向 1】选项组中的【旋转类型】下拉列表中选择【给定深度】，【角度】选项输入"360"，单击【确定】按钮✓，结果如图 5-15 所示。

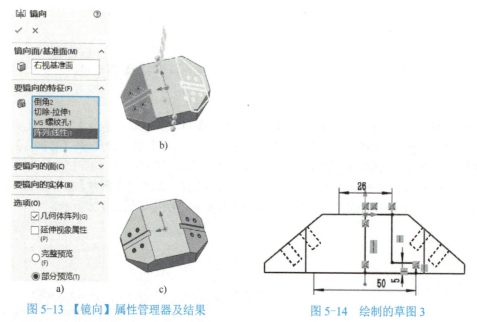

图 5-13 【镜向】属性管理器及结果　　　　图 5-14 绘制的草图 3

（11）单击【特征】工具栏中的【倒角】按钮，系统弹出【倒角】属性管理器。【倒角类型】选择【距离】选项，选取如图 5-16 所示的实体边缘，【倒角参数】下拉列表中选择【对称】，【距离】文本框中输入"1"，单击【确定】按钮✓。

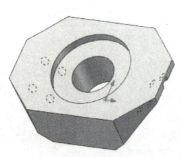

图 5-15 旋转切除后的模型　　　　　图 5-16 选取的实体边缘 3

（12）单击【特征】工具栏中的【拉伸切除】按钮，系统弹出【切除-拉伸】属性管理器。选取如图 5-17 所示的实体表面，系统进入草图环境。单击【视图定向】下拉列表中的【正

视于】按钮，绘制如图 5-18 所示的草图，单击按钮，退出草图环境，系统返回到【切除
-拉伸】属性管理器。在【方向 1】选项组中的【终止条件】下拉列表中选择【给定深度】，【深
度】文本框中输入"8"，单击【确定】按钮。

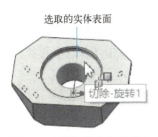

图 5-17　选取的实体表面 2

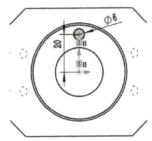

图 5-18　绘制的草图 4

（13）单击【特征】工具栏中的【异型向导孔】按钮，系统弹出【孔规格】属性管理器。
单击【孔类型】选项组中的【柱形沉头孔】按钮，【标准】选择【GB】选项，【类型】选择
【内六角圆柱头螺钉】选项，【大小】选择【M5】选项，选中【显示自定义大小】复选框，【通
孔直径】文本框中输入"5.5"，【柱形沉头孔直径】文本框中输入"9.5"，【柱形沉头孔
深度】文本框中输入"15"，【终止条件】选择【完全贯穿】选项。然后单击【位置】选项
卡，再选取如图 5-19 所示的实体表面，系统进入草图环境。单击【视图定向】下拉列表中的
【正视于】按钮，孔位置如图 5-20 所示，单击【确定】按钮。

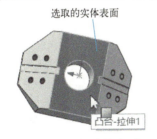

图 5-19　选取的实体表面 3

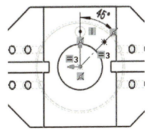

图 5-20　沉头孔的位置

（14）单击【特征】工具栏中的【圆周阵列】按钮，系统弹出【阵列(圆周)】属性管理
器。【阵列轴】选取如图 5-21 所示的圆柱面，单击【反向】按钮，【角度】文本框中
输入"90"，【实例数】文本框中输入"4"；单击【要阵列的特征】列表框，选择步骤（13）
创建的沉头孔；单击【确定】按钮，结果如图 5-22 所示。

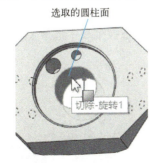

图 5-21　选取的圆柱面

图 5-22　末端连接法兰三维模型

2. 吸盘底座

（1）启动 SolidWorks 2020 软件，单击【标准】工具栏上的【新建】按钮，系统弹出【新建 SOLIDWORKS 文件】对话框。选择【零件】选项，单击【确定】按钮，进入绘图界面。

（2）单击【标准】工具栏中的【保存】按钮，系统弹出【另存为】对话框，选择合适的保存位置，在【文件名】文本框中输入"吸盘底座"，即可单击【保存】按钮，进行保存。

（3）单击【特征】工具栏中的【拉伸凸台/基体】按钮，系统弹出【凸台-拉伸】属性管理器。在绘图区中选择【前视基准面】，系统进入草图环境。单击【视图定向】下拉列表中的【正视于】按钮，绘制如图 5-23 所示的草图，单击按钮，退出草图环境，系统返回到【凸台-拉伸】属性管理器。在【终止条件】下拉列表中选择【两侧对称】选项，【深度】文本框中输入"30"；【薄壁特征】选项组中的【类型】下拉列表中选择【单项】，单击【反向】按钮，【厚度】文本框中输入"10"，单击【确定】按钮，结果如图 5-24 所示。

（4）单击【特征】工具栏中的【拉伸凸台/基体】按钮，系统弹出【凸台-拉伸】属性管理器。在绘图区中选取如图 5-25 所示的实体表面，系统进入草图环境。单击【视图定向】下拉列表中的【正视于】按钮，绘制如图 5-26 所示的草图，单击按钮，退出草图环境，系统返回到【凸台-拉伸】属性管理器。在【终止条件】下拉列表中选择【给定深度】选项，【深度】文本框中输入"2"，单击【确定】按钮。

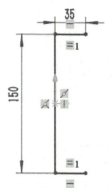

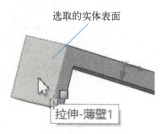

图 5-23　绘制的草图 1　　　图 5-24　拉伸后的模型　　　图 5-25　选取的实体表面 1

（5）单击【特征】工具栏中的【拉伸切除】按钮，系统弹出【切除-拉伸】属性管理器。选取如图 5-27 所示的实体表面，系统进入草图环境。单击【视图定向】下拉列表中的【正视于】按钮，绘制如图 5-28 所示的草图，单击按钮，退出草图环境，系统返回到【切除-拉伸】属性管理器。在【方向 1】选项组中的【终止条件】下拉列表中选择【成形到下一面】，单击【确定】按钮。

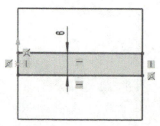

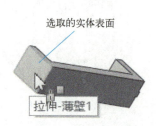

图 5-26　绘制的草图 2　　　　　图 5-27　选取的实体表面 2

（6）单击【特征】工具栏中的【拉伸切除】按钮，系统弹出【切除-拉伸】属性管理器。选取如图 5-27 所示的实体表面，系统进入草图环境。单击【视图定向】下拉列表中的【正视于】按钮，绘制如图 5-29 所示的草图，单击按钮，退出草图环境，系统返回到【切除-拉伸】属性管理器。在【方向 1】选项组中的【终止条件】下拉列表中选择【完全贯穿】，单击【确定】按钮，结果如图 5-30 所示。

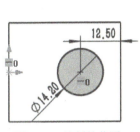

图 5-28　绘制的草图 3

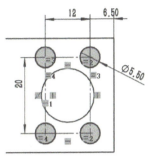

图 5-29　绘制的草图 4

（7）单击【特征】工具栏中的【异型向导孔】按钮，系统弹出【孔规格】属性管理器。单击【孔类型】选项组中的【直螺纹孔】按钮，【标准】选择【GB】选项，【类型】选择【底部螺纹孔】选项，【大小】选择【M5】选项，【终止条件】选择【给定深度】选项，【螺纹线深度】文本框中输入"8"。然后单击【位置】选项卡，选取如图 5-31 所示的实体表面，系统进入草图环境。单击【视图定向】下拉列表中的【正视于】按钮，螺纹孔位置如图 5-32 所示，单击【确定】按钮。

图 5-30　拉伸切除后的模型

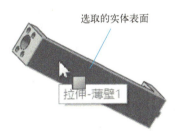

选取的实体表面

图 5-31　选取的实体表面 3

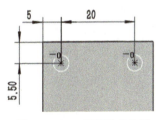

图 5-32　M5 螺纹孔的位置

5.2.3　真空吸盘式手爪装配体设计

1.　新建装配体并保存

真空吸盘式手爪装配体设计

（1）启动 SolidWorks 软件，选择【文件】|【新建】菜单命令，系统弹出【新建 SOLIDWORKS 文件】对话框，选择【gb_assembly】，单击【确定】按钮。

（2）系统进入装配环境并弹出【打开】对话框和【开始装配体】属性管理器，选择练习文件夹\第 5 章\真空吸盘手爪\中的"末端连接法兰"文件，单击【打开】按钮。

（3）系统关闭【打开】对话框，【开始装配体】属性管理器如图 5-33 所示，【打开文档】列表框中显示"末端连接法兰"零件，绘图区显示"末端连接法兰"模型，模型跟着鼠标指针一起移动，单击【开始装配体】属性管理器中的【确定】按钮。

图 5-33　【开始装配体】属性管理器

（4）选择【文件】|【保存】或【另存为】菜单命令，或单击【标准】工具栏上的【保存】按钮，系统弹出【另存为】对话框。在【文件名】文本框中输入"真空吸盘手爪"，单击【保存】按钮。

2. 装配吸盘底座

（1）单击【装配体】工具栏上的【插入零部件】按钮，系统弹出【插入零部件】属性管理器和【打开】对话框。在练习文件目录中选择"吸盘底座"文件，单击【打开】按钮。在图形窗口中放置零件，位置如图 5-34 所示。

（2）单击【装配体】工具栏上的【配合】按钮，系统弹出【配合】属性管理器。选择【标准配合】选项组中的【重合】，然后选取如图 5-35 所示的两个实体表面，单击【确定】按钮；选择【标准配合】选项组中的【同轴心】，然后选取如图 5-36 所示的两个圆柱面，单击【确定】按钮；选择【标准配合】选项组中的【同轴心】，然后选取如图 5-37 所示的两个圆柱面，单击【确定】按钮；再单击【关闭】按钮，退出此阶段的零件配合，结果如图 5-38 所示。

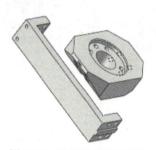

图 5-34　放置零件吸盘底座

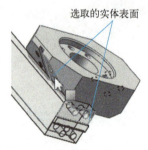

图 5-35　选取的实体表面 1

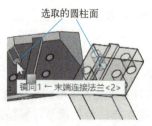

图 5-36　选取的圆柱面 1

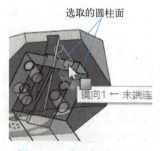

图 5-37　选取的圆柱面 2

（3）单击装配界面右边的【设计库】按钮📦，选择【Toolbox】，单击【现在插入】按钮，然后双击【GB】文件夹，依次双击【螺钉】|【凹头螺钉】，最后选择一个型号的螺钉。本操作选择【内六角圆柱头螺钉 GB/T70.1—2000】，然后往绘图区域拖拽，系统弹出【配置零部件】属性管理器。【大小】选择【M5】选项，【长度】选择【16】选项，单击【确定】按钮✓，单击【取消】按钮✕，结果如图 5-39 所示。

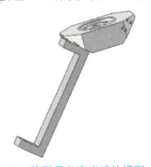

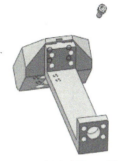

图 5-38　装配吸盘底座后的模型　　　　　图 5-39　放置零件 M5 螺钉

（4）单击【装配体】工具栏上的【配合】按钮📎，系统弹出【配合】属性管理器。选择【标准配合】选项组中的【同轴心】◎，然后选取如图 5-40 所示的两个圆柱面，单击【配合对齐】选项中的【同向对齐】按钮👫，单击【确定】按钮✓；选择【标准配合】选项组中的【重合】🡖，然后选取如图 5-41 所示的两个实体表面，单击【确定】按钮✓，再单击【关闭】按钮✕，退出此阶段的零件配合。

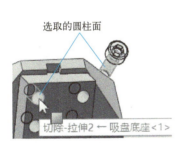

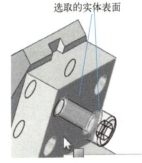

图 5-40　选取的圆柱面 3　　　　　　　图 5-41　选取的实体表面 2

（5）选择【插入】|【线性零部件阵列】菜单命令，或者单击【装配体】工具栏中的【线性零部件阵列】按钮🖳，系统弹出如图 5-42a 所示的【线性阵列】属性管理器。【方向 1】选项组中的【阵列方向】选择如图 5-42b 所示的实体边缘，单击【反向】按钮↗，【间距】文本框中输入"20"，【实例数】文本框中输入"2"；【方向 2】选项组中的【阵列方向】选择如图 5-42b 所示的实体边缘，单击【反向】按钮↗，【间距】文本框中输入"12"，【实例数】文本框中输入"2"；【要阵列的零部件】选择步骤（3）装配的 M5 螺钉，单击【确定】按钮✓，结果如图 5-42c 所示。

（6）选择【插入】|【镜向零部件】菜单命令，或者单击【装配体】工具栏中的【镜向零部件】按钮📇，系统弹出如图 5-43 所示的【镜向零部件】属性管理器。激活【镜向基准面】列表框，在【Feature Manager 设计树】中或者在绘图区选择【右视基准面】；激活【要镜向的零部件】列表框，在【Feature Manager 设计树】中或者在绘图区选择已经装配好的吸盘底座和 4 个 M5 螺钉；单击【下一步】按钮➡，单击【确定】按钮✓，结果如图 5-44 所示。

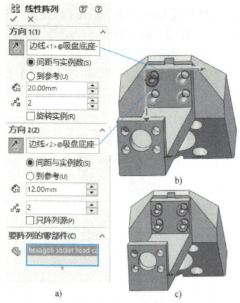

a) b) c)

图 5-42 【线性阵列】属性管理器及结果

图 5-43 【镜向零部件】属性管理器

3. 装配双吸盘底板

（1）单击【装配体】工具栏上的【插入零部件】按钮，系统弹出【插入零部件】属性管理器和【打开】对话框。在练习文件目录中选择"双吸盘底板"文件，单击【打开】按钮。在图形窗口中放置零件，位置如图 5-45 所示。

图 5-44 镜向后的模型

图 5-45 放置零件双吸盘底板

（2）单击【装配体】工具栏上的【配合】按钮，系统弹出【配合】属性管理器。选择【标准配合】选项组中的【重合】，然后选取如图 5-46 所示的两个实体表面，单击【确定】按钮；选择【标准配合】选项组中的【同轴心】，然后选取如图 5-47 所示的两个圆柱面，单击【确定】按钮；选择【标准配合】选项组中的【同轴心】，然后选取如图 5-48 所示的两个圆柱面，单击【确定】按钮；再单击【关闭】按钮，退出此阶段的零件配合。

图 5-46 选取的实体表面

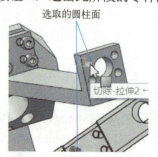

图 5-47 选取的圆柱面 1

（3）参照装配吸盘底座中步骤（3）、（4）、（5）的操作方法，装配 M5×6 的内六角圆柱头螺钉，并完成线性阵列，结果如图 5-49 所示。

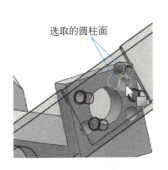

选取的圆柱面

图 5-48　选取的圆柱面 2　　　　图 5-49　装配双吸盘底板和螺钉后的模型

4. 装配真空吸盘

（1）单击【装配体】工具栏上的【插入零部件】按钮，系统弹出【插入零部件】属性管理器和【打开】对话框。在练习文件目录中选择"真空吸盘"文件，单击【打开】按钮。在图形窗口中放置零件。采用相同的方法插入"真空吸盘"文件两次，结果如图 5-50 所示。

（2）单击【装配体】工具栏上的【配合】按钮，系统弹出【配合】属性管理器。选择【标准配合】选项组中的【重合】，然后选取如图 5-51 所示的两个实体表面，单击【确定】按钮；选择【标准配合】选项组中的【同轴心】，然后选取如图 5-52 所示的两个圆柱面，单击【确定】按钮；选择【标准配合】选项组中的【同轴心】，然后选取如图 5-53 所示的两个圆柱面，单击【确定】按钮；选择【标准配合】选项组中的【同轴心】，然后选取如图 5-54 所示的两个圆柱面，单击【确定】按钮；选择【标准配合】选项组中的【重合】，单击【多配合模式】按钮，选取如图 5-55 所示的实体表面，然后选取如图 5-56 所示的两个实体表面，单击【确定】按钮；再单击【关闭】按钮，退出此阶段的零件配合，结果如图 5-57 所示。

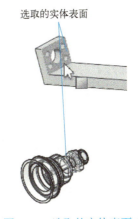

选取的实体表面

图 5-50　放置三个真空吸盘零件　　　　图 5-51　选取的实体表面 1

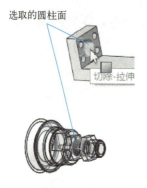

图 5-52　选取的圆柱面 1

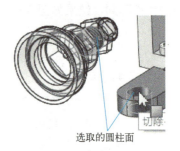

图 5-53　选取的圆柱面 2

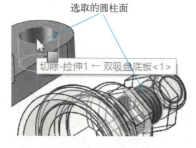

图 5-54　选取的圆柱面 3

图 5-55　选取的实体表面 2

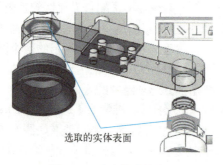

图 5-56　选取的实体表面 3

图 5-57　装配真空吸盘后的模型

5. 装配传感器安装板

（1）单击【装配体】工具栏上的【插入零部件】按钮，系统弹出【插入零部件】属性管理器和【打开】对话框。在练习文件目录中选择"传感器安装板"文件，单击【打开】按钮。在图形窗口中放置零件，位置如图 5-58 所示。

（2）单击【装配体】工具栏上的【配合】按钮，系统弹出【配合】属性管理器。选择【标准配合】选项组中的【重合】，然后选取如图 5-59 所示的两个实体表面，单击【确定】按钮；选择【标准配合】选项组中的【同轴心】，然后选取如图 5-60 所示的两个圆柱面，单击【确定】按钮；选择【标准配合】选项组中的【同轴心】，然后选取如图 5-61 所示的两个圆柱面，单击【确定】按钮；再单击【关闭】按钮，退出此阶段的零件配合，结果如图 5-62 所示。

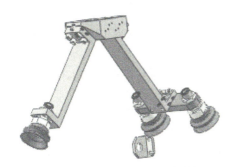

图 5-58　放置零件传感器安装板

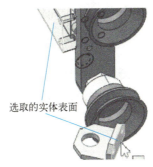

图 5-59　选取的实体表面

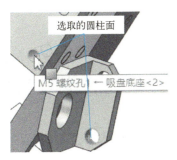

图 5-60　选取的圆柱面 1

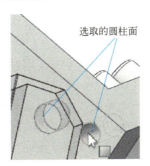

图 5-61　选取的圆柱面 2

图 5-62　装配传感器安装板后的模型

5.3　气压式夹持末端执行器三维设计

设计一套用于搬运纸箱（300mm×200mm×80mm）的搬运手爪。纸箱和货物的质量为 20kg，通过相关计算后选择缸径为 63、行程为 75 的气缸，工业机器人手腕末端法兰盘安装尺寸如图 5-63 所示。

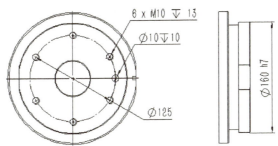

图 5-63　工业机器人手腕末端法兰盘安装尺寸

5.3.1　气压式夹持末端执行器概述

1. 气压式夹持末端执行器的基本组成

气压式夹持末端执行器是一款机械和气动技术一体化的产品，这类产品一般由动力源、传感器、机械结构、执行元件组成。

系统的组成部分必须无缝地协同工作，以执行其职能。对它们的选择必须考虑到工程和经济两方面。

（1）动力源。这类末端执行器的动力源是气缸，是气压传动系统的执行元件。气压传动系统包括 4 个部分：气源处理部分、气动控制部分、执行元件部分和辅助部分。

（2）机械结构。机械结构负责将动力源产生的运动传递到系统的执行元件，最终实现工件的抓取。常用的机械结构有齿轮传动、连杆机构、导向机构、同步运动机构等。

（3）执行元件。末端执行器中直接参与定位夹持工件的部分称为执行元件。这类元件通常有 V 形块、滑块、电磁铁、真空吸盘、电磁吸盘、电永磁吸盘、三爪卡盘、自适应机构、双臂并联操作机构等，另外也可以尽情发挥想象力。

2. 气压结合式夹具的特点和应用领域

（1）优点。气压结合式夹具的工作介质是空气，用过的空气可排入大气不会造成污染，管路泄漏也不会导致严重后果；空气黏度小，流动阻力小，适合远距离输送；气压结合式夹具的价格低；维护简单，使用安全，无污染，适合食品、药品等领域；气动元件适应性强，能够在恶劣环境下（如强振动、强冲击、强腐蚀、强辐射等）工作。

基于上述特点，在无特殊要求的机器人抓取、搬运作业中，气压结合式夹具是首选的机器人末端执行器。

（2）缺点。气压结合式夹具的工作频率和响应速度远远不及机电结合式夹具。气压结合式夹具动作存在滞后性，在机器人编程中，夹具动作指令的后面需要设置等待时间（一般传输距离 5m 以内，等待时间 0.5～1s）；气压结合式夹具只能完成简单的抓、放动作，不能进行手指中间点位的控制及速度控制，因此不适合做高精度的抓、放动作。

5.3.2 气压式夹持末端执行器建模与装配

（1）启动 SolidWorks 2020 软件，单击【标准】工具栏上的【新建】按钮 ，系统弹出【新建 SOLIDWORKS 文件】对话框。选择【零件】选项，单击【确定】按钮，进入绘图界面。

气压式夹持末端执行器三维设计 1～20

（2）单击【标准】工具栏中的【保存】按钮 ，系统弹出【另存为】对话框，选择合适的保存位置，在【文件名】文本框中输入"末端连接法兰"，即可单击【保存】按钮，进行保存。

（3）单击【特征】工具栏中的【拉伸凸台/基体】按钮 ，系统弹出【凸台-拉伸】属性管理器。在绘图区选择【前视基准面】，系统进入草图环境。绘制如图 5-64 所示的草图，单击 按钮，退出草图环境，系统返回到【凸台-拉伸】属性管理器。在【终止条件】下拉列表中选择【给定深度】选项，【深度】文本框中输入"50"，单击【确定】按钮 ，结果如图 5-65 所示。

（4）单击【特征】工具栏中的【拉伸切除】按钮 ，系统弹出【切除-拉伸】属性管理器。选取如图 5-66 所示的实体表面，系统进入草图环境。单击【视图定向】下拉列表中的【正视于】按钮 ，绘制如图 5-67 所示的草图，单击 按钮，退出草图环境，系统返回到【切除-拉伸】属性管理器。在【方向1】选项组中的【终止条件】下拉列表中选择【给定深度】，【深度】文本框中输入"8"，单击【确定】按钮 ，结构如图 5-68 所示。

（5）单击【特征】工具栏中的【倒角】按钮 ，系统弹出【倒角】属性管理器。【倒角类型】选择【距离】选项 ，选取如图 5-69 所示的实体边缘，【倒角参数】下拉列表中选择【对称】，【距离】文本框中输入"2"，单击【确定】按钮 。

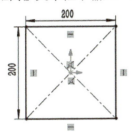

图 5-64　绘制的草图 1

图 5-65　拉伸后的模型 1

图 5-66　选取的实体表面 1

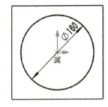

图 5-67　绘制的草图 2

图 5-68　拉伸切除后的模型

图 5-69　选取的实体边缘 1

（6）单击【特征】工具栏中的【异型向导孔】按钮 ，系统弹出【孔规格】属性管理器。单击【孔类型】选项组中的【柱形沉头孔】按钮 ，【标准】选择【GB】选项，【类型】选择【内六角圆柱头螺钉】选项，【大小】选择【M10】选项，选中【显示自定义大小】复选框，【通孔直径】 文本框中输入"11"，【柱形沉头孔直径】 文本框中输入"22"，【柱形沉头孔深度】 文本框中输入"25"，【终止条件】选择【完全贯穿】选项。然后单击【位置】选项卡，再选取如图 5-70 所示的实体表面，系统进入草图环境，单击【视图定向】下拉列表中的【正视于】按钮 ，孔位置如图 5-71 所示，单击【确定】按钮 。

（7）单击【特征】工具栏中的【圆周阵列】按钮 ，系统弹出【阵列(圆周)】属性管理器。【阵列轴】 选取如图 5-72 所示的圆柱面，单击【反向】按钮 ，【角度】 文本框中输入"60"，【实例数】 文本框中输入"6"；单击【要阵列的特征】 列表框，选择步骤（6）创建的沉头孔；单击【确定】按钮 ，结果如图 5-73 所示。

图 5-70　选取的实体表面 2

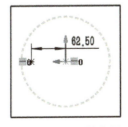

图 5-71　沉头孔的位置 1

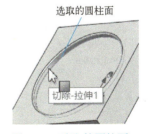

图 5-72　选取的圆柱面 1

（8）单击【特征】工具栏中的【异型向导孔】按钮 ，系统弹出【孔规格】属性管理器。单击【孔类型】选项组中的【柱形沉头孔】按钮 ，【标准】选择【GB】选项，【类型】选择【内六角圆柱头螺钉】选项，【大小】选择【M10】选项，选中【显示自定义大小】复选框，【通孔直径】 文本框中输入"11"，【柱形沉头孔直径】 文本框中输入"22"，【柱形沉头孔深度】文本框中输入"40"，【终止条件】选择【完全贯穿】选项。然后单击【位置】选项卡，再选取如图 5-74 所示的实体表面，系统进入草图环境，单击【视图定向】下拉列表中的【正视于】按钮，孔位置如图 5-75 所示，单击【确定】按钮。

图 5-73 阵列后的模型 1

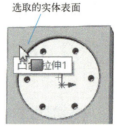
选取的实体表面
图 5-74 选取的实体表面 3

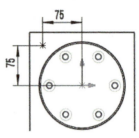
图 5-75 沉头孔的位置 2

（9）选择【插入】|【阵列/镜向】|【线性阵列】菜单命令，或者单击【特征】工具栏中的【线性阵列】按钮，系统弹出如图 5-76a 所示的【线性阵列】属性管理器。【方向 1】选取如图 5-76b 所示的实体边缘，【间距】文本框中输入"150"，【实例数】文本框中输入"2"；【方向 2】选取如图 5-76b 所示的实体边缘，【间距】文本框中输入"50"，【实例数】文本框中输入"2"；选择步骤（8）创建沉头孔，单击【确定】按钮，结果如图 5-76c 所示。

（10）选择【插入】|【特征】|【圆角】菜单命令，或者单击【特征】工具栏中的【圆角】按钮，系统弹出【圆角】属性管理器。【圆角类型】选中【恒定大小圆角】，设置【半径】为"25"，选取如图 5-77 所示的实体边缘，单击【确定】按钮，完成圆角的创建。

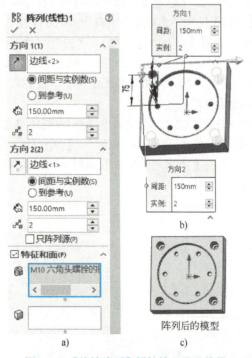
图 5-76 【线性阵列】属性管理器及结果

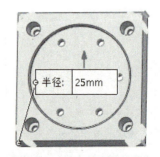
图 5-77 选取的实体边缘 2

（11）选择【文件】|【从零件制作装配体】菜单命令，系统弹出如图 5-78 所示的【新建SOLIDWORKS 文件】对话框。选择【gb_assembly】，单击【确定】按钮，系统弹出如图 5-79

所示的【开始装配体】属性管理器。单击【确定】按钮 ✓，系统进入装配环境。

（12）选择【文件】|【保存】或【另存为】菜单命令，或单击【标准】工具栏上的【保存】按钮📧，系统弹出【另存为】对话框。在【文件名】文本框中输入"气压式夹持末端执行器"，单击【保存】按钮，保存后的结果如图 5-80 所示。

图 5-78　【新建 SOLIDWORKS 文件】对话框

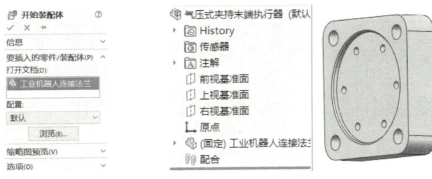

图 5-79　【开始装配体】属性管理器　　　　图 5-80　生成装配体

（13）选择【插入】|【零部件】|【新零件】菜单命令，或者单击【装配体】工具栏中的【新零件】按钮🐚，系统弹出如图 5-81 所示的【新建 SOLIDWORKS 文件】对话框。选择【gb_part】，单击【确定】按钮。

（14）【Feature Manager 设计树】中出现【零件 1^气压式夹持末端执行器】文件。鼠标指针形状变为 ✎ 🗸，此时可以在图形区中选择新零件的草图绘制基准面。选取如图 5-82 所示的实体表面，该表面就默认成了新零件的前视基准面。若不再选择面，直接单击鼠标左键，那么系统将默认新零件的前视基准面与装配体的前视基准面相同。

图 5-81　【新建 SOLIDWORKS 文件】对话框　　　图 5-82　选取的实体表面 4

（15）此时系统自动切换到新零件的编辑状态，同时进入绘制新零件第一个特征的草图状态。单击【视图定向】下拉列表中的【正视于】按钮⬆，草图绘制平面处于正视位置。绘制如图 5-83 所示的草图，单击 ✐ 按钮，退出草图环境。选取绘制的草图，单击【特征】工具栏中的【拉伸凸台/基体】按钮 ，系统弹出【凸台-拉伸】属性管理器。在【终止条件】下拉列表中选择【给定深度】选项，【深度】文本框中输入"12"，单击【确定】按钮 ✓，结果如图 5-84 所示。

（16）单击【特征】工具栏中的【拉伸凸台/基体】按钮 ，系统弹出【凸台-拉伸】属性管理器。在绘图区选取如图 5-85 所示的实体表面，系统进入草图环境。单击【视图定向】下拉列表中的【正视于】按钮 ，绘制如图 5-86 所示的草图，单击 ✐ 按钮，退出草图环境，系统返回到【凸台-拉伸】属性管理器。在【终止条件】下拉列表中选择【给定深度】选项，单击【反向】按钮 ，【深度】文本框中输入"12"，单击【确定】按钮 ✓，结果如图 5-87 所示。

（17）选择【插入】|【特征】|【圆角】菜单命令，或者单击【特征】工具栏中的【圆角】按钮 ，系统弹出【圆角】属性管理器。【圆角类型】选中【恒定大小圆角】 ，设置【半径】为"25"，选取如图 5-88 所示的实体边缘，单击【确定】按钮 ✓，完成圆角的创建。

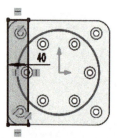

图 5-83　绘制的草图 3

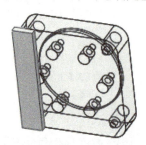

图 5-84　新零件拉伸后的模型 1

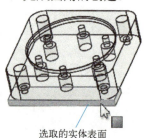

选取的实体表面

图 5-85　选取的实体表面 5

图 5-86　绘制的草图 4

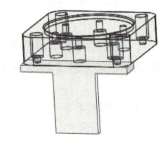

图 5-87　拉伸后的模型 2

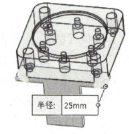

半径：25mm

图 5-88　新零件模型 1

（18）单击【特征】工具栏中的【异型向导孔】按钮 ，系统弹出【孔规格】属性管理器。单击【孔类型】选项组中的【柱形沉头孔】按钮 ，【标准】选择【GB】选项，【类型】选择【内六角圆柱头螺钉】选项，【大小】选择【M5】选项，选中【显示自定义大小】复选框，【通孔直径】 文本框中输入"5.5"，【柱形沉头孔直径】 文本框中输入"10"，【柱形沉头孔深度】 文本框中输入"6"，【终止条件】选择【完全贯穿】选项。然后单击【位置】选项卡，再选取如图 5-89 所示的实体表面，系统进入草图环境，单击【视图定向】下拉列表中的【正视于】按钮 ，孔位置如图 5-90 所示，单击【确定】按钮 ✓。

（19）单击【特征】工具栏中的【异型向导孔】按钮 ，系统弹出【孔规格】属性管理器。单击【孔类型】选项组中的【直螺纹孔】按钮 ，【标准】选择【GB】选项，【类型】选择【底部螺纹孔】选项，【大小】选择【M10】选项，【终止条件】选择【完全贯穿】选项。然后单击【位置】选项卡，选取如图 5-91 所示的实体表面，系统进入草图环境。单击【视图定向】

下拉列表中的【正视于】按钮⬧，螺纹孔位置如图 5-92 所示，单击【确定】按钮✓，结果如图 5-93 所示。

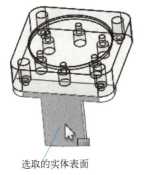
图 5-89　选取的实体表面 6

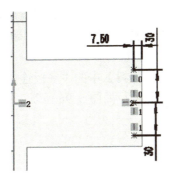
图 5-90　沉头孔的位置 3

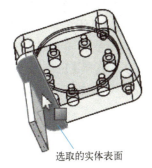
图 5-91　选取的实体表面 7

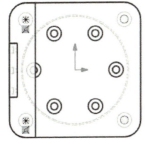
图 5-92　螺纹孔的位置 1

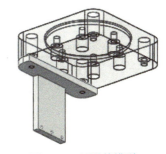
图 5-93　新零件模型 2

（20）选择【Feature Manager 设计树】中的新零件，单击鼠标右键，在弹出的快捷菜单中选择【保存零件（在外部文件中）】命令，如图 5-94 所示，系统弹出如图 5-95 所示的【另存为】对话框。慢双击文件名"零件 1"，然后输入新零件的名称"底板连接板"，指定新零件保存的位置，单击【确定】按钮完成保存。最后单击绘图区右上角的按钮，退出"底板连接板"的编辑状态。

> 气压式夹持末
> 端执行器三维
> 设计 21～36

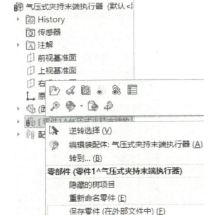
图 5-94　保存新零件

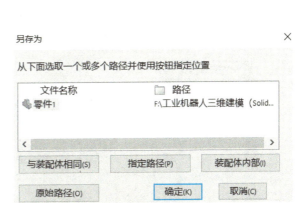
图 5-95　【另存为】对话框

在装配体环境中设计的新零件即底板连接板为一关联零件，它有外部参考，在特征设计树中"底板连接板"文件名称后有外部参考符号"->"。

在装配体环境中设计新零件和在零件模式下一样，【常用】、【特征】工具栏都可用，新零件有自己的零件文件，它可以独立于装配体进行修改。但是在装配体环境中设计新零件的优点是可以看到并参考周围零件的几何特征。

（21）选择【Feature Manager 设计树】中的"底板连接板"零件，按住〈Ctrl〉键，移动鼠标指针，添加"底板连接板"零件，如图 5-96 所示。拖至绘图区某个位置，如图 5-97所示。

图 5-96　添加底板连接板零件　　图 5-97　放置底板连接板零件

（22）单击【装配体】工具栏上的【配合】按钮，系统弹出【配合】属性管理器。选择【标准配合】选项组中的【重合】，然后选取如图 5-98 所示的两个实体表面，单击【确定】按钮；选择【标准配合】选项组中的【同轴心】，然后选取如图 5-99 所示的两个圆柱面，单击【确定】按钮；选择【标准配合】选项组中的【同轴心】，然后选取如图 5-100 所示的两个圆柱面，单击【确定】按钮；再单击【关闭】按钮，退出此阶段的零件配合，结果如图 5-101 所示。

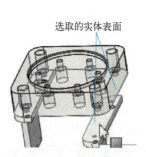

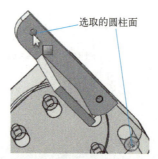

图 5-98　选取的实体表面 8　　图 5-99　选取的圆柱面 2　　图 5-100　选取的圆柱面 3

（23）单击装配界面右边的【设计库】按钮，选择【Toolbox】，单击【现在插入】按钮，然后双击【GB】文件夹。依次双击【螺钉】|【凹头螺钉】，最后选择一个型号的螺钉。本操

作选择【内六角圆柱头螺钉 GB/T70.1—2000】，然后往绘图区域拖拽，系统弹出【配置零部件】属性管理器。【大小】选择【M10】选项，【长度】选择【20】选项，单击【确定】按钮✓，单击【取消】按钮✕，结果如图 5-102 所示。

单击【装配体】工具栏上的【配合】按钮✎，系统弹出【配合】属性管理器。选择【标准配合】选项组中的【同轴心】◎，然后选取如图 5-103 所示的两个圆柱面，单击【配合对齐】选项中的【同向对齐】按钮，单击【确定】按钮✓；选择【标准配合】选项组中的【重合】，然后选取如图 5-104 所示的两个实体表面，单击【确定】按钮✓，再单击【关闭】按钮✕，退出此阶段的零件配合。

（24）选择【插入】|【阵列驱动零部件阵列】菜单命令，或者单击【装配体】工具栏中的【零部件特征驱动阵列】按钮，系统弹出如图 5-105 所示的【阵列驱动】属性管理器。单击【要阵列的零部件】选项组中图标右侧的列表框，在【Feature Manager 设计树】上或者在绘图区选取已经装配的 M10 螺钉 1；单击【驱动特征或零部件】选项组中图标右侧的列表框，在【Feature Manager 设计树】中选择零件"工业机器人连接法兰"设计树中的"阵列（线性）1"阵列特征，如图 5-105 所示；单击【确定】按钮✓。

图 5-101　装配底板连接板后的模型

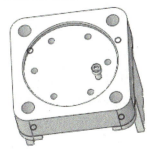

图 5-102　放置零件 M10 螺钉

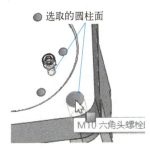

图 5-103　选取的圆柱面 4

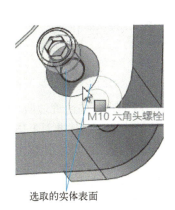

图 5-104　选取的实体表面 9

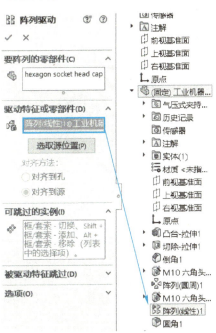

图 5-105　【阵列驱动】属性管理器

（25）采用与步骤（13）相同的方法创建新零件。选取如图 5-106 所示的实体表面，系统自动切换到新零件的编辑状态，并进入绘制新零件第一个特征的草图状态。单击【视图定向】下拉列表中的【正视于】按钮 ，绘制如图 5-107 所示的草图，单击 按钮，退出草图环境。选取绘制的草图，单击【特征】工具栏中的【拉伸凸台/基体】按钮 ，系统弹出【凸台-拉伸】属性管理器。在【终止条件】下拉列表中选择【给定深度】选项，【深度】文本框中输入"15"，单击【确定】按钮 ，结果如图 5-108 所示。

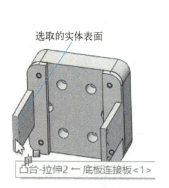

图 5-106　选取的实体表面 10

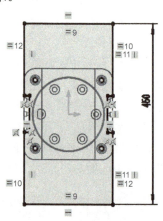

图 5-107　绘制的草图 5

（26）单击【特征】工具栏中的【异型向导孔】按钮 ，系统弹出【孔规格】属性管理器。单击【孔类型】选项组中的【直螺纹孔】按钮 ，【标准】选择【GB】选项，【类型】选择【底部螺纹孔】选项，【大小】选择【M5】选项，【终止条件】选择【给定深度】选项，【螺纹线深度】文本框中输入"15"。然后单击【位置】选项卡，选取如图 5-109 所示的实体表面，系统进入草图环境。单击【视图定向】下拉列表中的【正视于】按钮 ，螺纹孔位置如图 5-110 所示（确定螺纹孔的位置时，可以找到底板连接板零件中的沉头孔的位置，并与该位置重合），单击【确定】按钮 。

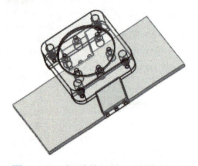

图 5-108　新零件拉伸后的模型 2

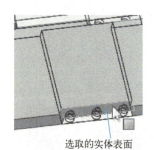

图 5-109　选取的实体表面 11

（27）单击【特征】工具栏中的【镜向】按钮 ，系统弹出【镜向】属性管理器。单击【镜向面/基准面】选项组中的 图标右侧的列表框，选取新零件中的【右视基准面】作为镜向平面；单击【要镜向的特征】选项组中的 图标右侧的列表框，在绘图区或设计树中选取 M5 螺纹孔特征，单击【确定】按钮 ，结果如图 5-111 所示。

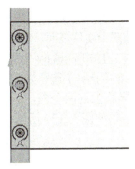

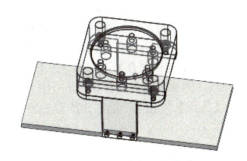

图 5-110　螺纹孔的位置 2　　　　　　图 5-111　镜向后的模型 1

（28）单击【特征】工具栏中的【旋转切除】按钮，系统弹出【切除-旋转】属性管理器。在【Feature Manager 设计树】中选择【右视基准面】，进入草图环境。单击【视图定向】下拉列表中的【正视于】按钮，绘制如图 5-112 所示的草图，单击按钮，退出草图环境，系统返回到【切除-旋转】属性管理器。在【方向 1】选项组中的【旋转类型】下拉列表中选择【给定深度】，【角度】选项输入"360"，单击【确定】按钮。

（29）采用与步骤（20）相同的方法定义新零件的名称为"底板"，单击绘图区右上角的按钮，退出底板的编辑状态。

（30）参照步骤（23）的方法装配两个 M5×20 的内六角圆柱头螺钉。

（31）单击【装配体】工具栏中的【线性零部件阵列】按钮，系统弹出【线性阵列】属性管理器。【方向 1】选项组中的【阵列方向】选取如图 5-113 所示的实体边缘，单击【反向】按钮，【间距】文本框中输入"30"，【实例数】文本框中输入"3"；【要阵列的零部件】选择步骤（30）装配的 M5 螺钉，单击【确定】按钮，结果如图 5-114 所示。

（32）单击【装配体】工具栏上的【插入零部件】按钮，系统弹出【插入零部件】属性管理器和【打开】对话框。在练习文件目录中选择"直线导轨"装配体文件，单击【打开】按钮。在图形窗口中放置零件，位置如图 5-115 所示。

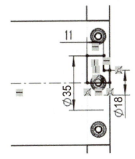

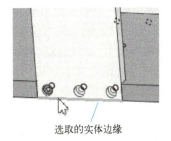

图 5-112　绘制的草图 6　　　　　　图 5-113　选取的实体边缘 3

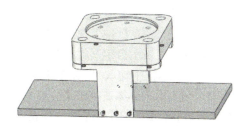

图 5-114　装配并阵列 M5 螺钉后的模型　　　图 5-115　放置装配体文件"直线导轨"

单击【装配体】工具栏上的【配合】按钮◎，系统弹出【配合】属性管理器。选择【标准配合】选项组中的【重合】人，然后选取如图 5-116 所示的两个实体表面，单击【确定】按钮✓；选择【标准配合】选项组中的【重合】人，然后选取如图 5-117 所示的两个实体表面，单击【确定】按钮✓；选择【高级配合】选项组中的【宽度】Ⅷ，【宽度选择】选择如图 5-118 所示的底板上的两个面，【薄片选择】选择如图 5-119 所示的直线导轨上的两个面，单击【确定】按钮✓；再单击【关闭】按钮×，退出此阶段的零件配合，结果如图 5-120 所示。

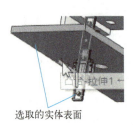

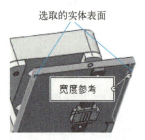

图 5-116 选取的实体表面 12　　图 5-117 选取的实体表面 13　　图 5-118 选取的实体表面 14

单击【装配体】工具栏中的【镜向零部件】按钮🔛，系统弹出【镜向零部件】属性管理器。激活【镜向基准面】列表框，在【Feature Manager 设计树】中或者在绘图区选择【上视基准面】；激活【要镜向的零部件】列表框，在【Feature Manager 设计树】中选择装配体文件"直线导轨"；单击【下一步】按钮➡，单击【确定】按钮✓，结果如图 5-121 所示。

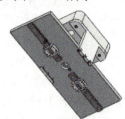

图 5-119 选取的实体表面 15　　图 5-120 装配直线导轨后的模型　　图 5-121 镜向后的模型 2

（33）参照步骤（32）中的装配方法装配零件"轴承"，结果如图 5-122 所示。

（34）采用与步骤（13）相同的方法创建新零件。在【Feature Manager 设计树】中或者在绘图区选择【右视基准面】，系统自动切换到新零件的编辑状态，并进入绘制新零件第一个特征的草图状态。单击【视图定向】下拉列表中的【正视于】按钮↧，绘制如图 5-123 所示的草图，单击↳按钮，退出草图环境。选取绘制的草图，单击【特征】工具栏中的【旋转凸台/基体】按钮🔊，系统弹出【旋转】属性管理器。在【方向 1】选项组中的【旋转类型】下拉列表中选择【给定深度】，【角度】选项输入"360"，单击【确定】按钮✓，结果如图 5-124所示。

（35）单击【特征】工具栏中的【异型向导孔】按钮🔩，系统弹出【孔规格】属性管理器。单击【孔类型】选项组中的【柱形沉头孔】按钮🔳，【标准】选择【GB】选项，【类型】选择【内六角圆柱头螺钉】选项，【大小】选择【M4】选项，选中【显示自定义大小】复选框，【通孔直径】⫶文本框中输入"4.5"，【柱形沉头孔直径】⫶文本框中输入"8"，【柱形沉头孔深度】⫶文本框中输入"4.5"，【终止条件】选择【完全贯穿】选项。然后单击【位置】选项卡，再选取如图 5-125 所示的实体表面，系统进入草图环境。单击【视图定向】下拉列表中的【正视于】按钮↧，孔位置如图 5-126 所示，单击【确定】按钮✓。

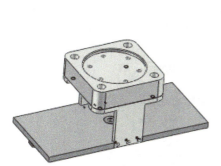

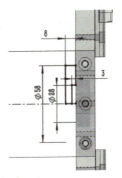

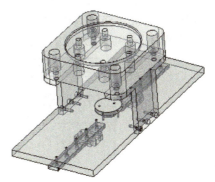

图 5-122　装配轴承后的模型　　　图 5-123　绘制的草图 7　　　图 5-124　旋转后的模型

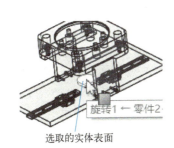

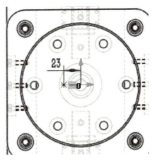

图 5-125　选取的实体表面 16　　　　　　图 5-126　沉头孔的位置 4

单击【特征】工具栏中的【圆周阵列】按钮，系统弹出【阵列（圆周）】属性管理器。【阵列轴】选取如图 5-127 所示的圆柱面，【角度】文本框中输入"90"，【实例数】文本框中输入"4"；单击【要阵列的特征】列表框，选择 M4 的沉头孔，单击【确定】按钮，完成圆周阵列的创建。结果如图 5-128 所示。

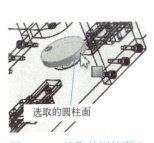

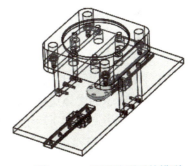

图 5-127　选取的圆柱面 5　　　　　图 5-128　圆周阵列后的模型

（36）采用与步骤（20）相同的方法定义新零件的名称为"轴承盖板"，单击绘图区右上角的按钮，退出轴承盖板的编辑状态。

（37）采用与步骤（13）相同的方法创建新零件。在【Feature Manager 设计树】中或者在绘图区选择【上视基准面】，系统自动切换到新零件的编辑状态，并进入绘制新零件第一个特征的草图状态。单击【视图定向】下拉列表中的【正视于】按钮，绘制如图 5-129 所示的草图，单击按钮，退出草图环境。选取绘制的草图，单击【特征】工具栏中的【拉伸凸台/基体】按钮，系统弹出【凸台-拉伸】属性管理器。【开始条件】下拉

气压式夹持末
端执行器三维
设计 37~61

列表中选择【等距】选项，【等距值】文本框中输入"36"；在【终止条件】下拉列表中选择【给定深度】选项，【深度】文本框中输入"15"，单击【确定】按钮，结果如图 5-130 所示。

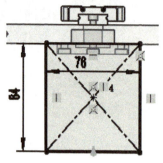

图 5-129　绘制的草图 8

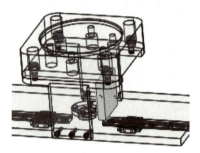

图 5-130　新零件的模型 3

（38）单击【特征】工具栏中的【异型向导孔】按钮，系统弹出【孔规格】属性管理器。单击【孔类型】选项组中的【柱形沉头孔】按钮，【标准】选择【GB】选项，【类型】选择【内六角圆柱头螺钉】选项，【大小】选择【M8】选项，选中【显示自定义大小】复选框，【通孔直径】文本框中输入"9"，【柱形沉头孔直径】文本框中输入"15"，【柱形沉头孔深度】文本框中输入"8"，【终止条件】选择【完全贯穿】选项。然后单击【位置】选项卡，再选取如图 5-131 所示的实体表面，系统进入草图环境。单击【视图定向】下拉列表中的【正视于】按钮，孔位置如图 5-132 所示，单击【确定】按钮。

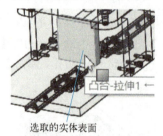

图 5-131　选取的实体表面 17

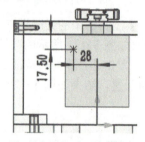

图 5-132　沉头孔的位置 5

单击【特征】工具栏中的【线性阵列】按钮，系统弹出【线性阵列】属性管理器。【方向 1】选取如图 5-133 所示的实体边缘，【间距】文本框中输入"56"，【实例数】文本框中输入"2"；【方向 2】选取如图 5-134 所示的实体边缘，单击【反向】按钮，【间距】文本框中输入"56"，【实例数】文本框中输入"2"；选择 M8 的沉头孔，单击【确定】按钮，结果如图 5-135 所示。

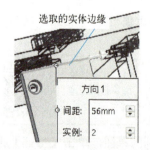

图 5-133　选取的实体边缘 4

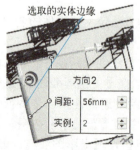

图 5-134　选取的实体边缘 5

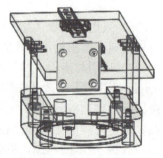

图 5-135　阵列后的模型 2

（39）单击【特征】工具栏中的【拉伸切除】按钮◉，系统弹出【切除-拉伸】属性管理器。选取如图 5-136 所示的实体表面，系统进入草图环境。单击【视图定向】下拉列表中的【正视于】按钮↧，绘制如图 5-137 所示的草图，单击↪按钮，退出草图环境，系统返回到【切除-拉伸】属性管理器。在【方向 1】选项组中的【终止条件】下拉列表中选择【完全贯穿】，单击【确定】按钮✓。

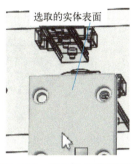

图 5-136　选取的实体表面 18

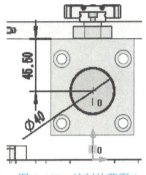

图 5-137　绘制的草图 9

（40）选择【插入】|【特征】|【圆角】菜单命令，或者单击【特征】工具栏中的【圆角】按钮◉，系统弹出如图 5-138 所示的【圆角】属性管理器。【圆角类型】选中【恒定大小圆角】◉，设置【半径】为 "6"，选取如图 5-139 所示的实体边缘，单击【确定】按钮✓，完成圆角的创建。结果如图 5-140 所示。

图 5-138　【圆角】属性管理器

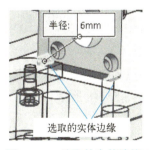

图 5-139　选取的实体边缘 6

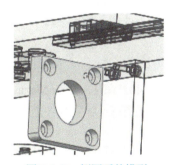

图 5-140　倒圆后的模型

（41）单击【特征】工具栏中的【异型向导孔】按钮◉，系统弹出【孔规格】属性管理器。单击【孔类型】选项组中的【直螺纹孔】按钮▥，【标准】选择【GB】选项，【类型】选择【底部螺纹孔】选项，【大小】选择【M6】选项，【终止条件】选择【给定深度】选项，【螺纹线深度】文本框中输入 "10"。然后单击【位置】选项卡，选取如图 5-141 所示的实体表面，系统进入草图环境。单击【视图定向】下拉列表中的【正视于】按钮↧，螺纹孔位置如图 5-142 所示，单击【确定】按钮✓。

（42）采用与步骤（20）相同的方法定义新零件的名称为"气缸安装板"，单击绘图区右上角的 按钮，退出气缸安装板的编辑状态。

（43）单击【装配体】工具栏上的【插入零部件】按钮 ，系统弹出【插入零部件】属性管理器和【打开】对话框。在练习文件目录中选择"气缸 D63×75"装配体文件，单击【打开】按钮。在图形窗口中放置零件，位置如图 5-143 所示。

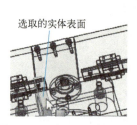
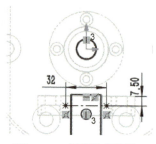
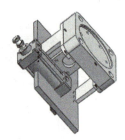

图 5-141　选取的实体表面 19　　图 5-142　螺纹孔的位置 3　　图 5-143　放置装配体文件"气缸 D63×75"

单击【装配体】工具栏上的【配合】按钮 ，系统弹出【配合】属性管理器。选择【标准配合】选项组中的【重合】 ，然后选取如图 5-144 所示的两个实体表面，单击【确定】按钮 ；选择【标准配合】选项组中的【同轴心】 ，然后选取如图 5-145 所示的两个圆柱面，单击【确定】按钮 ；选择【标准配合】选项组中的【同轴心】 ，然后选取如图 5-146 所示的两个圆柱面，单击【确定】按钮 ；再单击【关闭】按钮 ，退出此阶段的零件配合，结果如图 5-147 所示。

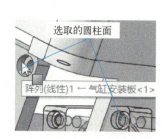
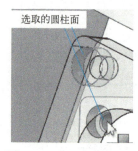

图 5-144　选取的实体表面 20　　　图 5-145　选取的圆柱面 6　　　图 5-146　选取的圆柱面 7

（44）在【Feature Manager 设计树】中选择"底板"零件，单击鼠标右键，在弹出的快捷菜单中选择【编辑零件】命令 ，如图 5-148 所示。

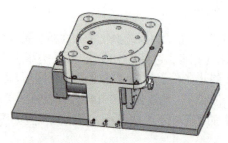

图 5-147　装配气缸后的模型

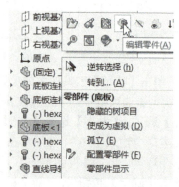

图 5-148　选择【编辑零件】命令

（45）单击【特征】工具栏中的【异型向导孔】按钮 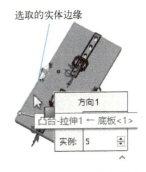，系统弹出【孔规格】属性管理器。单击【孔类型】选项组中的【直螺纹孔】按钮，【标准】选择【GB】选项，【类型】选择【底部螺纹孔】选项，【大小】选择【M4】选项，【终止条件】选择【完全贯穿】选项。然后单击【位置】选项卡，再选取如图 5-149 所示的实体表面，系统进入草图环境。单击【视图定向】下拉列表中的【正视于】按钮，螺纹孔的位置如图 5-150 所示。孔中心与直线导轨上的沉头孔中心重合，单击【确定】按钮。

（46）选择【插入】|【阵列/镜向】|【线性阵列】菜单命令，或者单击【特征】工具栏中的【线性阵列】按钮，系统弹出【线性阵列】属性管理器。【方向 1】选取如图 5-151 所示的实体边缘，【间距】文本框中输入"40"，【实例数】文本框中输入"5"；选择步骤（45）创建 M4 的螺纹孔，单击【确定】按钮。

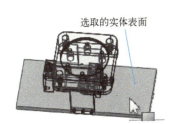
图 5-149　选取的实体表面 21

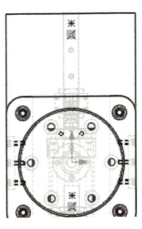
图 5-150　螺纹孔的位置 4

图 5-151　选取的实体边缘 7

（47）单击【特征】工具栏中的【异型向导孔】按钮，系统弹出【孔规格】属性管理器。单击【孔类型】选项组中的【直螺纹孔】按钮，【标准】选择【GB】选项，【类型】选择【底部螺纹孔】选项，【大小】选择【M4】选项，【终止条件】选择【完全贯穿】选项。然后单击【位置】选项卡，再选取如图 5-149 所示的实体表面，系统进入草图环境。单击【视图定向】下拉列表中的【正视于】按钮，螺纹孔的位置如图 5-152 所示。孔中心与轴承盖板中的沉头孔中心重合，单击【确定】按钮。

（48）单击【特征】工具栏中的【异型向导孔】按钮，系统弹出【孔规格】属性管理器。单击【孔类型】选项组中的【柱形沉头孔】按钮，【标准】选择【GB】选项，【类型】选择【内六角圆柱头螺钉】选项，【大小】选择【M6】选项，选中【显示自定义大小】复选框，【通孔直径】文本框中输入"6.5"，【柱形沉头孔直径】文本框中输入"12"，【柱形沉头孔深度】文本框中输入"7"，【终止条件】选择【完全贯穿】选项。然后单击【位置】选项卡，再选取如图 5-153 所示的实体表面，系统进入草图环境。单击【视图定向】下拉列表中的【正视于】按钮，孔位置如图 5-154 所示，单击【确定】按钮。单击绘图区右上角的 按钮，退出底板的编辑状态。

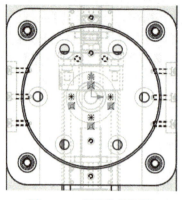

图 5-152　螺纹孔的位置 5

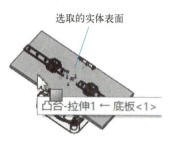

选取的实体表面

图 5-153　选取的实体表面 22

　　（49）采用与步骤（13）相同的方法创建新零件。选取如图 5-155 所示的实体表面，系统自动切换到新零件的编辑状态，并进入绘制新零件第一个特征的草图状态。单击【视图定向】下拉列表中的【正视于】按钮，绘制如图 5-156 所示的草图，单击按钮，退出草图环境。选取绘制的草图，单击【特征】工具栏中的【拉伸凸台/基体】按钮，系统弹出【凸台-拉伸】属性管理器。【开始条件】下拉列表中选择【等距】选项，【等距值】文本框中输入"18"；在【终止条件】下拉列表中选择【给定深度】选项，【深度】文本框中输入"18"，单击【确定】按钮，结果如图 5-157 所示。

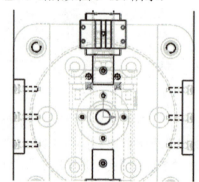

图 5-154　沉头孔的位置 6

选取的实体表面

图 5-155　选取的实体表面 23

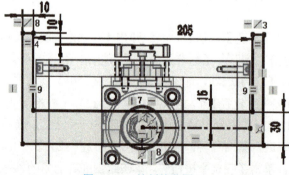

图 5-156　绘制的草图 10

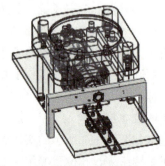

图 5-157　新零件模型 4

　　（50）单击【特征】工具栏中的【拉伸切除】按钮，系统弹出【切除-拉伸】属性管理器。选取如图 5-158 所示的实体表面，系统进入草图环境。单击【视图定向】下拉列表中的

【正视于】按钮，绘制如图 5-159 所示的草图，单击█按钮，退出草图环境，系统返回到【切除-拉伸】属性管理器。在【方向 1】选项组中的【终止条件】下拉列表中选择【完全贯穿】，单击【确定】按钮。

（51）单击【特征】工具栏中的【拉伸切除】按钮，系统弹出【切除-拉伸】属性管理器。选取如图 5-160 所示的实体表面，系统进入草图环境。单击【视图定向】下拉列表中的【正视于】按钮，绘制如图 5-161 所示的草图，单击█按钮，退出草图环境，系统返回到【切除-拉伸】属性管理器。在【方向 1】选项组中的【终止条件】下拉列表中选择【完全贯穿】，单击【确定】按钮。

（52）选择【插入】|【特征】|【孔】|【向导孔】菜单命令，或者单击【特征】工具栏中的【异型向导孔】按钮，系统弹出【孔规格】属性管理器。单击【孔类型】选项组中的【孔】按钮，【标准】选择【GB】选项，【类型】选择【钻孔大小】选项，【大小】选择【φ4.5】选项，【终止条件】选择【完全贯穿】选项。然后单击【位置】选项卡，再选取如图 5-162 所示的模型上表面，系统进入草图环境。单击【视图定向】下拉列表中的【正视于】按钮，孔位置如图 5-163 所示，单击【确定】按钮，结果如图 5-164 所示。

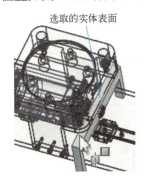

图 5-158　选取的实体表面 24

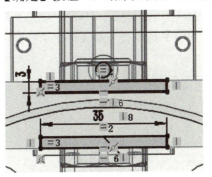

图 5-159　绘制的草图 11

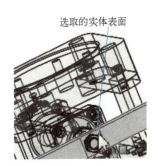

图 5-160　选取的实体表面 25

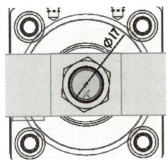

图 5-161　绘制的草图 12

图 5-162　选取的实体表面 26

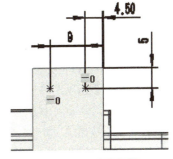

图 5-163　孔的位置 1

（53）采用与步骤（20）相同的方法定义新零件的名称为"手爪推动板"，单击绘图区右上角的█按钮，退出手爪推动板的编辑状态。

（54）采用与步骤（13）相同的方法创建新零件。在【Feature Manager 设计树】中或者在绘图区选择【右视基准面】，系统自动切换到新零件的编辑状态，并进入绘制新零件第一个特征的草图状态。单击【视图定向】下拉列表中的【正视于】按钮，绘制如图 5-165 所示的草图，单击█按钮，退出草图环境。选取绘制的草图，单击【特征】工具栏中的【拉伸凸台/

基体】按钮，系统弹出【凸台-拉伸】属性管理器。【开始条件】下拉列表中选择【草图基准面】选项；在【终止条件】下拉列表中选择【两侧对称】选项，【深度】文本框中输入"225"，单击【确定】按钮，结果如图 5-166 所示。

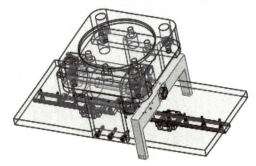

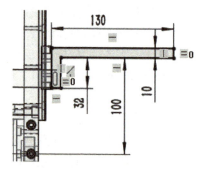

图 5-164　新零件最终模型　　　　　　图 5-165　绘制的草图 13

（55）单击【特征】工具栏中的【拉伸切除】按钮，系统弹出【切除-拉伸】属性管理器。选取如图 5-167 所示的实体表面，系统进入草图环境。单击【视图定向】下拉列表中的【正视于】按钮，绘制如图 5-168 所示的草图，单击按钮，退出草图环境，系统返回到【切除-拉伸】属性管理器。在【方向 1】选项组中的【终止条件】下拉列表中选择【完全贯穿】，单击【确定】按钮。

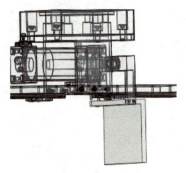

选取的实体表面

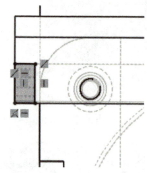

图 5-166　新零件模型 5　　　图 5-167　选取的实体表面 27　　　图 5-168　绘制的草图 14

（56）单击【特征】工具栏中的【异型向导孔】按钮，系统弹出【孔规格】属性管理器。单击【孔类型】选项组中的【直螺纹孔】按钮，【标准】选择【GB】选项，【类型】选择【底部螺纹孔】选项，【大小】选择【M4】选项，【终止条件】选择【给定深度】选项，【螺纹线深度】文本框中输入"15"。然后单击【位置】选项卡，再选取如图 5-169 所示的模型表面，系统进入草图环境。单击【视图定向】下拉列表中的【正视于】按钮，螺纹孔的位置如图 5-170 所示，孔中心与手爪推动板中的孔中心重合，单击【确定】按钮。

（57）单击【特征】工具栏中的【镜向】按钮，系统弹出【镜向】属性管理器。单击【镜向面/基准面】选项组中的图标右侧的列表框，选取新零件中的【右视基准面】作为镜向平面；单击【要镜向的特征】选项组中的图标右侧的列表框，在绘图区或设计树中选取"切除-拉伸"和"M4 螺纹孔 1"等特征，单击【确定】按钮。

（58）选择【插入】|【特征】|【孔】|【向导孔】菜单命令，或者单击【特征】工具栏中的【异型向导孔】按钮，系统弹出【孔规格】属性管理器。单击【孔类型】选项组中的【孔】

按钮，【标准】选择【GB】选项，【类型】选择【钻孔大小】选项，【大小】选择【φ4.5】选项，【终止条件】选择【完全贯穿】选项。然后单击【位置】选项卡，再选取如图 5-171 所示的模型上表面，系统进入草图环境。单击【视图定向】下拉列表中的【正视于】按钮，孔位置如图 5-172 所示，单击【确定】按钮。

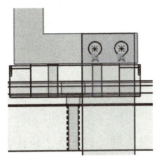
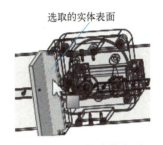

图 5-169　选取的实体表面 28　　图 5-170　螺纹孔的位置 6　　图 5-171　选取的实体表面 29

（59）选择【插入】|【阵列/镜向】|【线性阵列】菜单命令，或者单击【特征】工具栏中的【线性阵列】按钮，系统弹出【线性阵列】属性管理器。【方向 1】选取如图 5-173 所示的实体边缘，【间距】文本框中输入"15"，【实例数】文本框中输入"2"；【方向 2】选取如图 5-174 所示的实体边缘，单击【反向】按钮，【间距】文本框中输入"44"，【实例数】文本框中输入"2"；选择步骤（58）创建 φ4.5 的通孔，单击【确定】按钮。

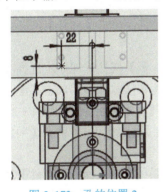

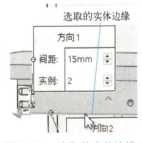

图 5-172　孔的位置 2　　图 5-173　选取的实体边缘 8　　图 5-174　选取的实体边缘 9

（60）单击【特征】工具栏中的【异型向导孔】按钮，系统弹出【孔规格】属性管理器。单击【孔类型】选项组中的【直螺纹孔】按钮，【标准】选择【GB】选项，【类型】选择【底部螺纹孔】选项，【大小】选择【M6】选项，【终止条件】选择【完全贯穿】选项。然后单击【位置】选项卡，再选取如图 5-167 所示的模型表面，系统进入草图环境。单击【视图定向】下拉列表中的【正视于】按钮，螺纹孔的位置如图 5-175 所示，单击【确定】按钮，结果如图 5-176 所示。

（61）采用与步骤（20）相同的方法定义新零件的名称为"手爪 1"，单击绘图区右上角的按钮，退出手爪 1 的编辑状态。

（62）采用与步骤（54）～（61）相同的方法创建零件手爪 2，结果如图 5-177 所示。

气压式夹持末端执行器三维设计 62～66

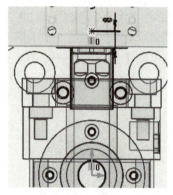

图 5-175　螺纹孔的位置 7

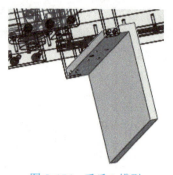

图 5-176　手爪 1 模型

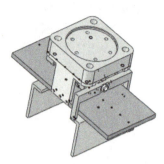

图 5-177　手爪 2 模型

以上设计是采用自上而下的设计方法。自上而下设计方法从装配体中开始设计工作，这是与自下而上设计方法的不同之处。设计时可以使用一个零件的几何体来帮助定义另一个零件，或生成组装零件后在添加加工特征。也可以将布局草图作为设计的开端，定义固定的零件位置、基准面等，然后参考这些定义来设计零件。

下面的零件采用自下而上设计方法。在自下而上设计中，先生成零件并将之插入装配体，然后根据设计要求配合零件。这些零件有旋转座、旋转轴、手爪连接杆和连杆转轴等，这几个零件形状比较简单，三维设计过程不再详述。

（63）单击【装配体】工具栏上的【插入零部件】按钮，系统弹出【插入零部件】属性管理器和【打开】对话框。在练习文件目录中选择"旋转轴"零件，单击【打开】按钮。在图形窗口中放置零件。

单击【装配体】工具栏上的【配合】按钮，系统弹出【配合】属性管理器。选择【标准配合】选项组中的【重合】，然后选取如图 5-178 所示的两个实体表面，单击【配合对齐】选项中的【反向对齐】按钮，单击【确定】按钮；选择【标准配合】选项组中的【同轴心】，然后选取如图 5-179 所示的两个圆柱面，单击【确定】按钮；再单击【关闭】按钮，退出此阶段的零件配合。

（64）单击【装配体】工具栏上的【插入零部件】按钮，系统弹出【插入零部件】属性管理器和【打开】对话框。在练习文件目录中选择"旋转座"零件，单击【打开】按钮。在图形窗口中放置零件。

单击【装配体】工具栏上的【配合】按钮，系统弹出【配合】属性管理器。选择【标准配合】选项组中的【重合】，然后选取如图 5-180 所示的两个实体表面，单击【确定】按钮；选择【标准配合】选项组中的【重合】，然后选取如图 5-181 所示的两个实体表面，单击【确定】按钮；选择【标准配合】选项组中的【同轴心】，然后选取如图 5-182 所示的两个圆柱面，单击【确定】按钮；再单击【关闭】按钮，退出此阶段的零件配合。

（65）单击【装配体】工具栏上的【插入零部件】按钮，系统弹出【插入零部件】属性管理器和【打开】对话框。在练习文件目录中选择"手爪连杆组件"装配体文件，单击【打开】按钮。在图形窗口中放置零件。

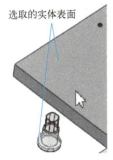

图 5-178　选取的实体表面 30

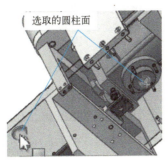

图 5-179　选取的圆柱面 8

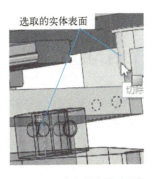

图 5-180　选取的实体表面 31

单击【装配体】工具栏上的【配合】按钮，系统弹出【配合】属性管理器。选择【标准配合】选项组中的【重合】，然后选取如图 5-183 所示的两个实体表面，单击【配合对齐】选项中的【反向对齐】按钮，单击【确定】按钮；选择【标准配合】选项组中的【同轴心】，然后选取如图 5-184 所示的两个圆柱面，单击【确定】按钮；选择【标准配合】选项组中的【同轴心】，然后选取如图 5-185 所示的两个圆柱面，单击【确定】按钮；再单击【关闭】按钮，退出此阶段的零件配合。结果如图 5-186 所示。

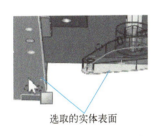

图 5-181　选取的实体表面 32

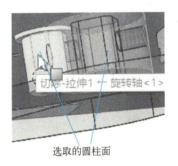

图 5-182　选取的圆柱面 9

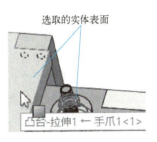

图 5-183　选取的实体表面 33

图 5-184　选取的圆柱面 10

图 5-185　选取的圆柱面 11

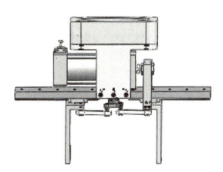

图 5-186　气压式夹持末端执行器模型

（66）完成标准件螺钉的装配，这里不再详述。

5.4 练习题

1. 设计一套如图 5-187 所示的工业机器人搬运手爪，搬运 300mm×180mm×85mm 的纸箱。工业机器人末端法兰盘安装为 4 个均匀分布的 M6 螺纹孔，孔分布的直径为 40，气缸、导杆、合页、调速阀和直线轴承在练习文件中。

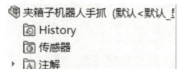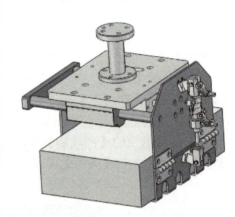

图 5-187　工业机器人搬运手爪

2. 设计一套如图 5-188 所示的两工位工业机器人搬运手爪，搬运练习文件中的托盘和轴承底座。工业机器人末端法兰盘安装为 4 个均匀分布的 M5 螺纹孔，孔分布的直径为 31.5，气缸和真空吸盘在练习文件中。

图 5-188　两工位工业机器人搬运手爪

第6章　创建二维工程图

在实际中用来指导生产的主要技术文件并不是前面介绍的三维零件图和装配体图，而是二维工程图。SolidWorks 2020 可以使用二维几何绘制生成工程图，也可将三维的零件图或装配体图变成二维的工程图。零件、装配体和工程图是互相链接的文件，对零件或装配体所做的任何更改都会导致工程图文件的相应变更。

在 SolidWorks 中，利用生成的三维零件图和装配体图，可以直接生成工程图。然后便可对其进行尺寸标注、表面粗糙度符号及公差配合等标注。

工程图文件的扩展名为.slddrw，新工程图名称是所插入的第一个模型的名称，该名称出现在标题栏中。

6.1　二维工程图基本功能

工程图是表达设计者思想以及加工和制造零部件的依据。工程图由一组视图、尺寸、技术要求和标题栏及明细表四部分内容组成。

SolidWorks 的工程图文件由相对独立的两部分组成，即图纸格式文件和工程图内容。图纸格式文件包括工程图的图幅大小、标题栏设置、零件明细表定位点等，这些内容在工程图中保持相对稳定，建立工程图文件时首先要指定图纸的格式。

6.1.1　新建工程图文件

新建工程图和建立零件文件相同，首先需要选择工程图模板文件。

（1）单击【标准】工具栏上的【新建】按钮，系统弹出【新建 SOLIDWORKS 文件】对话框，选择【工程图】，单击【确定】按钮，系统弹出如图 6-1 所示的【模型视图】属性管理器并进入工程图环境。单击【取消】按钮×，退出【模型视图】属性管理器。

工程图界面与零件文件及装配体的操作界面类似。工程图的设计树中包含其项目层次关系的清单。每张图纸有一个图标，每张图纸下有图纸格式和每个视图的图标及视图名称。项目图标旁边的符号▸表示它包含相关的项目。单击符号▸即展开所有项目并显示内容。

（2）在【Feature Manager 设计树】中选择【图纸】，单击鼠标右键，在弹出的快捷菜单中选择【属性】命令（图 6-2），系统弹出如图 6-3 所示的【图纸属性】对话框。选择一种图纸格式和比例，单击【确定】按钮。

图 6-1　【模型视图】属性管理器

图 6-2　选择【属性】命令

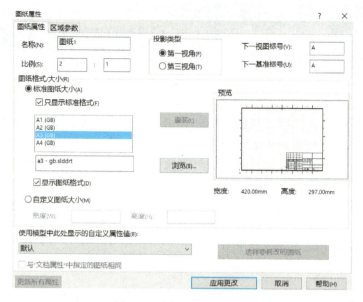

图 6-3　【图纸属性】对话框

6.1.2 【工程图】工具栏

工程图窗口的顶部和左侧有标尺，用于画图参考。如要打开或关闭标尺的显示，可选择【视图】|【用户界面】|【标尺】菜单命令。

【工程图】工具栏如图 6-4 所示，如要打开或关闭【工程图】工具栏，可选择【视图】|【工具栏】|【工程图】菜单命令。

图 6-4　【工程图】工具栏

下面介绍【工程图】工具栏中各选项的含义。

（1）【模型视图】按钮：当生成新工程图，或将一模型视图插入到工程图文件中时，会出现【模型视图】属性管理器，利用它可以在模型文件中为视图选择一方向。

（2）【投影视图】按钮：投影视图为正交视图，以下面三种视图工具生成。

1）【标准三视图】：前视视图为模型视图，其他两个视图为投影视图，使用在【图纸属性】对话框中所指定的第一角或第三角投影法。

2）【模型视图】：在插入正交模型视图时，【投影视图】属性管理器会出现，从而可以通过工程图样上的任何正交视图插入投影的视图。

3）【投影视图】：通过任何正交视图插入投影的视图。

（3）【辅助视图】按钮：辅助视图类似于投影视图，但它是垂直于现有视图中参考边线的展开视图。

（4）【剖面视图】按钮：可以用一条剖切线来剖切俯视图，以在工程图中生成一个剖面视图。剖面视图可以是直切剖面，或者是用阶梯剖切线定义的等距剖面，也可以包括同心圆弧剖面。

（5）【局部视图】按钮 ：可以在工程图中生成一个局部视图来显示视图的某个部分（通常是以放大比例显示）。此局部视图可以是正交视图、3D 视图、剖面视图、裁剪视图、爆炸装配体视图或另一局部视图。

（6）【标准三视图】按钮 ：该选项能为所显示的零件或装配体同时生成三个默认正交视图。主视图与俯视图及侧视图有固定对齐关系。俯视图可以竖直移动，侧视图可以水平移动。

（7）【断开的剖视图】按钮 ：断开的剖视图为现有工程视图的一部分，而不是单独的视图。闭合的轮廓通常是样条曲线，用来定义断开的剖视图。

（8）【断裂视图】按钮 ：可以在工程图中使用断裂视图（或称中断视图）。断裂视图可以将工程图视图用较大比例显示在较小的工程图纸上。

（9）【裁剪视图】按钮 ：除了局部视图、已用于生成局部视图的视图或爆炸视图，该选项可以裁剪任何工程视图。由于没有建立新的视图，裁剪视图可以节省步骤。

（10）【相对视图】按钮 ：【相对视图】选项可以自行定义主视图，解决了零件图视图定向与工程图投射方向的矛盾。

6.1.3　图纸格式设置

当打开一幅新的工程图时，必须选择一种图纸格式。图纸格式可以采用标准图纸格式，也可以自定义和修改图纸格式。标准图纸格式包括至系统属性和自定义属性的链接。

图纸格式有助于生成具有统一格式的工程图。工程图视图格式被视为 OLE 文件，因此能嵌入如位图之类的对象文件中。

1. 图纸格式

图纸格式包括图框、标题栏和明细栏，图纸格式有下面两种格式类型，具体说明如下。

（1）标准图纸格式。SolidWorks 系统提供了各种标准图纸大小的图纸格式，使用时可以在【图纸属性】对话框的【标准图纸大小】列表框中选择一种。单击【图纸属性】对话框中的【浏览】按钮，在系统或网络上搜索到用户所需模板，然后单击【打开】按钮，也可加载用户自定义的图纸格式。

（2）无图纸格式。选择【图纸属性】对话框的【自定义图纸大小】选项，可以定义无图纸格式，即选择无边框、标题栏的空白图纸。此选项要求指定纸张大小，也可以定义用户自己的格式。

2. 修改图纸设定

纸张大小、图纸格式、绘图比例、投影类型等图纸细节在绘图时或以后都可以随时在【图纸属性】对话框中更改。

（1）修改图纸属性。在特征管理器中单击图纸的图标，或工程图图纸的空白区域，或工程图窗口底部的图纸标签，再单击鼠标右键，在弹出的快捷菜单中选择【属性】命令，系统弹出如图 6-3 所示的【图纸属性】对话框。【图纸属性】对话框中各选项的含义介绍如下。

1）【基本属性】选项卡。

【名称】选项：激活图纸的名称，可按需要编辑名称，默认为图纸1、图纸2、图纸3等。

【比例】选项：为图纸设定比例。注意比例是指图中图形与其实物相应要素的线性尺寸之比。

【投影类型】选项组：为标准三视图投影，选择【第一视角】或【第三视角】，国内常用的是【第三视角】。

【下一视图标号】选项：指定将用于下一个剖面视图或局部视图的字母。

【下一基准标号】选项：指定要用于下一个基准特征符号的英文字母。

2）【图纸格式/大小】选项组。

【标准图纸大小】选项：选择一标准图纸，或单击【浏览】按钮，搜索自定义图纸格式文件。

【重装】按钮：如果对图纸格式作了更改，单击该按钮可以返回到默认格式。

【显示图纸格式】选项：显示边界、标题栏等。

【自定义图纸大小】选项：指定一宽度和高度。

3）【使用模型中此处显示的自定义属性值】选项组。如果图纸上显示一个以上模型，且工程图包含链接到模型自定义属性的注释，则选择包含想使用的属性的模型之视图。如果没有另外指定，将使用插入图纸的第一个视图中的模型属性。

（2）设定多张工程图纸。任何时候都可以在工程图中添加图纸。选择【插入】|【图纸】菜单命令，或在图纸的空白处单击鼠标右键，在弹出的快捷菜单中选择【添加图纸】命令，即可在文件中新增加一张图纸。新添的图纸默认使用原来图纸的图纸格式。

（3）激活图纸。如果想要激活图纸，可以采用下面的方法之一。

1）在图纸下方单击要激活图纸的图标。

2）单击图纸下方要激活图纸的图标，然后单击鼠标右键，在弹出的快捷菜单中选择【激活】命令。

3）单击特征管理器中的图纸标签或图纸图标，然后单击鼠标右键，在弹出的快捷菜单中选择【激活】命令。

（4）删除图纸。单击特征管理器中的图纸标签或图纸图标，然后单击鼠标右键，在弹出的快捷菜单中选择【删除】命令。要删除激活的图纸还可以在图形区域任何位置单击鼠标右键，然后在弹出的快捷菜单中选择【删除】命令。系统弹出如图6-5所示的【确认删除】对话框。单击【是】按钮，即可删除图纸。

图6-5 【确认删除】对话框

6.1.4 工程图环境设置

不同系统选项和文件属性设置将生成内容不同的工程图文件，因此，在工程图绘制前首先要进行系统选项和文件属性的相关设置，以符合工程图设计要求。

1. 系统选项设置

选择【工具】|【选项】菜单命令，系统弹出如图6-6所示的【系统选项】对话框。工程

图的一些选项可以在【显示类型】、【区域剖面线/填充】等选项组中设置。

图 6-6　【系统选项】对话框 1

【显示类型】选项组用于设置工程图视图显示和相切边线显示模式，如图 6-7 所示；【区域剖面线/填充】选项组用于进行剖视图区域的剖面线或实体填充，阵列、比例及角度设置，如图 6-8 所示。

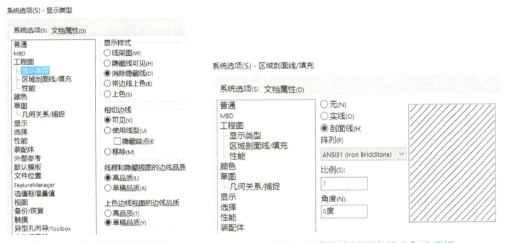

图 6-7　【显示类型】选项组　　　　　图 6-8　【区域剖面线/填充】选项组

2. 其他选项设置

单击【系统选项】对话框中的【文档属性】标签，打开如图 6-9 所示【文档属性】选项卡，可以进行工程图视图显示及更新相关设置，还可以对【注释】、【尺寸】、【中心线/中心符号线】、【DimXpert】、【表格】、【视图】和【虚拟交点】等选项进行设置。

图 6-9 【系统选项】对话框 2

6.1.5 视图的创建

在 SolidWorks 中，用户可根据需要生成各种表达零件模型的视图，如投影视图、剖面视图、局部放大视图、轴测视图等。在生成工程图视图之前，应首先生成零部件或装配体的三维模型，然后根据此三维模型考虑和规划视图，如工程图由几个视图组成，是否需要剖视图等，最后再生成工程图视图。

1. 标准三视图

利用【标准三视图】命令将产生零件的三个默认正交视图，其主视图的投射方向为零件或装配体的前视。利用该命令生成标准三视图的操作步骤如下。

（1）打开零件或装配体文件，或打开含有所需模型视图的工程图文件。

（2）新建工程图文件，并指定所需的图纸格式。

（3）选择【插入】|【工程视图】|【标准三视图】菜单命令，或者单击【工程图】工具栏中的【标准三视图】按钮 ，鼠标指针形状变为 。

（4）选择模型方法有三种。①当零件图文件打开时，即生成零件工程图；②单击零件的一个面或图形区域中任何位置；③单击设计树中的零件名称。

（5）工程图窗口出现，并且出现标准三视图，如图 6-10 所示。

另外还可以使用插入文件法来建立三维视图，这样就可以在不打开模型文件时，直接生成它的三视图，具体操作步骤如下。

（1）选择【插入】|【工程视图】|【标准三视图】菜单命令，或者单击【工程图】工具栏中的【标准三视图】按钮 ，系统弹出如图 6-11 所示的【标准三视图】属性管理器。鼠标指

针形状变为 。

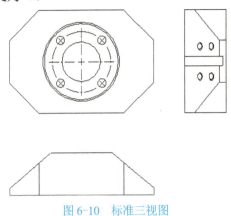

图 6-10 标准三视图

图 6-11 【标准三视图】属性管理器

（2）在【标准三视图】属性管理器中单击【浏览】按钮，系统弹出【打开】对话框。

（3）在【打开】对话框中，选择文件放置的位置，并选择要插入的模型文件，然后单击【打开】按钮即可。

2. 模型视图

模型视图是从零件的不同视角方位为视图选择方位名称，利用模型视图可以生成单一视图和多个视图。

新建一个工程图文件，单击【工程图】工具栏上的【模型视图】按钮 ，在绘图区域选择任意视图，系统弹出如图 6-12 所示的【模型视图】属性管理器，单击【浏览】按钮，系统弹出【打开】对话框。在【打开】对话框中，选择要插入的模型文件，然后单击【打开】按钮，【模型视图】属性管理器变成如图 6-13 所示。可以在【方向】选项组中选择需要的视图，在【比例】选项组中设置视图比例，当所有参数设置好后，在绘图区域找一个合适的位置放置视图，然后单击【确定】按钮 。

图 6-12 【模型视图】属性管理器 1

图 6-13 【模型视图】属性管理器 2

3. 投影视图

投影视图是根据已有视图，通过正交投影生成的视图。可在【图纸属性】对话框中指定投影视图的投影法，如第一角或第三角投影法。生成投影视图的操作步骤如下。

投影视图

（1）在打开的工程图中选择要生成投影视图的现有视图。

（2）选择【插入】|【工程视图】|【投影视图】菜单命令，或者单击【工程图】工具栏中的【投影视图】按钮，系统弹出如图 6-14 所示的【投影视图】属性管理器。同时绘图区中鼠标指针变为形状，并显示视图预览框。

（3）在设计树中的【箭头】选项组中设置如下参数。

【箭头】复选框：选择该复选框以显示表示投射方向的视图箭头（或 ANSI 绘图标准中的箭头组）。

【标号】选项：输入要随父视图和投影视图显示的文字。

（4）在【显示样式】选项组中设置如下参数。

【使用父关系样式】复选框：取消选择该复选框，可选取与父视图不同的样式和品质设定。

【显示样式】：显示样式包括：【线架图】、【隐藏线可见】、【消除隐藏线】、【带边线上色】和【上色】。

（5）根据需要在【比例】选项组中设置视图的相关比例。

（6）设置完相关参数之后，如要选择投射的方向，将鼠标指针移动到所选视图的相应一侧。当移动鼠标指针时，可以自动控制视图的对齐。

（7）当鼠标指针放在被选视图左边、右边、上面或下面时，将得到不同的投影视图。按所需投射方向，将鼠标指针移到所选视图的相应一侧，在合适位置处单击，生成投影视图。生成的投影视图如图 6-15 所示。

图 6-14 【投影视图】属性管理器

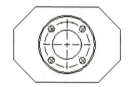

图 6-15 投影视图

4. 剖面视图

选择【插入】|【工程视图】|【剖面视图】菜单命令，或者单击【工程图】工具栏中的【剖面视图】按钮，系统弹出如图 6-16 所示的【剖面视图辅助】属性管理器。图 6-16a 所示为选择【剖面视图】选项卡时的属性管理器，在【切割线】选项组选择剖切线的

剖面视图

方向。图 6-16b 所示为选择【半剖面】选项卡时的属性管理器，在【半剖面】选项组选择剖面的方向。

在绘图区域移动剖切线的预览，如图 6-17 所示，在某一位置单击，系统弹出如图 6-18 所示的【剖切线编辑】工具栏。单击工具栏上的【确定】按钮 ✓，生成此位置的剖面视图，同时系统弹出如图 6-19 所示的【剖面视图】属性管理器。该属性管理器中部分选项含义介绍如下。

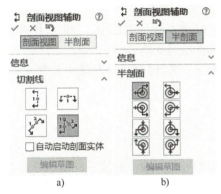

图 6-16 【剖面视图辅助】属性管理器

a)【剖面视图】选项卡 b)【半剖面】选项卡

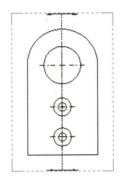

图 6-17 剖切线预览

图 6-18 【剖切线编辑】工具栏

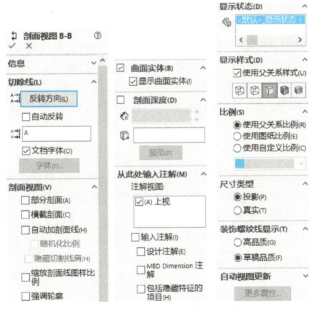

图 6-19 【剖面视图】属性管理器

（1）【切除线】选项组。

【反转方向】按钮：反转剖切的方向。

【标号】文本框：编辑与剖切线或者剖面视图相关的字母。

【字体】按钮：如果剖切线标号选择文件字体以外的字体，则取消选择【文档字体】复选框，然后单击【字体】按钮，可以为剖切线或者剖面视图的注释文字选择字体。

【自动反转】复选框：当选中【自动反转】复选框时，剖面视图放在主视图的左方或者右方（上方或者下方），剖视图的结果会不一样；如果取消选择，则不管放在那里，生成的视图都是一样的。

（2）【剖面视图】选项组。

【部分剖面】复选框：当剖切线没有完全切透视图中模型的边框线时，需选中该复选框，以生成部分剖视图。

【横截剖面】复选框：只有被剖切线切过的曲面出现在剖视图中。

【自动加剖面线】复选框：选择该选项，系统可以自动添加必要的剖面线。剖面线样式在装配体中的零部件之间变换，或在多实体零件的实体和焊件之间变换。

【剖面视图】属性管理器中的其他参数设置方法，与【投影视图】属性管理器中设置一样，在这里不再赘述。

6.1.6 标注从动尺寸

如果说视图是工程图的骨架，那么尺寸及注解就是工程图的灵魂，尺寸及注解的好坏及准确性直接决定着生产的可行性和准确性，本节介绍 SolidWorks 在标注尺寸及注解方面的各种功能。

1. 模型尺寸与参考尺寸

在尺寸标注之前，先介绍一下模型尺寸和参考尺寸的概念。

（1）模型尺寸。模型尺寸是指用户在建立三维模型时产生的尺寸，这些尺寸都可以导入到工程图当中。一旦模型有变动，工程图当中的模型尺寸也会相应地变动，在工程图中修改模型尺寸时也会在模型中体现出来，这就是"尺寸驱动"的意思。

（2）参考尺寸。参考尺寸是用户在建立工程图之后插入到工程图文档中的，并非从模型中导入的尺寸，是"从动尺寸"，因而其数值是不能随意更改的。但值得注意的是，当模型尺寸改变时，可能会引起参考尺寸的改变。

2. 尺寸的标注

用户可以通过鼠标右键单击工具栏的空白处，在弹出的快捷菜单中选择【尺寸/几何关系】命令来调出【尺寸/几何关系】工具栏。下面介绍【尺寸/几何关系】工具栏常用的几种标注方法。【尺寸/几何关系】工具栏如图 6-20 所示。

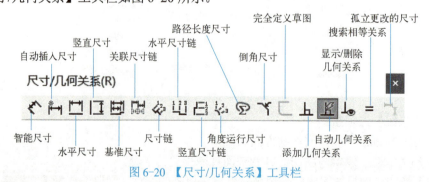

图 6-20 【尺寸/几何关系】工具栏

（1）【智能尺寸】：可以捕捉到各种可能的尺寸形式，包括水平尺寸和竖直尺寸，如长度、角度、直径和半径等。

（2）【水平尺寸】⊟：只捕捉需要标注的实体或者草图水平方向的尺寸。

（3）【竖直尺寸】⊡：只捕捉需要标注的实体或者草图竖直方向的尺寸。

（4）【基准尺寸】⊟：在工程图中所选的参考实体间标注参考尺寸。

（5）【尺寸链】⌖：在所选实体上以同一基准生成同一方向（水平、竖直或者斜向）的一系列尺寸。

（6）【水平尺寸链】⊔：只捕捉水平方向的尺寸链。

（7）【竖直尺寸链】⊟：只捕捉竖直方向的尺寸链。

（8）【路径长度尺寸】⟳：创建路径长度的尺寸。

（9）【倒角尺寸】⤞：在工程图中对实体的倒角尺寸进行标注，有 4 种形式，可以在【尺寸属性】对话框中设置。

6.2　连接轴二维工程图创建

图 6-21 所示为连接轴零件模型，创建其二维工程图。

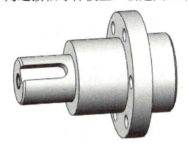

图 6-21　连接轴零件的模型

连接轴二维工程图创建

6.2.1　创建连接轴基本视图

（1）启动 SolidWorks 2020 软件。单击【标准】工具栏中的【新建】按钮，系统弹出【新建 SOLIDWORKS 文件】对话框。单击【高级】按钮，【新建 SOLIDWORKS 文件】对话框变为如图 6-22 所示的高级版，单击【模板】选项卡，然后选择【gb_a3】，单击【确定】按钮。

图 6-22　【新建 SOLIDWORKS 文件】对话框

（2）系统进入工程图环境并弹出如图 6-12 所示的【模型视图】属性管理器，单击【浏览】

按钮，系统弹出【打开】对话框。选择练习文件的文件夹，找到并选择"连接轴"零件，单击【打开】按钮，【模型视图】属性管理器变为如图6-23所示。【方向】选项组中的【标准视图】选择【左视】 ；选中【比例】选项组中的【使用自定义比例】复选框，【比例】选择【2:1】，在绘图区找一个合适的位置，单击鼠标左键将视图放置在图纸中，结果如图6-24所示。

图6-23 【模型视图】属性管理器

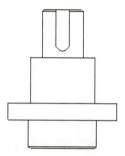

图6-24 生成的视图

（3）选择步骤（2）生成的视图，单击鼠标右键，在弹出的快捷菜单中选择【缩放/平移/旋转】|【旋转视图】命令，如图6-25所示。系统弹出如图6-26所示的【旋转工程视图】对话框。在【工程视图角度】文本框中输入"-90度"，单击【应用】按钮，再单击【关闭】按钮，然后将旋转后的视图移至合适的位置，结果如图6-27所示。

（4）生成中心线。选择【插入】|【注释】|【中心线】菜单命令，或者单击【注释】工具栏中的【中心线】按钮 ，系统弹出如图6-28所示的【中心线】属性管理器。【自动插入】选项组中选中【选择视图】复选框，然后在绘图区选择如图6-27所示的视图，生成的中心线结果如图6-29所示，单击【确定】按钮 ，退出【中心线】属性管理器。

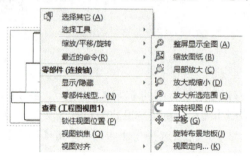

图6-25 选择【旋转视图】命令

图6-26 【旋转工程视图】对话框

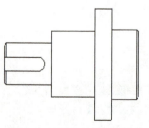

图6-27 旋转后的视图

图6-28 【中心线】属性管理器

（5）选择【插入】|【工程视图】|【投影视图】菜单命令，或者单击【工程图】工具栏中的【投影视图】按钮，系统弹出如图 6-14 所示的【投影视图】属性管理器。同时绘图区中鼠标指针变为 形状，并显示视图预览框。在绘图区找到合适的位置放置投影视图，结果如图 6-30 所示。

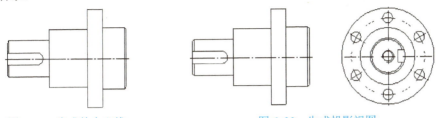

图 6-29 生成的中心线   图 6-30 生成投影视图

（6）选择【插入】|【工程视图】|【剖面视图】菜单命令，或者单击【工程图】工具栏中的【剖面视图】按钮，系统弹出如图 6-16 所示的【剖面视图辅助】属性管理器。单击【切割线】选项组中的【竖直】按钮，在图形区域移动剖切线的预览，在如图 6-31 所示的位置单击，系统弹出【剖切线编辑】工具栏，单击工具栏上的【确定】按钮，然后把生成的剖视图放置在主视图的左侧，系统弹出【剖面视图】属性管理器，单击【确定】按钮，结果如图 6-32 所示。

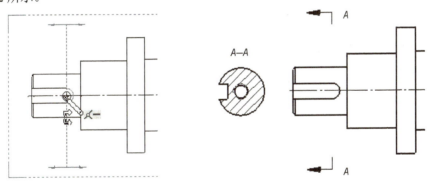

图 6-31 确定剖切位置   图 6-32 生成的剖视图

把 A—A 剖视图移至主视图的下方。选择 A—A 剖视图，单击鼠标右键，在弹出的快捷菜单中选择【视图对齐】|【解除对齐关系】命令，如图 6-33 所示，这样剖面视图就与主视图解除了对齐关系，然后将剖面视图移动到主视图下方，结果如图 6-34 所示。

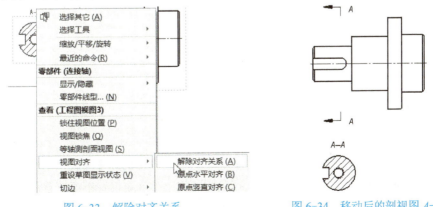

图 6-33 解除对齐关系   图 6-34 移动后的剖视图 A—A

（7）生成中心线。选择【插入】|【注释】|【中心符号线】菜单命令，或者单击【注释】工具栏中的【中心符号线】按钮⊕，系统弹出如图 6-35 所示的【中心符号线】属性管理器。选择 *A—A* 剖视图的外圆边缘线，单击【确定】按钮✓，结果如图 6-36 所示。

图 6-35 【中心符号线】属性管理器

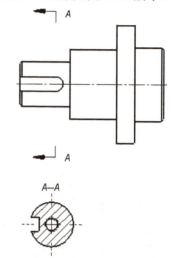

图 6-36 剖视图 *A—A* 并生成中心符号线

6.2.2 标注尺寸

（1）选择【工具】|【标注尺寸】|【智能尺寸】菜单命令，或者选择【注解】工具栏中的【智能尺寸】按钮，系统弹出如图 6-37 所示的【尺寸】属性管理器，标注视图中的尺寸，结果如图 6-38 所示。

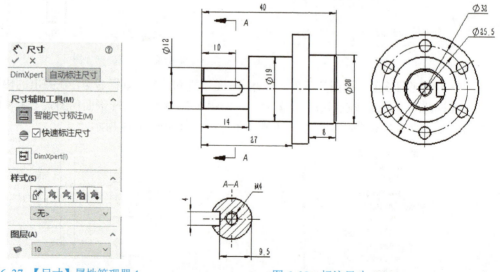

图 6-37 【尺寸】属性管理器 1

图 6-38 标注尺寸

（2）选择【工具】|【插入】|【孔标注】菜单命令，或者选择【注解】工具栏中的【孔标注】按钮，选择如图 6-39 所示的孔，在绘图区找一个合适位置单击放置尺寸，系统弹出如图 6-40 所示的【尺寸】属性管理器，【单位精度】选择【.1】选项，【标注尺寸文字】选项

组中的文本框下一行输入 EQS，单击【确定】按钮✓，结果如图 6-41 所示。

（3）选择需标注公差的尺寸添加公差。在绘图区选择左边的尺寸 ϕ12 尺寸，系统弹出如图 6-42 所示的【尺寸】属性管理器。【公差类型】选择【与公差套合】选项，【类型】选择【用户定义】选项，【轴套配合】选择【h6】选项，选中【显示括号】复选框，【公差精度】选择【.123】选项，单击【确定】按钮✓。

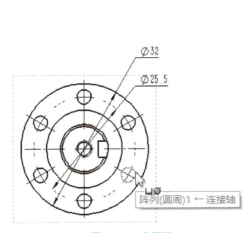

图 6-39　选择孔

图 6-40　【尺寸】属性管理器 2

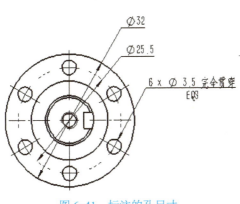

图 6-41　标注的孔尺寸

图 6-42　【尺寸】属性管理器 3

（4）在绘图区选择 A—A 剖视图上键槽宽度尺寸"4"，系统弹出如图 6-43 所示的【尺寸】属性管理器。【公差类型】选择【双边】选项，【最大变量】文本框中输入"0"，【最小变量】文本框中输入"-0.036"，其他选项和参数参照图 6-43 所示设置。设置完后单击【确定】按钮✓。

（5）参照步骤（4）标注其他尺寸的公差，结果如图 6-44 所示。

图 6-43 【尺寸】属性管理器 4

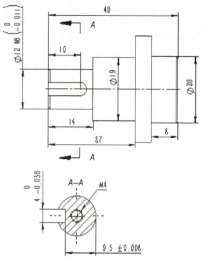

图 6-44 添加尺寸公差

6.2.3 标注注释

（1）单击【注解】工具栏上的【表面粗糙度的符号】按钮√，或选择【插入】|【注释】|【表面粗糙度的符号】菜单命令，系统弹出如图 6-45 所示的【表面粗糙度】属性管理器。单击【要求切削加工】按钮√，输入【最小粗糙度】值，如图 6-45 所示，然后放置在需要标注的地方。标注表面粗糙度的结果如图 6-46 所示。

图 6-45 【表面粗糙度】属性管理器

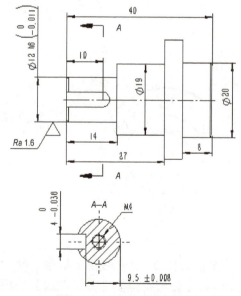

图 6-46 添加表面粗糙度

（2）选择【插入】|【注释】|【注释】菜单命令，或单击【注解】工具栏上的【注释】按钮 A，系统弹出如图 6-47 所示的【注释】属性管理器。单击【引线】选项组中的【引线最近】按钮 A 确定引线的位置，【下画线引线】按钮 确定引线样式；然后在绘图区选择需要注释的地方，如图 6-48 所示，移动鼠标指针，找一个合适位置单击鼠标左键，确定放置注释位置，

如图 6-49 所示；单击【文字格式】选项组中的【插入表面粗糙度符号】按钮√，系统弹出如图 6-45 所示的【表面粗糙度】属性管理器。参照步骤（1）设置各个选项，单击【确定】按钮✓，系统返回到【注释】属性管理器。单击【确定】按钮✓，结果如图 6-50 所示。

图 6-47 【注释】属性管理器

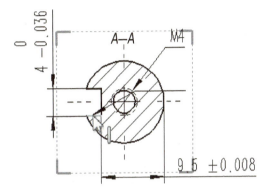

图 6-48 确定注释的地方

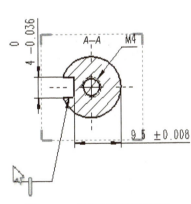

图 6-49 确定注释放置位置

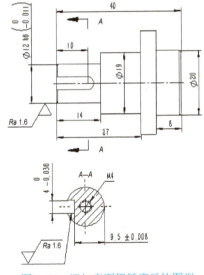

图 6-50 添加表面粗糙度后的图形

（3）单击【注解】工具栏上的【形位公差⊖】按钮▭，或者选择【插入】|【注解】|【形位公差】菜单命令，系统弹出如图 6-51 所示的【形位公差】属性管理器和如图 6-52 所示【属性】对话框。单击【形位公差】属性管理器中的【折弯引线】，【箭头样式】选项选择➤；【属性】对话框中的【符号】选择【圆形】选项○，后面的文本框中输入"0.05"，然后在视图上选择需要添加几何公差的地方，如图 6-53 所示；移动鼠标指针，找一个合适位置单击鼠标左键，确定放置注释位置，如图 6-54 所示。单击【确定】按钮✓。

⊖ 形位公差是几何公差旧称。

图 6-51 【形位公差】属性管理器

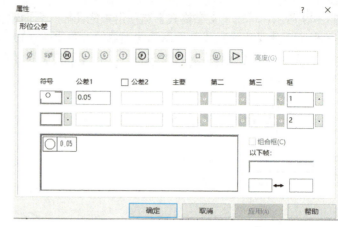

图 6-52 【属性】对话框

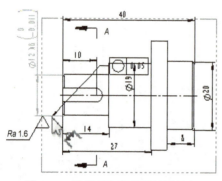

图 6-53 选择几何公差的放置地方

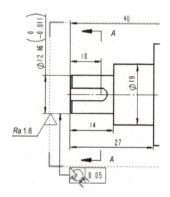

图 6-54 确定几何公差放置位置

（4）选择【插入】|【注释】|【注释】菜单命令，或单击【注解】工具栏上的【注释】按钮 **A**，系统弹出【注释】属性管理器。单击绘图区域，输入注释内文字，按〈Enter〉键，在现有的注释下加入新的一行。文字输入完后，单击【确定】按钮 ✔，完成技术要求输入。

（5）至此完成工程图绘制，结果如图 6-55 所示。

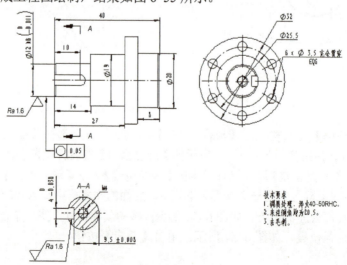

图 6-55 连接轴零件工程图

6.3　末端连接法兰二维工程图创建

末端连接法兰模型如图 6-56 所示，创建末端连接法兰二维工程图。

末端连接法兰二维工程图创建

6.3.1　创建末端连接法兰基本视图

（1）启动 SolidWorks 2020 软件。单击【标准】工具栏中的【新建】按钮□，系统弹出【新建 SOLIDWORKS 文件】对话框。单击【高级】按钮，单击【模板】选项卡，然后选择【gb_a3】，单击【确定】按钮。

（2）系统进入工程图环境并弹出【模型视图】属性管理器，单击【浏览】按钮，系统弹出【打开】对话框。选择练习文件的文件夹，找到并选择"末端连接法兰"零件，单击【打开】按钮。【模型视图】属性管理中的【方向】选项组中的【标准视图】选择【后视】□；在绘图区找一个合适的位置，单击鼠标左键将视图放置在图纸中，结果如图 6-57 所示。单击【确定】按钮✓，退出【模型视图】属性管理。

图 6-56　末端连接法兰的模型

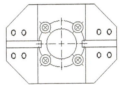

图 6-57　生成的视图

（3）选择【文件】|【保存】或【另存为】菜单命令，或单击【标准】工具栏上的【保存】按钮▣，系统弹出【另存为】对话框。在【文件名】文本框中输入"末端连接法兰"，单击【保存】按钮。

（4）选择【工具】|【选项】菜单命令，系统弹出【系统选项】对话框。单击【文档属性】选项卡，【系统选项】对话框变为如图 6-58 所示的【文档属性】对话框。单击列表中的【注释】，然后单击【字体】按钮，系统弹出如图 6-59 所示的【选择字体】对话框。按照图 6-59 所示设置各项参数，单击【确定】按钮，系统返回到【文档属性】对话框。单击列表中的【尺寸】，以相同的方式设置字体。单击列表中【尺寸】前的⊞图标，将【尺寸】展开，然后按照国标设置各种标注尺寸的标准，单击【确定】按钮。

图 6-58　【文档属性】对话框

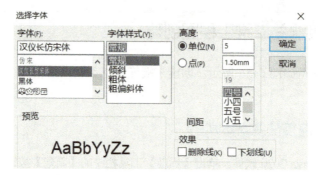

图 6-59　【选择字体】对话框

（5）选择【插入】|【工程视图】|【剖面视图】菜单命令，或者单击【工程图】工具栏中的【剖面视图】按钮，系统弹出如图 6-60 所示的【剖面视图辅助】属性管理器。打开【半剖面】选项卡，单击【半剖面】选项组中的【右侧向上】，选择如图 6-61 所示中心为半剖视图剖切位置，生成半剖视图，同时系统弹出【剖面视图】属性管理器。移动鼠标指针，会显示视图的预览，而且只能沿剖切线箭头的方向移动。当预览视图位于所需的位置时，单击鼠标左键以放置视图。单击【剖面视图】属性管理器中的【确定】按钮，结果如图 6-62 所示。

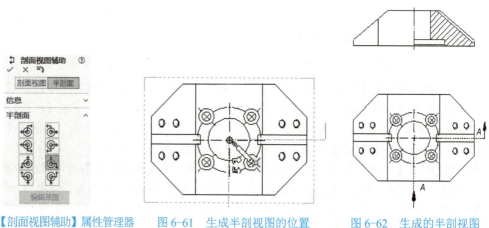

图 6-60　【剖面视图辅助】属性管理器　　　图 6-61　生成半剖视图的位置　　　图 6-62　生成的半剖视图

移动剖切符号 A 的位置。在绘图区选择剖切符号 A，按着鼠标左键不动，然后移动鼠标，在合适的位置松开鼠标左键，即可放置新的位置，如图 6-63 所示，采用相同的方式移动另一个字母 A，结果如图 6-64 所示。

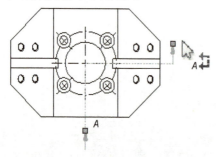
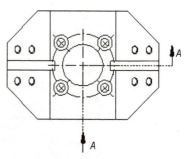

图 6-63　移动剖切符号 A　　　　　　图 6-64　剖切符号 A 移动后的位置

（6）单击【工程图】工具栏中的【剖面视图】按钮↔，系统弹出【剖面视图辅助】属性管理器。单击【切割线】选项组中的【竖直】按钮，在绘图区域移动剖切线的预览，在如图 6-65 所示的位置单击，系统弹出【剖切线编辑】工具栏，单击工具栏上的【确定】按钮✓，单击【剖面视图辅助】属性管理器中的【反转方向】按钮，然后把生成的剖视图放置在主视图的右侧，系统弹出【剖面视图】属性管理器，单击【确定】按钮✓，结果如图 6-66 所示。

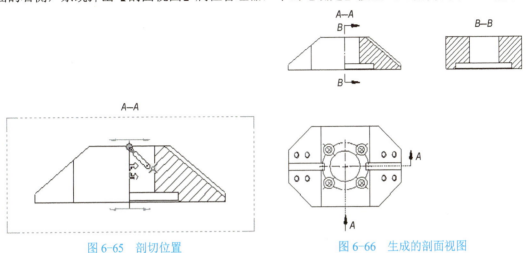

图 6-65　剖切位置　　　　　　　　　　　图 6-66　生成的剖面视图

（7）选择【插入】|【工程视图】|菜单命令，或者单击【工程图】工具栏中的【辅助视图】按钮，系统弹出如图 6-67 所示的【辅助视图】属性管理器。同时绘图区中鼠标指针变为形状，在主视图上选择投射方向，如图 6-68 所示，这时鼠标指针变为，并显示视图预览框，如图 6-69 所示。在绘图区找一个适合的位置放置视图，如图 6-70 所示。

移动投影符号 C 的位置。在绘图区选择投影符号 C，按着鼠标左键不动，然后移动鼠标，在合适的位置松开鼠标左键，即可放置新的位置，如图 6-71 所示。

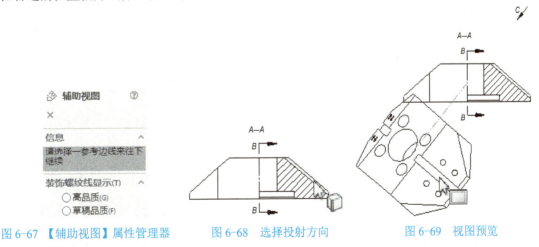

图 6-67　【辅助视图】属性管理器　　　图 6-68　选择投射方向　　　图 6-69　视图预览

选择生成的辅助视图，单击鼠标右键，系统弹出如图 6-72 所示的快捷菜单。选择【视图对齐】|【解除对齐关系】菜单命令，这时辅助视图可以独立移动了。把辅助视图移动到合适的位置，如图 6-73 所示。

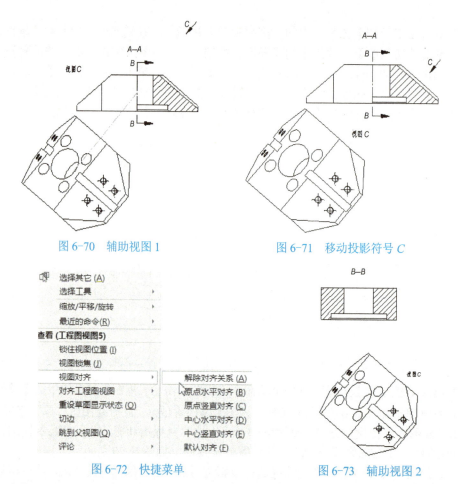

图 6-70 辅助视图 1　　　　　　　　　图 6-71 移动投影符号 C

图 6-72 快捷菜单　　　　　　　　　　图 6-73 辅助视图 2

选择辅助视图，单击鼠标右键，在弹出快捷菜单中选择【缩放/平移/旋转】|【旋转视图】命令，系统弹出如图 6-74 所示的【旋转工程视图】对话框。在【工程视图角度】文本框中输入"40.00 度"，单击【应用】按钮，再单击【关闭】按钮，然后将旋转后的视图移至合适的位置，结果如图 6-75 所示。

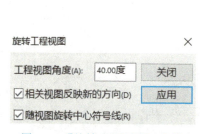

图 6-74 【旋转工程视图】对话框

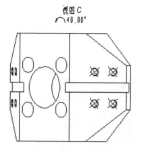

图 6-75 旋转后的辅助视图

选取如图 6-76 所示的 4 个螺纹孔的中心线，按〈Delete〉键，删除螺纹孔的中心线。然后选择【插入】|【注释】|【中心符号线】菜单命令，或者单击【注释】工具栏中的【中心符号线】按钮⊕，系统弹出如图 6-77【中心符号线】属性管理器。选取四个螺纹孔，单击【确定】按钮✔，结果如图 6-78 所示。

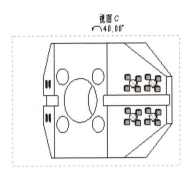

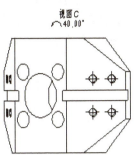

图 6-76　选取的中心线　　　　图 6-77　【中心符号线】属性管理器　　　图 6-78　生成的中心线

选择【工具】|【草图绘制实体】|【样条曲线】菜单命令，或者单击【草图】工具栏中的【样条曲线】按钮 $\cap$。在 C 向辅助视图中绘制封闭轮廓线，如图 6-79 所示。选择所绘制的封闭轮廓，然后选择【插入】|【工程视图】|【剪裁视图】菜单命令，或者单击【工程图】工具栏中的【剪裁视图】按钮，生成的剪裁视图如图 6-80 所示。

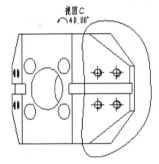

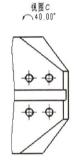

图 6-79　绘制的封闭轮廓线　　　　　图 6-80　生成的剪裁视图

6.3.2　标注尺寸

（1）选择【工具】|【标注尺寸】|【智能尺寸】菜单命令，或者单击【注解】工具栏中的【智能尺寸】按钮，标注视图中的尺寸，结果如图 6-81 所示。

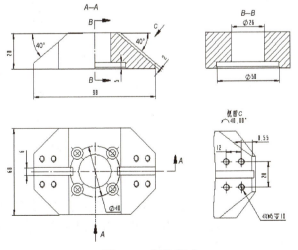

图 6-81　标注尺寸

（2）选择【工具】|【插入】|【孔标注】菜单命令，或者单击【注解】工具栏中的【孔标注】按钮⊔∅，选择如图 6-82 所示的沉头孔，在绘图区找一个合适位置单击放置尺寸，结果如图 6-83 所示。

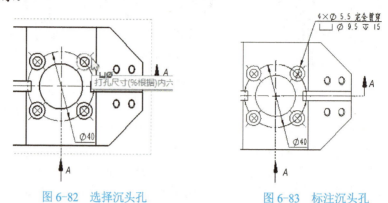

图 6-82　选择沉头孔　　　　　　图 6-83　标注沉头孔

（3）选择【工具】|【尺寸】|【倒角尺寸】菜单命令，或者单击【注解】工具栏中的【倒角尺寸】按钮╲，选取如图 6-84 所示的直线为倒角的边线，选取如图 6-85 所示的直线为参考边线，此时在绘图区显示标注的倒角尺寸，如图 6-86 所示。然后放置在合适位置，如图 6-87 所示。采用相同的方法标注其他几个地方的倒角，如图 6-88 所示。

图 6-84　选取倒角的边线　　　　图 6-85　选取参考边线　　　图 6-86　显示标注的倒角尺寸

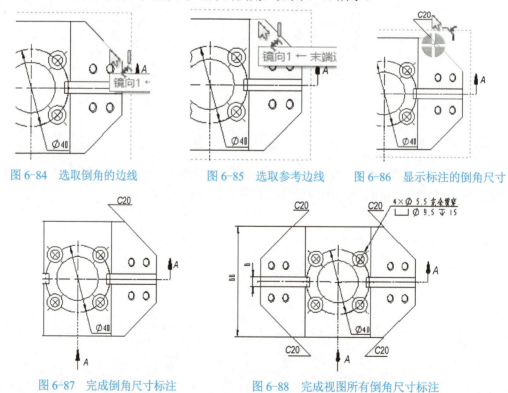

图 6-87　完成倒角尺寸标注　　　　图 6-88　完成视图所有倒角尺寸标注

（4）在俯视图选择尺寸 6，系统弹出如图 6-89 所示的【尺寸】属性管理器。【公差类型】选择【双边】选项，【最大变量】文本框中输入"0.1"，【最小变量】文本框中输入"+0.05"，其他选项参照图 6-89 设置，单击【确定】按钮✔。

在左视图选择尺寸 ϕ50，系统弹出【尺寸】属性管理器。【公差类型】选择【双边】选项，【最大变量】文本框中输入"0.048"，【最小变量】文本框中输入"+0.009"，在【单位精度】下拉列表中选择【.123】，【公差精度】下拉列表中选择【与标称相同】，单击【确定】按钮 。

（5）在主视图选择角度 40°，系统弹出如图 6-90 所示的【尺寸】属性管理器。【公差类型】选择【对称】选项，【最大变量】文本框中输入"0.05 度"，单击【确定】按钮 。采用相同的方法设置另一个角度的精度，结果如图 6-91 所示。

图 6-89　【尺寸】属性管理器 1

图 6-90　【尺寸】属性管理器 2

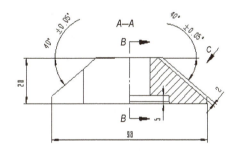

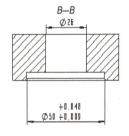

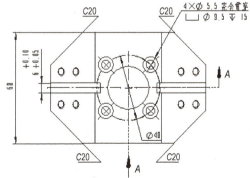

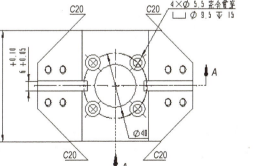

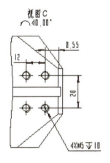

图 6-91　标注公差

6.3.3 标注注释

（1）单击【注解】工具栏上的【表面粗糙度的符号】按钮√，系统弹出【表面粗糙度】属性管理器。单击【要求切削加工】按钮√，输入【最小粗糙度】值，然后放置在需要标注的地方，标注表面粗糙度的结果如图6-92所示。

（2）采用与步骤（1）相同的方法标注其他地方的表面粗糙度，结果如图6-93所示。

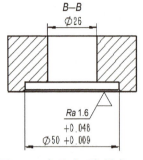
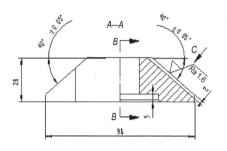
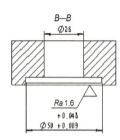

图6-92　标注表面粗糙度1　　　　　　　　图6-93　标注表面粗糙度2

（3）单击【注解】工具栏上的【基准特征】按钮，系统弹出如图6-94所示的【基准特征】属性管理器。在【标号设定】选项组中的【标号】 A 文本框中输入文字出现在基准特征框中的起始标号。取消选择【使用文件样式】复选框，选择【方形】基准符号，选择要标注的基准位置，单击【确定】按钮。采用相同的方法添加另一个基准，结果如图6-95所示。

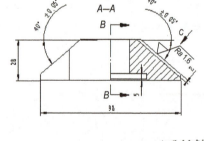
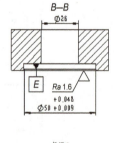
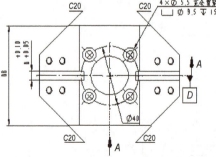
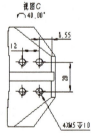

图6-94　【基准特征】属性管理器　　　　　　　图6-95　添加基准

（4）单击【注解】工具栏上的【形位公差】按钮，或者选择【插入】|【注解】|【形位公差】菜单命令，系统弹出如图6-96所示的【形位公差】属性管理器和如图6-97所示【属性】对话框。按图6-96和图6-97所示设置各个选项，在绘图区域单击放置几何公差。按图6-98所示添加另一处的几何公差，添加几何公差后的结果如图6-99所示。

图 6-96 【形位公差】属性管理器　　　　　　图 6-97 【属性】对话框 1

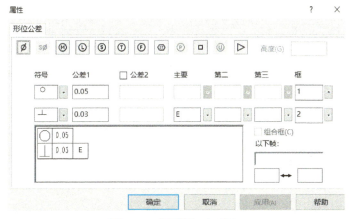

图 6-98 【属性】对话框 2

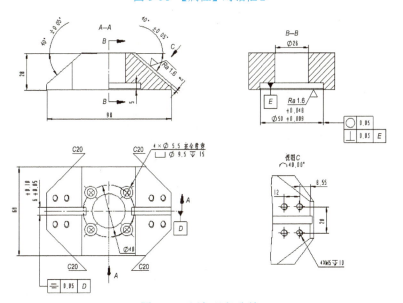

图 6-99 添加几何公差

（5）选择【插入】|【注释】|【注释】菜单命令，或单击【注解】工具栏上的【注释】按钮 **A**，系统弹出【注释】属性管理器。单击绘图区域，输入注释文字，按〈Enter〉键，在现

有的注释下加入新的一行，单击【确定】按钮✓，完成技术要求，结果如图 6-100 所示。

（6）通过【注释】功能设置标题栏中的相关内容，完成后保存工程图文件。

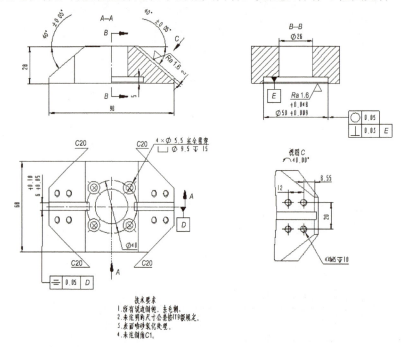

图 6-100 末端连接法兰的二维工程图

6.4 练习题

在 SolidWorks 中创建如图 6-101 和图 6-102 所示的零件二维工程图。

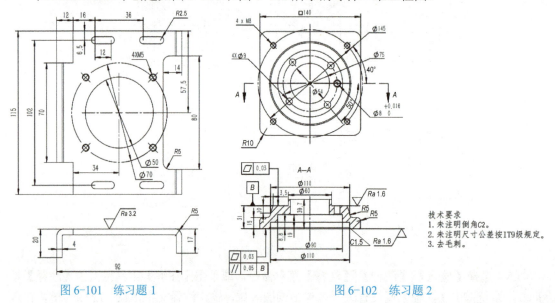

图 6-101 练习题 1   图 6-102 练习题 2

第7章　工业机器人运动仿真

在运动仿真和动画过程中，装配体的配合约束非常重要。只有在装配体中添加正确的配合约束，才能达到想要的仿真或动画效果。在 SolidWorks 软件中完成装配体设计后，可以通过运动仿真使工业机器人动起来，真实地模拟工业机器人工作过程和运动轨迹。动画是用连续的图片来表述物体的运动，更直观和清晰。SolidWorks 利用自带插件 Motion 可以制作产品的动画演示，并可做运动分析。

7.1　SolidWorks 仿真设计基础

在 SolidWorks 2020 中，通过运动算例功能可以快速、简洁地完成机构的仿真运动及动画设计。运动算例可以模拟图形的运动及装配体中部件的直观属性，它可以实现装配体运动的模拟、物理模拟及 COSMOS Motion，并可以生成基于 Windows 的 AVI 视频文件。

通过添加马达进行驱动可控制装配体的运动，或者决定装配体在不同时间点的外观。通过设定键码点，可以确定装配体运动从一个位置跳到另一个位置所需的顺序。物理模拟用于模拟装配体上的某些物理特性效果，包括模拟马达、弹簧、阻尼及引力在装配体上的效应。COSMOS Motion 用于模拟和分析，并输出模拟单元（力、弹簧、阻尼、摩擦等）在装配体上的效应，它是更高一级的模拟，包含所有在物理模拟中可用的工具。

7.1.1　运动算例用户界面

要从模型生成或编辑运动算例，可单击图形区域左下方的运动算例标签。装配体运动可以完全模拟各种机构的运动仿真及常见的动画。运动算例的界面如图 7-1 所示，下面对运动算例的界面进行讲解。

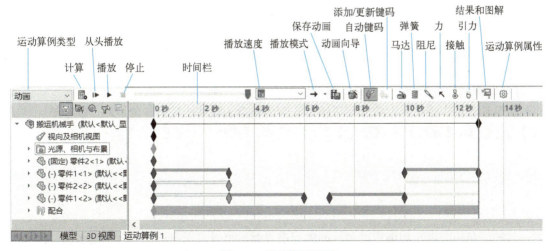

图 7-1　运动算例界面

1. 算例类型

算例类型如图 7-2 所示，有三种工具：【动画】、【基本运动】和【Motion 分析】。

可使用【动画】来表达和显示装配体的运动。通过添加马达来驱动装配体中一个或多个零件的运动，可以设定键码点在不同时间规定装配体零部件的位置。动画使用插值来定义键码点之间零部件的运动。【动画】可生成不考虑质量或引力的演示性动画。

图 7-2　算例类型

可使用【基本运动】在装配体上模仿马达、弹簧、碰撞和引力。【基本运动】在计算运动时会考虑到质量。【基本运动】计算相当快，所以可用来生成使用基于物理模拟的演示性动画。【基本运动】可以生成考虑质量、碰撞或引力且近似实际的演示性模拟动画。

【Motion 分析】在 SolidWorks Motion 插件中使用。可利用【Motion 分析】选项对装配体进行精确模拟和运动单元的分析（包括力、弹簧、阻尼和摩擦）。【Motion 分析】使用计算能力强大的动力学求解器，在计算中考虑到了材料属性和质量及惯性。还可使用【Motion 分析】来模拟结果供进一步分析。【Motion 分析】考虑到装配体物理特性，该选项是这三种类型中计算能力最强的。对运动的物理特性理解的越深，则计算结果越佳。

运动算例是对装配体模型运动的动画模拟。可以将诸如光源和相机透视图之类的视觉属性融合到运动算例中。运动算例与配置类似，并且不更改装配体模型或其属性。

2. 其他选项介绍

【计算】🔣：计算当前模拟。如果模拟被更改，则再次播放之前必须重新计算。

【从头播放】▶：重设定部件并播放模拟，在计算模拟后使用。

【播放】▶：从当前时间栏位置播放模拟。

【停止】■：停止播放。

【播放模式】：播放模式有三种。【正常】➡用于一次性从头到尾播放；【循环】🔄用于多次从头到尾连续播放；【往复】↔用于从头到尾播放，然后从尾到头回放，往复播放。

【保存动画】🎞：将动画保存为 AVI 或其他文件类型。

【动画向导】🎬：生成简单的动画。

【自动键码】🔑：当此按钮按下时，会自动为拖动的部件在当前时间栏生成键码。再次单击可关闭该选项。

【添加/更新键码】🔑+：单击该按钮可以添加新键码或更新现有键码的属性。

【结果和图解】📊：计算结果并生成图表。

【运动算例属性】⚙：设置运动算例的属性。

在运动算例中使用模拟单元可以接近实际地模拟装配体中零部件的运动。模拟单元种类有【马达】🖐、【弹簧】🗄、【阻尼】✎、【力】🔨、【接触】🎱和【引力】🔩。

7.1.2　时间线和时间栏

1. 时间线

时间线是用来设定和编辑动画时间的标准界面，可以显示出运动算例中动画的时间和类型。时间线被竖直网格线均分，这些网格线对应于表示时间的数字标记。将图 7-1 所示的【时间线】区域放大，结果如图 7-3 所示。从图中可以观察到时间线区被竖直的网格线均匀分开，并且竖直的网格线和时间标识相对应。时间标识是从【0 秒】开始的，竖直网格线之间的距离可以通过单击运动算例界面右下角的【放大】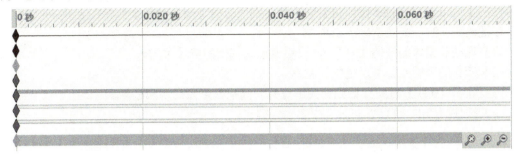或【缩小】按钮控制。

图 7-3　时间线

2. 时间栏

时间线区域中的黑色竖直线即为时间栏，它表示动画的当前时间。沿时间线拖动时间栏到任意位置或单击时间线上的任意位置（关键点除外），都可以移动时间栏。移动时间栏会更改动画的当前时间并更新模型。定位时间栏的方法如下。

（1）单击时间线上对应的时间栏，模型会显示当前时间的更改。

（2）拖动选中的时间栏到时间线上的任意位置。

（3）选中一个时间栏，按一次空格键，时间栏会沿时间线往后移动一个时间增量。

7.1.3　更改栏

在时间线上，连接键码点之间的水平栏即为更改栏，它表示在键码点之间的一段时间内所发生的更改。可以更改的内容包括：动画时间长度、零部件运动、模拟单元属性更改、视图定向（如旋转）、视向属性（如颜色或视图隐藏、显示等）。

对于不同的实体，更改栏使用不同的颜色来直观地识别零部件和类型的更改。除颜色外还可以通过【运动算例设计树】中的图标来识别实体。当生成动画时，键码点在时间线上随动画进程增加。水平更改栏以不同颜色显示，以识别动画播放过程中变更的每个零部件或视觉属性所发生的变动类型。系统默认更改栏的颜色如下。

（1）驱动运动：蓝色。

（2）从动运动：黄色。

（3）爆炸运动：橙色。

（4）外观：粉红色。

7.1.4　关键点与键码点

SolidWorks 运动算例是基于键码画面（关键点）的动画，先设定装配体在各个时间点的外观，然后 SolidWorks 运动算例的应用程序会计算从一个位置移动到下一个位置中间所有的过程。它使用的基本用户界面元素有键码点、时间线、时间栏和更改栏。

　　时间线上的所有◆符号，都被称为键码点，关键位置上的键码点称为关键点。可使用键码点设定动画位置更改的开始、结束或某特定时间的其他特性。无论何时定位一个新的键码点，它都会对应于运动或视向特性的更改。

　　当在任一键码点上移动鼠标指针时，零件序号将会显示此键码点时间的键码属性。如果零部件在【Motion Manager 设计树】中折叠，则所有的键码属性都会包含在零件序号中。

　　在键码操作时，需注意以下事项。

　　（1）拖动装配体的键码（顶层），只更改运动算例的持续时间。

　　（2）所有的关键点都可以复制、粘贴。

　　（3）除了【0 秒】时间标记处的关键点外，其他都可以剪切和删除。

　　（4）按住〈Ctrl〉键可以同时选中多个关键点。

7.1.5　运动算例基本操作

1. 激活 Motion Manager

　　如果【运动算例】选项卡不可见，可按以下步骤将其激活。

　　（1）选择【视图】|【用户界面】菜单。

　　（2）选中【Motion Manager】选项，图形区左下角出现两个选项卡。

　　【运动算例】选项卡：可以有多个，新建动画时只有【运动算例 1】。可以右键单击现有运动算例标签的名称，然后在弹出的快捷菜单中选择【生成新运动算例】命令来生成新的运动算例标签。欲重新命名运动算例标签，右键单击标签并选择【重新命名】，然后输入新的名称。要复制现有运动算例标签，右键单击现有运动算例标签，然后选择【复制】。

2. 生成动画

生成动画

　　Motion Manager 可以具备多个动画配置，且彼此相互独立。在生成动画之前，需要对装配体零部件进行合理的位置约束。零件有6 个自由度，通过添加配合关系来限制自由度，以达到和实际物理模型同样的运动状态：平移或转动。

　　生成动画有以下三个步骤。

　　（1）将零件移动到初始位置。

　　（2）根据机构运动的时间长度，将时间栏拖动到相应的位置。

　　（3）将零件移动到最终位置。

　　如图 7-4 所示的气动手爪装配体，要生成部件手爪 1 沿气缸缸体中的槽移动的动画效果。下面通过 Motion Manager 模拟气动手爪张开和夹紧的过程。

　　详细操作步骤如下。

　　（1）打开文件练习文件：第 7 章\1 气动手爪\气动手爪.SLDASM。

　　（2）单击左下角的【运动算例 1】选项卡，打开运动算例界面。在绘图区将模型调整至如图 7-5 所示的方位。

　　（3）用鼠标拖动时间栏到【5 秒】处或者在时间栏对应的【5 秒】处单击，如图 7-6 所示。

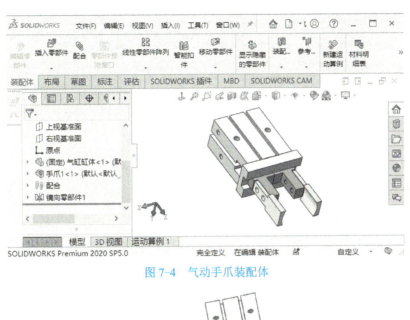

图 7-4 气动手爪装配体

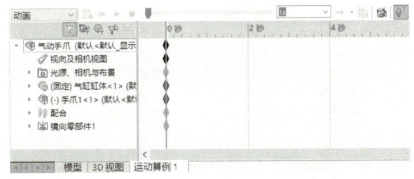

图 7-5 拖动模型到最终位置

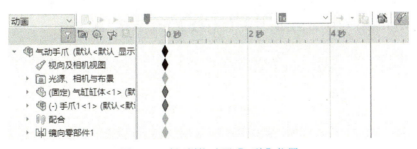

图 7-6 时间栏拖动至【5 秒】位置

（4）在绘图区拖动部件手爪 1 至最终位置，也就是 5s 后应达到的位置，如图 7-7 所示。这时系统自动为移动件在【5 秒】处添加一关键点，同时在时间线上出现更改栏。最上方的黑色细线表示动画总的持续时间，绿色线表示此零件为驱动运动，黄褐色线表示配合尺寸。

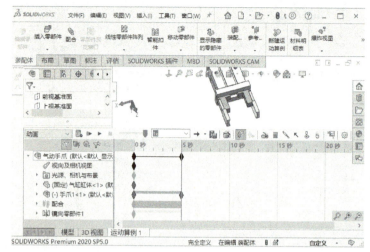

图 7-7　拖动移动件至【5 秒】位置

（5）单击【Motion Manager】工具栏中的【播放】按钮 ▶ 就可以查看动画效果。

（6）对于已有的键码点，可以对其剪切、复制、删除或者压缩。右键单击【运动算例设计树】中"手爪 1"行对应时间线【0 秒】处的键码点，在弹出的快捷菜单中选择【复制】命令，如图 7-8 所示；将时间栏拖动到【10 秒】处，在"手爪 1"行右键单击，在弹出的快捷菜单中选择【粘贴】命令，如图 7-9 所示，这样就可以实现手爪夹紧的动作。

（7）单击【Motion Manager】工具栏中的【播放】按钮 ▶ 就可以查看动画效果了。

图 7-8　复制键码点　　　　　　　　　　图 7-9　粘贴键码点

（8）单击【Motion Manager】工具栏上的【保存动画】按钮 ，系统弹出如图 7-10 所示的【保存动画到文件】对话框。选择保存目录，输入保存文件的文件名，【保存类型】下拉列表中选择【MP4 视频文件(*.mp4)】，单击【保存】按钮，保存动画。

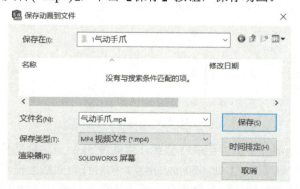

图 7-10　【保存动画到文件】对话框

3．插值模式

在键码点之间，可以改变动画的插值模式，以得到更接近实际情况的模拟。在时间线上，右键单击想要影响零部件的键码点，在弹出的快捷菜单中选择一种【插值模式】子菜单，如图 7-11 所示。

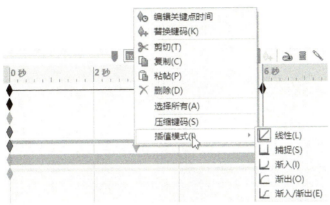

图 7-11　插值模式

如果零部件从 0s（位置 A）移动到 3s（位置 B），则可以调整从 A 到 B 的播放运动，其中 A 和 B 代表沿时间线的关键点。要在位置 A 的键码点和位置 B 的键码点之间更改插值模式，可以在时间线上用右键单击位置 B 键码点。插值模式有五种，分别如下。

（1）【线性】：默认设置零部件以匀速从位置 A 移动到位置 B。

（2）【捕捉】：零部件停留在位置 A，直到时间到达位置 B，然后捕捉到位置 B。

（3）【渐入】：零部件开始从位置 A 缓慢移动，然后向位置 B 加速。

（4）【渐出】：零部件开始从位置 A 快速移动，然后向位置 B 减速。

（5）【渐入/渐出】：零部件向处于位置 A 和位置 B 的中间位置时间加速移动，然后在接近位置 B 过程中减速移动。

7.1.6　动画向导工具

动画向导可以帮助初学者快速生成运动算例，通过动画向导可以生成的运动算例包括以下几种。

（1）旋转零件或装配体模型。

（2）爆炸或解除爆炸（只有在生成爆炸视图后，才能使用）。

（3）物理模拟（只有在运动算例中计算了模拟之后，才可以使用）。

（4）COSMOS Motion（只有安装了插件并在运动算例中计算结果后，才可以使用）。

1．旋转动画

旋转动画可以从不同的方位显示模型，是最常用、最简单的动画。下面以图 7-4 所示的模型作为旋转零件的运动算例，具体操作步骤如下。

（1）打开文件练习文件：第 7 章\1 气动手爪\气动手爪.SLDASM。

（2）单击左下角的【运动算例 1】选项卡，打开运动算例界面。

（3）单击【Motion Manager】工具栏上的【动画向导】按钮，系统弹出如图 7-12 所示的【选择动画类型】对话框。

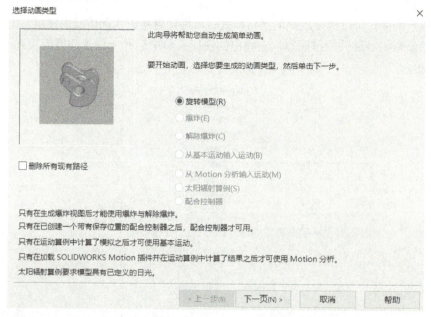

图 7-12 【选择动画类型】对话框

（4）在【选择动画类型】对话框中有【旋转模型】、【爆炸】、【解除爆炸】、【从基本运动输入运动】和【从 Motion 分析输入运动】等选项，单击选择【旋转模型】选项。如果选中【删除所有现有路径】复选框，将删除以前设置的路径，并按新的设置运行。然后单击【下一步】按钮，系统弹出如图 7-13 所示的【选择—旋转轴】对话框。

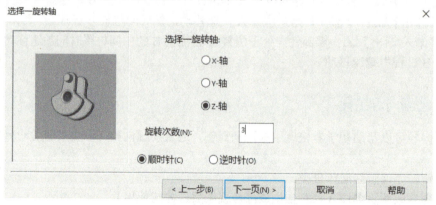

图 7-13 【选择—旋转轴】对话框

（5）在【选择—旋转轴】对话框中，可设置以下项目。

1）选择一个旋转轴：【Y-轴】（或【X-轴】、【Z-轴】），本实例选择【Z-轴】。

2）【旋转次数】：输入旋转次数数值，本实例设置为"3"次。

3）【顺时针】/【逆时针】选项。本实例选择【顺时针】选项。

（6）单击【下一步】按钮，系统弹出如图 7-14 所示的【动画控制选项】对话框。在【时间长度(秒)】文本框输入动画播放的时间长度，本实例设置为"7"s。所指定的时间长度是指播放动画时总的时间长度，但不包括延迟时间。

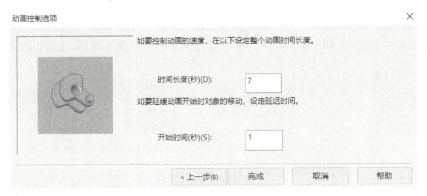

图 7-14　【动画控制选项】对话框

在【开始时间(秒)】文本框输入动画开始前的延迟时间，本实例设置为"1"s。表示在开始动画后延迟 2s 才开始动画动作。如果设置为"0"s，则表示立即开始，没有延迟时间。

装配体爆炸动画

（7）单击【完成】按钮，完成动画。

2.　装配体爆炸动画

生成爆炸视图首先要生成装配体中各零件的爆炸视图以便在动画中使用，通过运动算例中的动画向导功能可以模拟装配体的爆炸效果。下面以腕部模型作为爆炸零件的运动算例，具体操作步骤如下。

（1）打开文件练习文件：第 7 章\2 腕部\腕部.SLDASM。

（2）选择【插入】|【爆炸视图】菜单命令，或者单击【装配】工具栏中的【爆炸视图】按钮 ，系统弹出【爆炸】属性管理器。

（3）创建如图 7-15 所示的爆炸步骤 1。在绘图区选取如图 7-16 所示的 M3 螺钉，选择 X 轴（红色箭头）为移动方向，在【爆炸距离】 文本框中输入"260"，然后单击【完成】按钮，完成如图 7-15 所示的爆炸步骤 1。

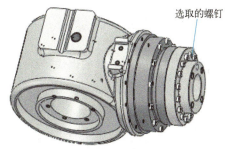

选取的螺钉

图 7-15　爆炸步骤 1　　　　　图 7-16　选取的螺钉

（4）完成如图 7-17 所示的爆炸步骤 2。操作方法与步骤（3）基本相同，【爆炸距离】为"220"。

（5）完成如图 7-18 所示的爆炸步骤 3。操作方法与步骤（3）基本相同，【爆炸距离】为"190"。

图 7-17　爆炸步骤 2　　　　　图 7-18　爆炸步骤 3

（6）完成如图 7-19 所示的爆炸步骤 4。操作方法与步骤（3）基本相同，【爆炸距离】为"170"。

（7）完成如图 7-20 所示的爆炸步骤 5。操作方法与步骤（3）基本相同，【爆炸距离】为"150"。

图 7-19　爆炸步骤 4　　　　　　　　图 7-20　爆炸步骤 5

（8）完成如图 7-21 所示的爆炸步骤 6。操作方法与步骤（3）基本相同，【爆炸距离】为"140"。

（9）完成如图 7-22 所示的爆炸步骤 7。操作方法与步骤（3）基本相同，【爆炸距离】为"105"。

图 7-21　爆炸步骤 6　　　　　　　　图 7-22　爆炸步骤 7

（10）完成如图 7-23 所示的爆炸步骤 8。操作方法与步骤（3）基本相同，【爆炸距离】为"105"。

（11）完成如图 7-24 所示的爆炸步骤 9。操作方法与步骤（3）基本相同，【爆炸距离】为"95"。

图 7-23　爆炸步骤 8　　　　　　　　图 7-24　爆炸步骤 9

（12）完成如图 7-25 所示的爆炸步骤 10。操作方法与步骤（3）基本相同，【爆炸距离】为"80"。

（13）完成如图 7-26 所示的爆炸步骤 11。操作方法与步骤（3）基本相同，【爆炸距离】为"60"。

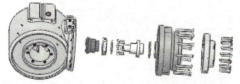

图 7-25　爆炸步骤 10　　　　　　　　图 7-26　爆炸步骤 11

（14）单击左下角的【运动算例 1】选项卡，打开运动算例界面。

（15）单击【Motion Manager】工具栏上的【动画向导】按钮，系统弹出如图 7-12 所示的【选择动画类型】对话框。

（16）单击选择【爆炸】选项，单击【下一步】按钮，系统弹出如图 7-14 所示的【动画控制选项】对话框。

（17）【时间长度(秒)】文本框中输入"10"，【开始时间(秒)】文本框中输入"0"，单击【完成】按钮，完成装配体爆炸动画的制作。

（18）单击【Motion Manager】工具栏上的【播放】按钮 ▶，观察装配体的爆炸过程。

（19）单击【Motion Manager】工具栏上的【保存动画】按钮，系统弹出如图 7-10 所示的【保存动画到文件】对话框。选择保存目录，输入保存文件的文件名，【保存类型】下拉列表中选择【MP4 视频文件(*.mp4)】，单击【保存】按钮，保存动画。

7.1.7　基础仿真动画设计

在 SolidWorks 中，可以在动画的任意点把视向的属性用动画显示。可以控制动画中单个或多个零部件的显示，并在相同或不同的装配体零部件中组合不同的显示选项。

动画视向属性的设置步骤如下。

（1）右键单击【运动算例设计树】中的【视向及相机视图】，系统弹出如图 7-27 所示的快捷菜单。取消选择【禁用观阅键码播放】和【禁用观阅键码生成】，这样就可以使用【前导视图】工具栏上的【旋转】和【平移】等命令操作模型，而不会将模型方向变化作为动画的一部分。

（2）沿时间线选择一个关键点，在此点开始更改相对应的零部件的【视向属性】，拖动时间栏来设定终点。

（3）在【运动算例设计树】中右键单击关联的零部件，然后在如图 7-28 所示的快捷菜单中选择以下视向属性选项之一。

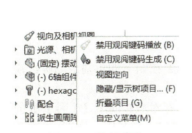

图 7-27　快捷菜单

图 7-28　更改零部件属性

【隐藏】：隐藏或显示零部件。

【更改透明度】：为零部件更改透明度。使用此选项可实现模型透明与非透明状态的切换。

【零部件显示】：从 SolidWorks 显示选项中选择零部件的显示方式，如【上色】、【线架图】、【带边线上色】等。

【材料】：为零部件赋予材质。

【外观】：修改颜色或纹理属性。

【零部件属性】：选择该选项，会打开零部件【属性】对话框，可更改其他属性（如零部件的压缩状态）等。

（4）单击【Motion Manager】工具栏上的【从头播放】▶或【播放】按钮▶时，该零部件的视向属性将会随着动画的进程而变化。

1. 逐渐隐藏和显示零部件动画设计

隐藏零件摆动体，产生摆动体逐渐消失和重新显示的效果，具体操作步骤如下。

逐渐隐藏和显示零部件动画设计

（1）打开文件练习文件：第 7 章\2 腕部\腕部.SLDASM。

（2）单击左下角的【运动算例 1】选项卡，打开运动算例界面。

（3）用鼠标拖动时间栏到【2 秒】处或者在时间栏对应的【2 秒】处单击。

（4）在时间线中，单击【2 秒】放置时间栏，在【运动算例设计树】中"摆动体"零件行右键单击，然后在弹出的快捷菜单中选择【放置键码】命令，如图 7-29 所示，生成结束位置。

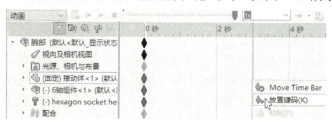

图 7-29　放置键码

（5）在【运动算例设计树】中，右键单击"摆动体"，然后在弹出的快捷菜单中选择【隐藏】命令。更改栏随时间线出现，如图 7-30 所示。

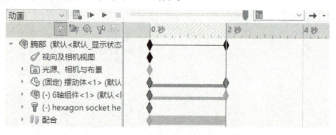

图 7-30　摆动体隐藏的更改栏

（6）单击【Motion Manager】工具栏上的【播放】按钮 ▶ 即可播放动画，摆动体因逐渐隐藏而产生逐渐消失的效果。

（7）右键单击【运动算例设计树】中"摆动体"行对应时间线【0 秒】处的键码点，在弹出的快捷菜单中选择【复制】命令；将时间栏拖动到【4 秒】处，在【运动算例设计树】中"摆动体"行右键单击，在弹出的快捷菜单中选择【粘贴】命令，更改栏随时间线出现，如图 7-31 所示。

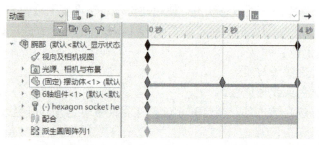

图 7-31　摆动体隐藏和显示的更改栏

（8）单击【Motion Manager】工具栏上的【从头播放】按钮▷即可播放动画，摆动体会产生逐渐显示的效果。

用同样的方法可以制作更改零部件透明度、颜色、纹理等的动画。

2. 逐渐透明消失动画设计

用动画视向属性的方法可以使零部件以动画形式逐渐变得透明，用以显示装配体内部的零部件，或者使某一零部件产生逐渐消失的特殊效果。

以零件摆动体逐渐透明消失和正常显示为例，使零部件以动画形式逐渐变得透明的操作步骤如下。

（1）打开文件练习文件：第 7 章\2 腕部\腕部.SLDASM。

（2）单击左下角的【运动算例 1】选项卡，打开运动算例界面。

（3）用鼠标拖动时间栏到【3 秒】处或者在时间栏对应的【3 秒】处单击。

（4）在时间线中，单击【3 秒】放置时间栏，在【运动算例设计树】中"摆动体"零件行右键单击，然后在弹出的快捷菜单中选择【放置键码】命令，生成结束位置。

（5）在绘图区选择摆动体，单击鼠标右键，在弹出的快捷工具栏中单击【改变透明度】按钮◉，如图 7-32 所示。

（6）单击【Motion Manager】工具栏上的【播放】按钮▶，即可播放动画。随着播放进程，零部件摆动体的透明度逐渐增加，当播放到最后时完全透明，如图 7-33 所示。

图 7-32　快捷工具栏

图 7-33　零部件逐渐透明

7.1.8　视图定向动画

观阅键码是指模型在某一时间点处的视图。观阅键码出现在【视向及相机视图】键码画面中。【视向及相机视图】可以在动画过程中旋转、缩放或平移整个动画。

右键单击【运动算例设计树】中【视向及相机视图】，系统弹出如图 7-34 所示的快捷菜单，可以设定以下选项。

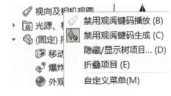

图 7-34　快捷菜单

选取【禁用观阅键码生成】：出现◈图标，在播放过程中或在编辑动画时可防止模型视图更改。即在播放过程中，当使用缩放或旋转将模型重新定向时，这些更改不会保存在动画中。选取此选项也禁止观阅键码生成。

选取【禁用观阅键码播放】：出现▨图标，【视向及相机视图】图标，文本及观阅键码变为灰色。在播放过程中，模型视图方向不变。

【禁用观阅键码播放】、【禁用观阅键码生成】均未选取：出现✎图标，可生成观阅键码。

1. 逐渐放大或缩小动画设计

生成模型逐渐放大或缩小的动画。以手腕模型为例讲解放大或缩小动画设计过程，具体操作步骤如下。

（1）打开文件练习文件：第 7 章\2 腕部\腕部.SLDASM。

（2）单击左下角的【运动算例 1】选项卡，打开运动算例界面。

（3）在【运动算例设计树】中，右键单击【运动算例设计树】中【视向及相机视图】，在弹出的快捷菜单中确保【禁用观阅键码播放】、【禁用观阅键码生成】未选取，出现 🖋 图标。

（4）用鼠标拖动时间栏到【4 秒】处或者在时间栏对应的【4 秒】处单击。

（5）在时间线中，单击【4 秒】放置时间栏，在【运动算例设计树】中【视向及相机视图】行右键单击，然后在弹出的快捷菜单中选择【放置键码】，生成结束位置。

（6）在绘图区单击鼠标右键，在弹出在快捷菜单中选择【放大或缩小】命令，在图形区域将鼠标指针往下拖动缩小模型作为结束时的大小。

（7）在时间线中，单击【4 秒】放置时间栏，在【运动算例设计树】中【视向及相机视图】行右键单击，然后在弹出的快捷菜单中选择【放置键码】，生成下一个结束位置。单击【前导视图】工具栏中的【等轴测】按钮 📦，作为该点动画的模型大小。

（8）单击【Motion Manager】工具栏上的【播放】按钮 ▶，即可播放动画，如图 7-35 所示。

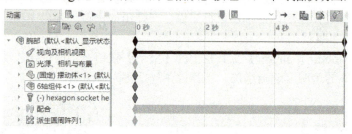

图 7-35　放大/缩小装配体

2. 定向视图动画设计

定向视图动画就是将模型的若干个定向视图按照规定的时间顺序播放出来而形成的一种动画形式，以手腕模型为例讲解定向视图动画设计过程，具体操作步骤如下。

定向视图动画设计

（1）打开文件练习文件：第 7 章\2 腕部\腕部.SLDASM。

（2）单击左下角的【运动算例 1】选项卡，打开运动算例界面。

（3）在【运动算例设计树】中，右键单击【运动算例设计树】中【视向及相机视图】，在弹出的快捷菜单中选择【禁用观阅键码播放】。

（4）在【视向及相机视图】行【0 秒】时间栏处的键码上单击鼠标右键，在弹出的快捷菜单中选择【视图定向】|【下视】命令，如图 7-36 所示，将视图调整为下视图。

（5）在【视向及相机视图】行【2 秒】时间栏处的键码上单击鼠标右键，在弹出的快捷菜单中选择【视图定向】|【右视】命令，将视图调整为右视图。

（6）在【视向及相机视图】行【4 秒】时间栏处的键码上单击鼠标右键，在弹出的快捷菜单中选择【视图定向】|【前视】命令，将视图调整为前视图。

（7）在【视向及相机视图】行【4 秒】时间栏处的键码上单击鼠标右键，在弹出的快捷菜单中选择【视图定向】|

图 7-36　确定定向视图方向

【等轴测】命令，将视图调整为等轴测视图。

（8）单击【Motion Manager】工具栏上的【播放】按钮 ▶，即可播放动画，如图 7-37 所示。

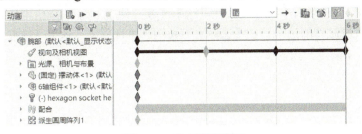

图 7-37　定向视图动画

7.2　高级仿真动画设计

使用【基本运动】选项可以生成考虑质量、碰撞或引力的运动的近似模拟。所生成的动画更接近真实的情形，但求得的结果仍然是演示性的，并不能得到详细的数据和图解。在基本运动界面可以为模型添加马达、弹簧、接触和引力等，以模拟物理环境。

7.2.1　马达动画设计

马达动画是指通过模拟在机构中添加马达，对机构进行驱动而形成的一种仿真模拟动画形式。马达动画不提供力，强度不会根据零部件的大小或质量而变化。

1．线性马达

线性马达

以工业机器人实训台 2 模型为例讲解线性马达动画设计过程，具体操作步骤如下。

（1）打开文件练习文件：第 7 章\3 工业机器人实训台\工业机器人实训台 2.SLDASM。

（2）单击左下角的【运动算例 1】选项卡，打开运动算例界面，算例的类型选择【基本运动】。

（3）单击【Motion Manager】工具栏上的【马达】按钮，系统弹出如图 7-38 所示的【马达】属性管理器。在【马达类型】选项组中选择【线性马达】，【零部件/方向】选项组中选择图形区域中如图 7-38 所示的手爪安装板的边缘。在【运动】下拉列表中选择【等速】，【速度】文本框中输入"80mm/s"，单击【确定】按钮 ✔。

【马达】属性管理器各选项说明如下。

【旋转马达】：模拟旋转力矩的作用，零部件旋转的速度与其质量特性无关。

【线性马达】：模拟线性作用力，零部件旋转的速度与其质量特性无关。

【马达位置】列表框：选取定位马达的零部件及方向。

【反向】按钮：改变马达方向。

【参考零部件】：选取某个零部件作为运动的基准。

【函数】下拉列表：为马达选择运动函数，包含【等速】、【距离】、【振荡】、【线段】、【数据点】、【表达式】和【伺服马达】等选项。

【速度】⏱文本框：设置速度数值。

（4）单击【Motion Manager】工具栏上的【马达】按钮🔌，系统弹出【马达】属性管理器。在【马达类型】选项组中选择【线性马达】，【零部件/方向】选项组中选择图形区域中如图 7-39 所示的气缸缸体的边缘。在【运动】下拉列表中选择【等速】，【速度】文本框中输入"20mm/s"，单击【确定】按钮✔。

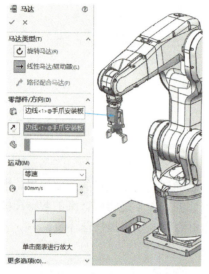

图 7-38 【马达】属性管理器

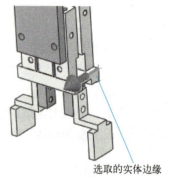

选取的实体边缘

图 7-39 选取的实体边缘

（5）单击【Motion Manager】工具栏上的【计算】按钮🖩。计算出动画之后，单击【从头播放】按钮▶即可播放动画，结果如图 7-40 所示。

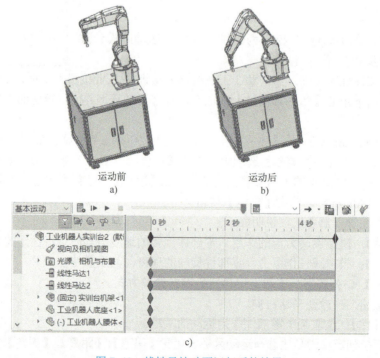

运动前
a)

运动后
b)

c)

图 7-40 线性马达动画运行后的结果

2. 旋转马达

以工业机器人实训台1模型为例讲解旋转马达动画设计过程，具体操作步骤如下。

（1）打开文件练习文件：第7章\3工业机器人实训台\工业机器人实训台1.SLDASM。

（2）单击左下角的【运动算例1】选项卡，打开运动算例界面，算例的类型选择【基本运动】。

（3）单击【Motion Manager】工具栏上的【马达】按钮，系统弹出如图7-38所示的【马达】属性管理器。在【马达类型】选项组中选择【旋转马达】，【零部件/方向】选项组中选择图形区域中如图7-41所示的工业机器人腰体上的面。在【运动】下拉列表中选择【等速】，【速度】文本框中输入"3RPM"，单击【确定】按钮。

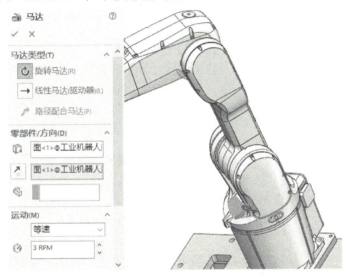

图7-41 【马达】属性管理器

（4）在【Motion Manager】中，将键码和时间栏拖到【3秒】位置。

（5）单击【Motion Manager】工具栏上的【计算】按钮。计算出动画之后，单击【从头播放】按钮即可播放动画。

3. 路径配合马达

路径配合马达

以工业机器人实训台3模型为例讲解路径配合马达动画设计过程，具体操作步骤如下。

（1）打开文件练习文件：第7章\3工业机器人实训台\工业机器人实训台3.SLDASM。

（2）单击左下角的【运动算例1】选项卡，打开运动算例界面，算例的类型选择【Motion分析】。

（3）将时间栏拖动到【4秒】处。

（4）单击【Motion Manager】工具栏上的【马达】按钮，系统弹出如图7-42所示的【马达】属性管理器。在【马达类型】选项组中选择【路径配合马达】，【配合/方向】选项组中选择【配合】列表的【路径配合1】。在【运动】下拉列表中选择【等速】，【速度】文本框中输入"120mm/s"，单击【确定】按钮。

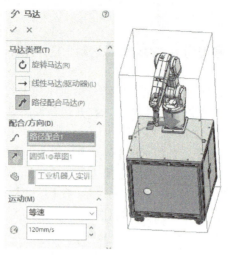

图 7-42　【马达】属性管理器

（5）单击【Motion Manager】工具栏上的【计算】按钮📇。计算出动画之后，单击【从头播放】按钮▷即可播放动画。

7.2.2　添加引力和接触

引力是指模拟沿某一方向的万有引力，在零部件自由度之内逼真地移动零部件。下面以引力和接触实例模型为例讲解引力和接触动画设计过程，具体操作步骤如下。

添加引力和接触

（1）打开文件练习文件：第 7 章\4 引力和接触\引力和接触实例.SLDASM。

（2）单击左下角的【运动算例 1】选项卡，打开运动算例界面，算例的类型选择【基本运动】。

（3）单击【Motion Manager】工具栏上的【引力】按钮🪨，系统弹出如图 7-43 所示的【引力】属性管理器。参考方向选择【Z】方向，单击【确定】按钮✓。

（4）单击【Motion Manager】工具栏上的【接触】按钮🕹，系统弹出如图 7-44 所示的【接触】属性管理器。在【选择】选项组中的零部件列表框中，选取绘图区所有零部件，单击【确定】按钮✓。

图 7-43　【引力】属性管理器　　　　图 7-44　【接触】属性管理器

（5）单击【Motion Manager】工具栏上的【计算】按钮 。计算出动画之后，单击【从头播放】按钮 即可播放动画，结果如图 7-45 所示。

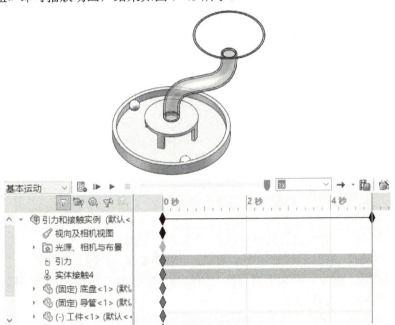

图 7-45　引力和接触动画运行后的结果

7.2.3　配合在动画中的应用

在 SolidWorks 运动算例中，可以通过改变装配体中的配合参数，生成一些直观、形象的动画。本节介绍具体的操作方法。

在动画中使用配合

1．在动画中使用配合

可通过改变距离或角度的配合值实现动画。例如，有一气动翻转机构，两板面夹角在 0°～90°之间变化。首先添加【面面角度】约束，如图 7-46 所示，初始角度可以定为 90°，具体操作步骤如下。

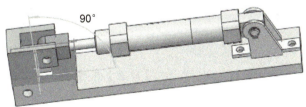

图 7-46　气动翻转机构

（1）打开文件练习文件：第 7 章\5 翻转机构\翻转机构 1.SLDASM。

（2）单击左下角的【运动算例 1】选项卡，打开运动算例界面，算例的类型选择【动画】。

（3）在【运动算例特征管理器设计树】中展开【配合】。将时间栏沿时间线拖动到【5 秒】位置，在【角度 1】配合行，右键单击【5 秒】处并在弹出的快捷菜单中选择【放置键码】命令，如图 7-47 所示。

（4）放置键码后双击键码，系统弹出如图 7-48 所示的【修改】对话框。输入新的角度值"0"后单击【确定】按钮✓。

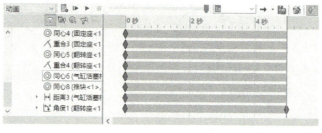

图 7-47　放置键码

图 7-48　【修改】对话框

（5）单击【Motion Manager】工具栏上的【计算】按钮▦。计算出动画之后，单击【从头播放】按钮▯▶即可播放动画。

2. 动画距离配合

对如图 7-46 所示的气动翻转机构模型，也可以用更改距离配合的方法来实现动画，并且通过这种配合方式，可以使零部件的定位更加精确和严格。例如，模拟活塞杆在气缸缸体中的滑动，将滑动的范围限制在 22.75～70mm 之间，具体操作步骤如下。

（1）打开文件练习文件：第 7 章\5 翻转机构\翻转机构 2.SLDASM。

（2）单击左下角的【运动算例 1】选项卡，打开运动算例界面，算例的类型选择【动画】。

（3）在【运动算例特征管理器设计树】中展开【配合】。将时间栏沿时间线拖动到【5 秒】位置，在【距离 2】配合行，右键单击【5 秒】处并在弹出的快捷菜单中选择【放置键码】命令，如图 7-49 所示。

（4）放置键码后双击键码，系统弹出如图 7-50 所示的【修改】对话框。输入新的距离"70"后单击【确定】按钮✓。

图 7-49　放置键码

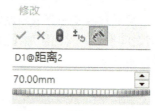

图 7-50　【修改】对话框

（5）单击【Motion Manager】工具栏上的【计算】按钮▦。计算出动画之后，单击【从头播放】按钮▯▶即可播放动画。

7.2.4　线性弹簧

添加线性弹簧时，只需选择被扭转零部件（活动零部件）的一个面或边线，以确定扭转方向，并设置弹簧参数即可。

本节以线性弹簧模型为例讲解线性弹簧动画设计过程，具体操作步骤如下。

（1）打开文件练习文件：第 7 章\6 线性弹簧\线性弹簧.SLDASM。

（2）单击左下角的【运动算例 1】选项卡，打开运动算例界面，算例的类型选择【Motion 分析】。

（3）单击【Motion Manager】工具栏中的【弹簧】按钮 ，弹出如图 7-51 所示的【弹簧】属性管理器，其中各选项说明如下。

【弹簧端点】 列表框：为弹簧端点选取两个特征。

【弹性力表达式指数】 下拉列表框：根据弹簧的函数表达式选取弹簧力表达式指数。

【弹簧常数】 k 文本框：根据弹簧的函数表达式设定弹簧常数。

【自由长度】 文本框：设定自由长度，初始距离为当前在图形区域中显示的零件之间的长度。

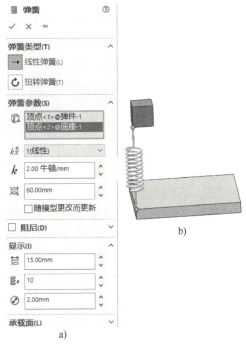

b)

a)

图 7-51 【弹簧】属性管理器

（4）在【弹簧类型】选项组中，单击【线性弹簧】按钮，在【弹簧参数】选项组中，单击【弹簧端点】 列表框，然后在图形区选取两个模型的顶点，如图 7-51b 所示，其他参数参照图 7-51 所示设置。单击【确定】按钮 ，完成线性弹簧的添加。

（5）单击【Motion Manager】工具栏中的【播放】按钮 ，可以看到图 7-51b 中的正方体随着弹簧上下运动。

7.3 工业机器人手爪抓取运动仿真设计

本实例详细讲解了如图 7-52 所示的工业机器人手爪抓取货物的运动仿真设计过程，使读者进一步熟悉 SolidWorks 中的动画设计操作。

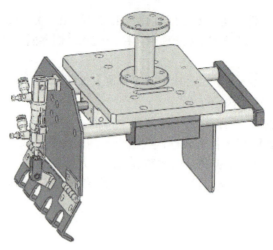

图 7-52　工业机器人手爪

7.3.1　工业机器人运动分析

在制作动画之前，首先熟悉工业机器人手爪抓取工件的运动的整体流程，并且规划距离/角度与时间的关系。

1．运动流程

（1）抓取工件：当工业机器人手爪接近搬运工件时，推动气缸工作，推动夹板张开后，翻转气缸工作，带动勾板翻转抓取工件后，推动气缸复位，夹板夹紧工件。

（2）放置工件：当机器人把工件搬运至目的地时，翻转气缸复位后，推动气缸工作，夹板张开，放置工件。放置工件后，推动气缸复位。

2．时间规划

特殊配合中的距离以及角度与时间的关系见表 7-1。

表 7-1　距离/角度—时间关系

时间/s	0	4	8	11	14	18	22
距离 3/mm	62	12	62	62	62	12	62
角度 1/（°）	30	30	30	0	30	30	30

7.3.2　工业机器人运动仿真设计

工业机器人手爪抓取工件动画设计过程具体操作步骤如下。

（1）打开文件练习文件：第 7 章\工业机器人手爪\工业机器人手爪.SLDASM。

（2）单击左下角的【运动算例 1】选项卡，打开运动算例界面，算例的类型选择【动画】。

（3）在【运动算例特征管理器设计树】中展开【配合】。将时间栏沿时间线拖动到【4 秒】位置，在【距离 3】配合行，右键单击【4 秒】处并在弹出的快捷菜单中选择【放置键码】，如图 7-53 所示。

（4）放置键码后双击键码，系统弹出如图 7-54 所示的【修改】对话框。输入新的距离

"12"后单击【确定】按钮 ✓。

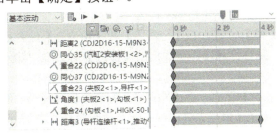

图 7-53　放置键码

图 7-54　【修改】对话框

（5）在【距离 3】配合行，右键单击时间线【0 秒】处的键码点，在弹出的快捷菜单中选择【复制】命令，如图 7-55 所示；将时间栏拖动到【8 秒】处，在【距离 3】配合行右键单击，在弹出的快捷菜单中选择【粘贴】命令，如图 7-56 所示，结果如图 7-57 所示。

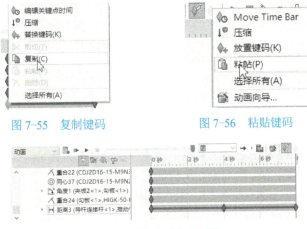

图 7-55　复制键码　　　　　　　　图 7-56　粘贴键码

图 7-57　粘贴后的时间栏

（6）在【角度 1】配合行，右键单击【8 秒】处并在弹出的快捷菜单中选择【放置键码】命令，如图 7-58 所示。

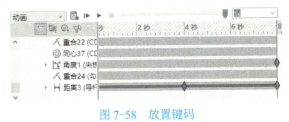

图 7-58　放置键码

（7）将时间栏沿时间线拖动到【11 秒】位置，在【角度 1】配合行，右键单击【11 秒】处并在弹出的快捷菜单中选择【放置键码】命令，如图 7-59 所示。

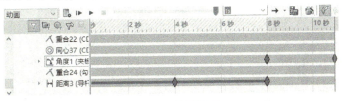

图 7-59　放置键码

（8）放置键码后双击键码，系统弹出如图 7-60 所示的【修改】对话框。输入新的角度值"0"后单击【确定】按钮✓。

（9）将时间栏沿时间线拖动到【14 秒】位置，在【距离 3】和【角度 1】配合行都放置键码，双击【14 秒】位置的【角度 1】配合行键码，在弹出的【修改】对话框中输入新的角度值"30"后单击【确定】按钮✓。

（10）将时间栏沿时间线拖动到【18 秒】位置，在【距离 3】配合行放置键码，双击【18 秒】位置的【距离 3】配合行键码，在弹出的【修改】对话框中输入新的距离"12"后单击【确定】按钮✓。

（11）将时间栏沿时间线拖动到【22 秒】位置，在【距离 3】配合行放置键码，双击【22 秒】位置的【距离 3】配合行键码，在弹出的【修改】对话框中输入新的距离"62"后单击【确定】按钮✓，最终结果如图 7-61 所示。

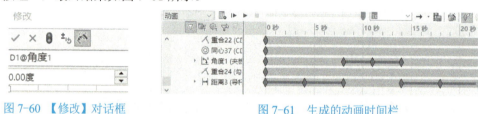

图 7-60 【修改】对话框   图 7-61 生成的动画时间栏

（12）单击【Motion Manager】工具栏上的【计算】按钮🖩。计算出动画之后，单击【从头播放】按钮▷即可播放动画。

（13）单击【Motion Manager】工具栏上的【保存动画】按钮🖺，系统弹出【保存动画到文件】对话框。选择保存目录，输入保存文件的文件名，【保存类型】下拉列表框中选择【MP4 视频文件(*.mp4)】，单击【保存】按钮，保存动画。

7.4 练习题

1. 打开如图 7-62 所示的"齿轮翻转装置"装配体练习文件，完成气缸伸出时完成翻转动作的动画设计。

2. 打开如图 7-63 所示的"手机支架"装配体练习文件，完成放大、缩小、不同视图显示形式和不同角度放置手机的动画设计。

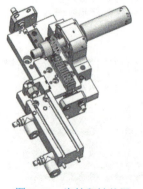

图 7-62 齿轮翻转装置   图 7-63 手机支架